热带医学特色高等教育系列教材

热带食品卫生及人群营养实践指导

方桂红　主编

·广州·

图书在版编目（CIP）数据

热带食品卫生及人群营养实践指导/方桂红主编. —广州：中山大学出版社，2023.6
（热带医学特色高等教育系列教材）
ISBN 978-7-306-07720-2

Ⅰ.①热… Ⅱ.①方… Ⅲ.①食品安全—食品卫生—高等学校—教材 ②食品营养—高等学校—教材 Ⅳ.①TS201.6 ②R151.3

中国国家版本馆CIP数据核字（2023）第023297号

出 版 人：王天琪
项目策划：徐 劲
策划编辑：吕肖剑
责任编辑：周明恩
封面设计：林绵华
责任校对：林 峥
责任技编：靳晓虹
出版发行：中山大学出版社
电 话：编辑部 020-84110283，84113349，84111997，84110779，84110776
发行部 020-84111998，84111981，84111160
地 址：广州市新港西路135号
邮 编：510275 传 真：020-84036565
网 址：http://www.zsup.com.cn E-mail：zdcbs@mail.sysu.edu.cn
印 刷 者：广州市友盛彩印有限公司
规 格：787mm×1092mm 1/16 18.75印张 468千字
版次印次：2023年6月第1版 2023年6月第1次印刷
定 价：68.00元

《热带食品卫生及人群营养实践指导》编委会

主　　编：方桂红

副 主 编：张志宏　戴　华　冯棋琴

主　　审：张　帆　钟南京

秘书（主编助理）：林国天

资　　助：海南医学院教务处

编　　委：（按姓氏音序排序）

程　莉（重庆市疾病预防控制中心）

戴　华（海南医学院公共卫生与全健康国际学院）

方桂红（华南理工大学食品科学与工程学院，
海南医学院公共卫生与全健康国际学院）

冯棋琴（海南医学院公共卫生与全健康国际学院）

符　艳（海南省疾病预防控制中心）

何丽敏（海南医学院公共卫生与全健康国际学院）

李　超（海南省肿瘤医院临床营养科）

李彦川（海南医学院公共卫生与全健康国际学院）

林国天（三亚学院健康产业管理学院）

王吉晓（海南省疾病预防控制中心）

徐　莉（海口海关技术中心）

张　帆（海南医学院研究生处）

张志宏（海南医学院公共卫生与全健康国际学院）

钟南京（广东药科大学食品科学学院）

周　静（海南医学院公共卫生与全健康国际学院）

目　录

Contents

第一章 | 样品采集

第一节 食品采样

为评价一批原料型食品、半成品食品或成品食品的质量，如营养状况、药物残留以及是否符合卫生标准等，必须对所调查的对象进行分析检验，这一过程称为食品检验。通常食品检验过程所分析的对象数量很大，无法将所调查对象全部进行处理，因此除特殊情况外一般只选取部分调查对象，同时还要确保所采集的对象足以代表整体情况，否则检验结果将毫无价值，采用正确的采样技术采集样品是食品检验的第一步。

【问题1】作为食品卫生监督人员，你了解食品样品采集有哪些步骤吗？
【问题2】食品样品采集过程中我们需要注意哪些事项？
【问题3】请设计一个海南热带水产品——罗非鱼的样品采集方案。

一、样品与采样

使用适当的工具从被检测的对象中采取一定数量的具有代表性的部分，该部分叫作样品。采取样品的过程叫作采样或扦样、取样、抽样。食品采样是指从食品样品全体中随机抽取若干个体样品构成样本的过程。

在食品分析检验过程中，根据试验需要可将试验样品（试样）分为待检样品和备份样品。试验样品（试样）是指按照采样要求抽取具有代表性且用于分析测试的样品。待检样品用于试验前处理样品的制备。备份样品则按照原始状态保存，以备进行重复性及再现性的复验行为。

根据采集样品的用途，可将其分为客观样品、选择性样品和制订食品卫生标准样品。在未发现食品不符合质量卫生标准的情况下，按照计划在生产单位或零售店等地定期或不定期抽样检验，从而发现可能存在的问题和食品不合格情况及积累食品安全数据，掌握各类食品的质量安全状况；以此为目的而采集的供检验的样品称为客观样品。在抽检中发现某些可疑或可能不合格的食品，或消费者提供情况或投诉、需要查清的可疑食品和食品原料；发现可能有污染，或造成食物中毒的可疑食物；为查明食品污染来源、污染程度和污染范围，或食物中毒原因，以及食品卫生监督部门或企业检验机构为查清类似问题而采集的样品，称为选择性样品。为制定某种食品卫生标准，选择较为先进、具有代表性的工艺条件下生产的食品进行采样，可在生产单位或销售单位采集一定数量的样品进行检测，此类样品称为制定食品卫生标准样品。

二、正确采样的意义

食品的组成十分复杂，组分分布也往往不均匀。如农作物因其品种、种植条件以及收获后处理情况等的不同，它们的组分含量有所差异且分布不均匀。例如“海南树仔菜镉间题”事件爆出广东“天绿香”（树仔菜）含镉超标，导致消费者误认为海南的树仔菜也会存在镉超标的问题，经采样检测，结果显示海南的树仔菜镉含量比大米中镉含量还低，说明同一产品在不同产地，品质也不一定相同，由此可见正确采样的重要性。在检测分析前，被调查食品的组分、含量及其分布情况是未知的，我们需要通过分析所选取的部分食品来评价被调查对象的整体情况。样品能否正确代表被调查对象，样品的采集情况至关重要，只有按规定采集具有代表性的样品，才能获得准确的分析结果。

三、采样原则

（1）代表性。在一般情况下，待鉴定的食品难以全部进行检测，而只能抽取其中一小部分作为样品。通过对具体代表性样本的监测，客观推测食品的质量，从而确定待鉴定食品的总体水平。反之，所采集的样品若缺乏代表性，尽管后续检测环节非常精确，但结果却难以反映总体的情况，从而导致错误的判断和结论。

（2）真实性。采样人员应按照规定亲临现场采样，以防止采样过程中出现作假或伪造食品现象。样品采集所用的器具都应清洁、干燥、无异味且无污染食品的可能，应尽量避免使用可能对样品造成污染或影响检验结果的采样工具和采样容器。针对具有特殊目的的采样，包括污染或怀疑污染的食品、造成掺假或怀疑造成掺假的食品、中毒或怀疑中毒的食品等，采集的典型样本应能达到监测的目的。

（3）准确性。采样时来自不同总体的样品必须分开包装，应尽可能保持食品原有的品质及包装形态，不得掺入防腐剂、不得被其他物质或致病因素所污染；采样量应满足检验及留样要求，适量而不浪费；可根据感官性状进行分类或分档采样，采集时避免交叉污染；采样记录务必及时、清楚地填写在采样单上，并随附于样品以保证信息的完整性及检测结果溯源。

（4）及时性。采样及送检应及时，尤其是需测定食品中水分、微生物等易受环境影响的指标，或样品中含有挥发性物质或易分解破坏的物质时，为了保证得到正确结论，应及时赴现场采样并尽可能缩短从采样到送检的时间。

（5）无菌原则。对于需要进行微生物项目检测的样品，采样必须符合无菌操作的要求，一件采样器具只能盛装一个样品，防止交叉污染，并注意样品的冷藏运输与保存。

（6）程序原则。采样、送检、留样和出具报告均按规定的程序进行，各环节均应有完整的手续及相关的记录。

（7）同一原则。采集样品时，检测、留样、复检应为同一份样品，即同一单位、同一品牌、同一规格、同一生产日期、同一批号等。

四、采样工具与容器

（一）采样工具

（1）一般工具。采样过程中常使用的小工具主要包括手套、不锈钢手术刀、剪刀、镊子、开瓶器、手电筒、蜡笔、圆珠笔、胶布、记录本、照相机、保温箱、品袋等。

（2）专用工具。为了便于采样以及保证采取到具有代表性的样品，采样过程可根据被检对象的性状、包装情况等，使用不同的采样工具（见图1－1）。采样器常用于粮食、油料、粉状食品等，可分为包装、散装样品扦样器，每一类型的采样器又根据样品的性状大小分为大粒、中小粒、粉状样品采样器；采样铲适用于流动的粮食、油料、食品或倒包采样。搅拌器适用于桶装液体样品的搅拌；采样管用于采取液体样品。

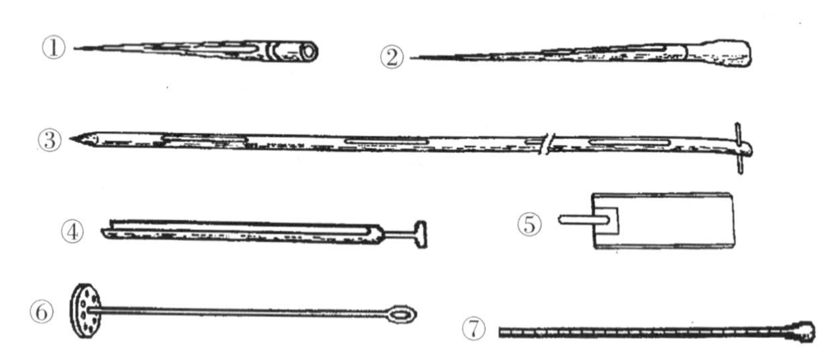

①固体脂肪采样器　②颗粒状样品采样器　③套筒式采样器　④谷物、糖类采样器　⑤采样铲　⑥搅拌器　⑦液体样品采样管

图1－1　采样工具

（二）采样容器

除了上述专用采样工具外，选择合适的盛装样品的容器也很重要。选择容器需考虑样品的特性和检测目标物，如密封、内壁光滑且干燥清洁，不含有待鉴定物质及干扰物质，密封用的盖和塞应不影响样品的气味、风味、pH 及食物成分。盛装液体或半液体样品常用带塞玻璃瓶、广口瓶、塑料瓶等；盛装固体或半圆体样品可用广口玻璃瓶、不锈钢或铝制盒或盅、搪瓷盅、塑料袋等。大宗食品采样时应备有四方搪瓷盘供现场分样用。酸性食品采样时不应选用金属容器。农药残留检测用的样品不应选择塑料袋或塑料容器。黄油类样品应避免与纸或任何吸水、吸油材料表面接触。

五、采样步骤与方法

（一）采样前的准备

采样前的准备主要包括技术准备、人员准备和物资准备。

1. 技术准备

（1）确定抽样目的。不同的抽样检验所采用的抽样方法不同，应先明确检验类型或目的。

（2）熟悉被检查产品的性状、质量安全的状况、生产工艺及过程控制、生产地区或生产者的情况、产品标准及验收准则。

（3）明确检验分析的内容。

（4）选择合适的采样方法，建立采样的质量保证措施，根据计划制订详细的抽样方案。抽样方案应包括抽样地区、抽样环节、拟抽食品类别、抽样数量、样品运输等内容。

2. 人员准备

（1）采样人员在抽样前应进行培训。培训内容包括与抽样产品相关的知识和产品标准、已经确定的样品抽取方法及抽样量、抽样及封样时的注意事项、样品运送过程中的注意事项等。

（2）每个抽样组至少由两人组成，其中至少一人有抽样经验。

3. 物资准备

（1）根据所抽取样品性质准备合适的采样器具。

（2）准备记录等文件，包括介绍信、抽样人员有效身份证、抽样单、任务书、抽样细则、封条、文件夹、抽样方位图（种植或养殖区域）等。

（二）随机抽样和代表性取样

食品采样一般方法包括随机抽样和代表性取样。

1. 随机抽样

随机抽样是按照随机的原则，从分析的整批物料中抽取出一部分样品，同时要求使整批物料的各个部分都有被抽到的机会。常见的随机抽样方法包括简单随机抽样、系统随机抽样、分层随机抽样和分段随机抽样。

（1）简单随机抽样，又称单纯随机抽样，是指整批待测食品中的所有单位产品都以相同的可能性被抽到的方法。简单随机抽样法在样本数量不大的情况下采用，如抽签法。简单随机抽样法抽出的样品不一定很均匀，常发生与总体情况不一致的情况，因此有一定的局限性。

（2）系统随机抽样是指实行简单随机抽样有困难或对样品随时间和空间的变化规律已经了解时，采取隔一定时间或空间间隔进行的抽样。系统随机抽样法常因抽样人对颜色、形状、大小、位置等的偏爱，自觉或不自觉地带有倾向性，可用“随机数目表”避免此类误差，如从生产线上抽取样品，或从仓库中、车厢内抽取袋、罐、桶、箱等，无论其外观或其他主观因素如何，将抽取对象按逻辑顺序编号，并用随机数目表按编号控制选择，然后从容器中抽样，如是大容器，还需从顶、中、底边部采样再混合。

（3）分层随机抽样需按样品的某些特征把整批样品划分为若干小批，这种小批叫作层，同一层内的产品质量应尽可能均匀一致，各层间特征界限应明显，在各层内分别随机抽取一定数量的单位产品，然后合在一起即构成所需采取的原始样品。分层随机抽样时先观察采样对象，将其按特性如袋、罐、桶、箱、瓶分为几层，然后在各层中进行随机抽样。如为液体，先将容器慢慢反复倒转，或充分搅拌、混合，在分层的大小容器中，容器被假设分成若干部分，按照它们相对大小的比例，用抽样工具从每一部分抽样，再进行有效的混合，如旋转摇荡、搅拌、反复倾倒，此法适用于食用植物油、牛奶、酱油、醋、辣酱、酒类、饮料等食品。一些粉末状食品如蛋粉、奶粉、米粉、黄豆粉等的性质也可看成与液体相似。

（4）分段随机抽样是指当整批样品由许多群组成，而每群又由若干组构成时，可用前三种方法中的任何一种方法，以群作为单位抽取一定数量的群，再从抽出的群中，按随机抽样方法抽取一定数量的组，再从每组中抽取一定数量的单位产品组成原始样品。分段随机抽样法首先把采样对象分成小组，然后再按组或堆、块进行随机抽样。

上述四种随机抽样方法并无严格界线，采样时可结合起来使用，在保证样品代表性的前提下，还应注意抽样方式的可行性和抽样技术的先进性。

2. 代表性取样

代表性取样是指用系统抽样法进行采样，即已经掌握了样品随空间（位置）和时间变化的规律，按照这个规律采取样品，从而使采集到的样品能代表其相应部分的组成和质量，如对整批物料进行分层取样、在生产过程的各个环节取样、定期从货架上采取陈列不同时间的食品的取样等。

（三）不同性状食品物料的采样方法

食品检验具体的采样方法可因物料的品种或包装、分析对象的性质及检测项目要求而不同。

1. 均匀固体物料

有完整包装的预包装食品应抽取在保质期内、包装完好的产品且应具有标识信息。生产环节抽样时，在企业成品仓库近期生产的同一批次待销产品的不同部位抽取大包装，再分别取出相应的独立包装样品，所抽样品分为两份，一份作为检验样品，另一份作为复检备份样品；流通环节抽样时，在货架、柜台、库房抽取同一批次待销产品；餐饮环节抽样时，可以抽取使用和销售的产品。

无包装的散堆样品根据堆形和面积大小设点，按高度分层采样。分区时，每区面积不超过 50 cm^2。各区如图 1 - 2 方式设点。一般情况下采用三层五点法进行代表性取样。首先根据一个检验单位的物料面积大小划分若干个方块，每块为一区。每区按上、中、下分三层，每层设中心、四角共 5 个点。按区按点，先上后下用取样器各取少量样品，再按四分法处理取得平均样品。但对于散装粮食、油料的圆仓（囤），设点位不同，设点方法如图 1 - 3 所示。圆仓直径在 8 m 以下的，每层按内点、中点、外点分别设 1，2，4 个点共 7 个点；直径在 8 m 以上的，每层按内点、中点、外点分别设 1，4，8 个点共 13 个点，按层按点采样。

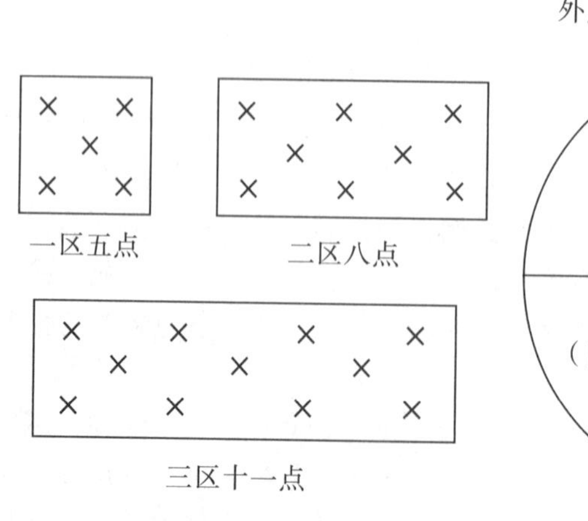

图 1 - 2　散堆样品分区设点示意

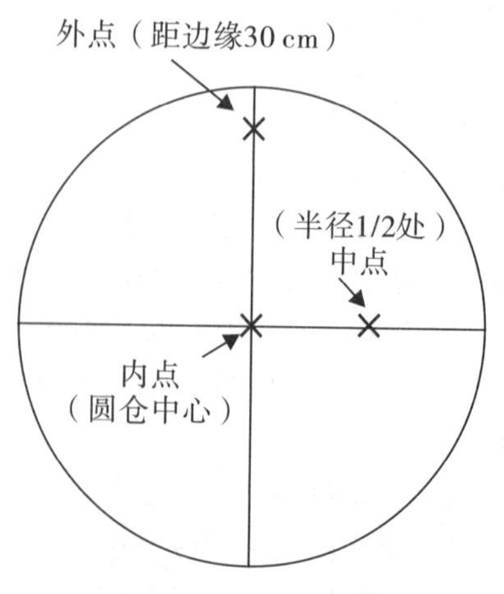

图 1 - 3　圆仓分层设点示意

2. 较浓稠的半固体物料

采样时可先用搅拌棒自上而下、自下而上各以螺旋式转动混合均匀后用采样管采样，或用采样器从各包装的上、中、下三层分别取样，检查样品的感官性状，有无异味、发霉，然后混合分取缩减到所需数量的平均样品。

3. 液体物料

包装体积不太大的物料可连同包装一起取样，一般抽样件数为总件数的 1/1000 ～ 1/3000。开启包装，充分混合，混合时可用混合器，如果容器内被检物量较少，可用由一个容器转移到另一个容器的方法混合，然后从每个包装中取一定量综合到一起，充分混合后，分取缩减到所需数量。

桶装的或散装的物料先充分混匀后再采样，可用虹吸法分层取样，每层 500 mL 左右，充分混合后，分取缩减到所需量即可。

4. 组成不匀的固体物料

这类食品其本身各部位极不均匀，个体大小及成熟程度差异很大，取样更应注意代表性。取样时，通常根据不同的分析目的和要求及分析对象形体大小而定。

如肉类、水产品可按分析项目的要求分别从不同部位取样，经混合后代表该只动物情况；或从多只动物的同一部位取样，混合后代表某一部位的情况。体积较小的物料（如山楂、葡萄等），随机取若干个整体，切碎混匀，缩分到所需数量。体积较大的物料（如西瓜、苹果、萝卜等），采取纵分缩剖的原则，即按成熟度及个体大小的组成比例，选取若干个体，对每个个体按生长轴纵剖分 4 份或 8 份，取对角线 2 份，切碎混匀，缩分到所需数量。体积蓬松的叶菜类（如菠菜、小白菜等），由多个包装（一筐、一捆）分别抽取一定数量，混合后捣碎、混匀、分取，缩减到所需数量。

5. 小包装食品

罐头、瓶装食品、袋或听装奶粉或其他小包装食品，应根据批号随机取样，同一批号取样件数，250 g 以上的包装不得少于 6 个、250 g 以下的包装不得少于 10 个，一般按班次或批号连同包装一起采样。

（四）果蔬农药残留检测采样方法

市场采样时，对于散装成堆样本应视堆高不同从上、中、下分层采样，必要时增加层数，每层采样时从中心及四周五点随机采样，采样量宜不少于 3 kg，且不少于 3 个个体；对于包装产品采样按堆垛采样或甩箱采样，即在堆垛两侧不同部位上、中、下或四角取出相应数量的样本，如因地点狭窄，按堆垛采样有困难时，可在成堆过程中每隔若干箱甩箱一箱，取出所需样本。

生产基地采样时，按照产地面积和地形不同，采用随机法、对角线法、五点法、Z 形法、S 形法、棋盘式法等进行多点采样。产地面积小于 1 hm^2 时，果树产品采样单元为 0.1 ～ 0.2 hm^2，每单元内选取 5 ～ 10 株果树，每株果树纵向四分，从其中一份的上、下、中、内、外各侧均匀采摘并混合成样，若是采集蔬菜样品，则是以 0.1 ～ 0.3 hm^2 为一个采样单元，每单元内选取 5 ～ 20 个植株，小型植株的叶菜类（白菜、韭菜等）去根整株采集，大型植株的叶菜类从每株表层叶至心叶切成八小瓣，随机取两瓣为该植株分样；根茎类采集根部和茎部，大型根茎同大型植株可用辐射形切割法采样；果实类在植株上、中、下各侧均匀采摘混合成样。产地面积大于 1 hm^2、小于 10 hm^2时，以 1～3 hm^2作为采样单元；产地面积大于 10 hm^2时，以 3～5 hm^2作为采样单元，每个采样单元内采集一个代表样本。不应采有病、过小的样本。采果树样本时，需在植株各部位（上、下、内、外、向阳和背阴面）采样。

（五）动物源性食品兽药残留检测采样方法

养殖场（厂）采样时，应考虑动物的品种、性别、年（口）龄、饲养管理和所用药物的品种及用量等要素。此外还应根据具体情况考虑以下情况：①有使用过违禁药品或有毒、有害物质的迹象；②第二性征及行为异常变化；③畜禽种群发育水平与体态异常。根据动物饲养基数计算牛奶、家禽（蛋）及初级产品的抽样数，具体抽样量见表 1-1 至表 1-3。

表 1-1　牛养殖场牛奶的抽样量

动物数量（样本数，头）	抽样数（个）
≤50	5
51～100	8
101～500	12
>500	15

表 1-2　家禽的抽样量

动物数量（样本数，只）	抽样数（个）
≤1000	2
1001～5000	3
5001～10000	5
>10000	8

表 1-3　初级产品的抽样量

初级产品名称	抽样数
蛋（从产蛋架上抽取）	6～10 枚
奶（从混合奶中抽取）	>200 mL
蜂蜜（每个蜂场抽取 10% 的蜂群，每一群随机取 1 张未封蜂坯，用分蜜机分离后取样）	100 g
鱼（将活鱼击毙，洗净，沿脊背开取背肌）	每尾 10～50 g，总量 500 g

屠宰加工厂（场）采样时应根据其规模，按屠宰数量抽样。根据屠宰动物数计算抽样个数的方法如表 1-4、表 1-5 所示。

表 1－4　家畜的抽样量

屠宰量（样本数，头）	抽样数（个）
≤100	5
101～500	8
501～2000	10
＞2000	15

表 1－5　家禽及兔的抽样量

屠宰量（样本数，只）	抽样数（个）
≤1000	1
1001～5000	3
5001～10000	5
＞10000	8

冷库采样时如货物批量较大，以不超过 2500 件（箱）为一检验批；如货物批量较小、少于 2500 件，则整体为一检验批，均按表 1－6 抽取样品数，每件（箱）抽取一包，每包抽取样品不少于 50 g，总量不少于 1 kg。或按批货重量划分，如表 1－7 所示，每件抽样量一般为 50～300 g，总量不少于 500 g。

表 1－6　动物源性食品冷库抽样

检验批量（件）	最少抽样数（件）
1～25	2
26～100	5
101～250	10
251～500	15
501～1000	17
1000～2500	20

表 1－7　动物性食品冷库抽样（重量划分）

批货重量（kg）	抽样数（件）
≤50	3
51～500	5
501～2000	10
＞2000	15

市场采集肉及肉制品时包括鲜肉样品、冻肉样品及肉制品样品。鲜肉采样是从3～5片胴体或同规格的分割肉上取若干小块混为一份样品，每份样品为500～1500 g。冻肉分成堆产品和包装冻肉两种采样方法，成堆产品采样时应在堆放空间的四角和中间设采样点，每点从上、中、下三层取若干小块混为一份样品，每份样品为500～1500 g；包装冻肉采样可随机取3～5包混合，总量不得少于1000 g。肉制品采样每件500 g以上产品时，随机从3～5件上取若干小块混合，共500～1500 g；每件500 g以下产品时，随机从3～5件上取若干小块件混合，总量不少于1000 g；小块碎肉则从堆放平面的四角和中间取样混合，共500～1500 g。

（六）水产品采样方法

水产品采样方法包括企业生产检查抽样和监督抽查检验抽样，其对样本的基本要求有以下几方面：①活体的样本应选择代表整批产品群体水平的生物体，不能特意选择特殊的生物体（如畸形、有病的）作为样本；②鲜品的样本应选择能代表整批产品群体水平的生物体，不能特意选择新鲜或不新鲜的生物体作为样本；③作为进行渔药残留检验的样品应为已经过停药期的、养成的、即将上市进行交易的养殖水产品；④处于生长阶段的或使用渔药后未经过停药期的养殖水产品可作为查处使用违禁药的样本；⑤用于微生物检验的样本应单独抽取，取样后应置于无菌的容器中，且存放温度为0～10 ℃，并在48 h内送到实验室进行检验；⑥水产加工品按企业明示的批号进行抽样，同一样品所抽查的批号应相同。抽查样品抽自生产企业成品库，所抽样品应带包装。同一企业所抽样品不得超过2个，且品种或规格不得重复。

企业生产检查抽样时，养殖活水产品以同一池或同一养殖场中养殖条件相同的产品为一检验批，破坏性检验的抽样在每批中随机抽取约1000 g样品进行检验；水产加工品以同原料、同条件下、同一天生产包装的产品为一检验批，破坏性检验所抽的样品在同一产品批中随机抽取，样本以瓶（袋）为单位，大于1500箱的抽取4箱，小于1500箱的抽取2箱，再从每箱中随机抽取3瓶（袋）进行检验。

监督抽查检验抽样时组批规则应满足：①养殖活水产品以同一池或同一养殖场中养殖条件相同的产品为一检验批；②捕捞水产品、市场销售的鲜品以来源及大小相同的产品为一检验批；③水产加工品以企业明示的批号为一检验批；④在市场抽样时，以产品明示的批号为一检验批。捕捞及养殖水产品的抽样见表1－8。

表1－8 捕捞及养殖水产品的抽样

样品名称	样本量*	检验量（g）
鱼类	≥3尾	≥400
虾类	≥10尾	≥400
蟹类	≥5只	≥400
贝类	≥3 kg	≥700
藻类	≥500株	≥400
海参	≥3只	≥400

续表1－8

样品名称	样本量*	检验量（g）
龟鳖类	≥3只	≥400
其他	≥3只	≥400

*本表中所列为最少取样量，实际操作中需根据所取样品的个体大小，在保证最终检验量的基础上抽取样品

水产加工品在生产企业（加工企业）抽样时，每个批次抽取1 kg（至少4个包装袋）以上的样品，其中一半封存于被抽企业，作为检验结果有争议时复检用，一半由抽样人员带回，用于检验；在生产企业抽样应抽取企业自检合格的样品，所抽样品的库存量不得少于20 kg。销售市场抽样时，每个批次抽取1 kg（至少4个包装袋）以上的样品，抽取散装样品时应从包装的上、中、下至少三个点抽取样品，以确保所抽样品具有代表性。

六、采样记录

（1）现场采样记录。采样记录内容应包括采样目的、被采样单位名称、采样地点、样本名称、编号、被采样产品产地、商标、数量、生产日期、批号或编号、样本状态、包装类型及规格、感官所见（有包装的食品包装有无破损、变形、受污染，无包装的食品外观有无发霉变质、生虫、污染等）、采样方式、采样现场环境条件（包括温度、湿度及一般卫生状况）、采样日期、采样单位（盖章）或采样人（签字）、被采样单位负责人签字。采样记录一式两份，一份交被采样单位，一份由采样单位保存。

（2）样本签封和编号。采样完毕整理好现场后，将采好的样本分别盛装在容器或牢固的包装内，在容器盖接处或包装上进行签封，明确标记品名、来源、数量、采样地点、采样人、采样日期等内容。如样本品种较少，应在每件样本上进行编号，注意编号应与采样记录上的样本名称或编号相符。

七、样品保存

样品采集后应尽快进行分析，否则应密塞加封，进行妥善保存。由于食品中含有丰富的营养物质，在合适的温度、湿度条件下，微生物会迅速生长繁殖，导致样品的腐败变质；同时，样品中如果含易挥发、易氧化及热敏性物质，也会导致样品性质的改变。所以样品在保存过程中应注意以下几个方面。

（1）防止污染。盛装样品的容器和操作人员的手必须清洁，不得把污染物不带入容器，样品应密封保存；容器外应贴上标签，注明食品名称、采样日期、编号、分析项目等。

（2）防止腐败变质。对于易腐败变质的食品，应采取低温冷藏的方法保存，以降低酶的活性及抑制微生物的生长繁殖。对于已经腐败变质的样品，应弃去，重新采样分析。

（3）防止样品中的水分蒸发或干燥的样品吸潮。由于水分的含量直接影响样品中各物

磨碎法；能溶于水或有机溶剂的样品成分则用溶解法处理；蛋类去壳后用打蛋器打匀；液体或浆体食品如牛奶、饮料、植物油及各种液体调味品等，可用玻璃棒或电动搅拌器将样品充分搅拌均匀。另外，根据食品种类、理化性质和检测项目的不同，供测试的样品往往还需要做进一步的处理，如浓缩、灰化、湿法消化、蒸馏、溶剂提取、色谱分离和化学分离等。

（徐　莉　方桂红）

第二节　人体样本采集和处理

人体摄取多种营养素以满足身体活动的需要。营养素进入机体后被吸收，然后进行各种各样的生化反应，其代谢途径、排泄和转化形态的稳定程度能客观地反映机体对营养素的吸收和利用，以此根据检测目的进行样品的采集和检测分析。样品的准确选择、适当收集是检验分析的前提，而恰当保存以保证检测组分的稳定性是检验分析的关键。营养学和食品卫生检验的目的包括：①进行人体营养水平鉴定，分析人体临床营养状况、人体营养相关疾病与基因表达、结构的相关性等，以便及时掌握营养失调征兆和变化动态情况；②探索食物安全和食物中毒的原因，评价治疗效果。

人体样本的收集主要涉及人的体液、排泄物及分泌物等，最常用的是血液和尿液，其次是毛发、指甲、粪便和某些体液（如唾液、乳液）。样品需要满足以下四个条件。

（1）样品中待测物的浓度与健康效应或环境水平存在剂量关系。

（2）样品中待测成分应稳定不易变化，且方便保存和运输。

（3）采样方法能被受试者接受，方便且尽可能采取无创或创伤较小的方法。

（4）样品采集量尽量小，以降低对人心理和生理的影响。

一、影响检测结果的因素

受到体内和体外各种因素的影响，人体标本结果可能产生系统误差，为此，采集样品前被测者应做好相应的准备。这是营养学调查质量控制的重要环节之一。

（一）运动

运动时与静止时相比人体生理功能处于一种完全不同的状态，被测者在测量前应处于良好的休息状态。

（1）长时间的体力活动可使白细胞、尿素、肌酐及乳酸增高或减少。长期劳累使人体血浆葡萄糖、肌酸激酶、天冬氨酸氨基转移酶、乳酸脱氢酶等指标升高。

（2）短暂性活动造成血浆脂肪酸含量先暂时性减少，而后随着运动的增加恢复至正常。短暂性运动可使丙氨酸增加达 180%，乳酸增至 300%；持续性运动主要影响与肌肉有关的酶如肌酸激酶和乳酸脱氢酶等的升高，如长途跋涉后尿肌红蛋白可增高。因此，取血当日早晨尽量避免运动，取血前应安静休息至少 10 min。

（二）空腹

人在进餐后血液中葡萄糖升高，钙、磷、胆红素、尿酸和白蛋白均有所变化。但过度空腹也会导致一些指标异常，如长期饥饿可以使尿酸、酮体增高；空腹超过 14 h，血清白蛋白、转铁蛋白等含量下降；空腹达到 48 h 以上时甘油三酯反而增加、血清胆红素增加 240%，而胆固醇无明显改变，所以空腹时间并非越长越好。一般生化测定要求禁食 8 ～ 12 h 后进行采血。

（三）食物

人在进餐以后血浆脂肪、蛋白质、糖类有所增加。有研究指出，高脂肪饮食可使外源性乳糜微粒、三酰甘油升高，并影响肝功能、免疫球蛋白、血脂等测定，还可导致总蛋白、血 K^+、血 Na^+ 等指标出现假性升高；高蛋白质餐后血浆中尿素、尿酸增加；高比例不饱和脂肪酸食物可减低胆固醇含量，因此采样前一天应禁食此类食品。同时，采样前一天应控制香蕉、菠萝、番茄等食物的摄入，它们可使尿液中 5－羟色胺酸增加数倍进而使尿糖和尿液 pH 增高；停止饮用咖啡和浓茶类饮料，它们可使血浆非酯化脂肪酸增加。

（四）饮酒

人在饮酒后血浆中乳酸、尿酸、乙醛、已酸盐增加，长期饮酒者高密度脂蛋白胆固醇偏高、平均红细胞体积增加、谷氨酰转肽酶也偏高。

（五）吸烟

长期吸烟者血液中一氧化碳血红蛋白含量高达 8%，而不吸烟者该血红蛋白含量在 1% 以下。同时，吸烟者血液中儿茶酚胺、血清皮质醇含量高；血常规为嗜酸性粒细胞减少，白细胞、中性粒细胞、单核细胞、血红蛋白等计数偏高，平均红细胞体积偏离。同时吸烟也影响唾液采样结果。

（六）药物

绝大多数药物对检验有干扰作用，例如服用胆盐和氯丙嗪可使胆固醇浓度升高；肝素及甲状腺素可使血中胆固醇降低；服用大剂量维生素 C 可使酶法测定血中葡萄糖、胆固醇、甘油三酯的结果呈假性降低，维生素 C 排至尿中可影响尿糖的结果；服用大剂量青霉素后可使血中肌酸激酶、乳酸脱氢酶、肌酐和总蛋白升高，白蛋白和胆红素降低。

（七）体位

人在站立时血液中成分浓缩，血液中高分子量蛋白及细胞成分等不可滤过的物质浓度会出现升高或降低，差异可达到 8% ～ 15%。站位高于卧位的项目有矿物质（钾、钙、磷、铁）、蛋白（总蛋白、清蛋白）、血脂（总胆固醇）和酶类（天冬氨酸转氨酶、丙氨酸转氨酶、碱性磷酸酶、酸性磷酸酶）检测。

（八）采血者的健康状况

黄疸、胆红素的颜色对反应结果为黄色和红色化合物的比色分析有正向干扰。胆红素还有还原性，对 Trinder 反应有负干扰，如氧化酶法测定葡萄糖、胆固醇、甘油三酯、尿酸等。

在采样前，针对不同检测目的的要求应详细了解被采样者的状况，以正确分析检测结果。

（九）其他因素

（1）年龄。生长期儿童的碱性磷酸酶的活性比健康成人高约 3 倍。甲状腺水平受到年

龄的影响明显，均龄 80 岁的老年人群促甲状腺素水平比均龄 40 岁的青年人群高 40% 左右；而老年组血清三碘甲状腺原氨酸水平比青年组约低 10%。不同年龄新陈代谢状态不同，其尿液成分存在明显的差异，如 50 岁以上的人内生肌酐清除率随肌肉量的减少而降低。

（2）性别。由于代谢和激素水平的不同，血脂检测中男性体内低密度脂蛋白、甘油三酯比女性高，而女性体内高密度脂蛋白高于男性；血常规中白蛋白、总蛋白、红细胞计数、血红蛋白为男性高于女性，而网织红细胞为女性高于男性；肝、肾功能中转氨酶、胆红素、尿酸、尿素氮、胆碱酯酶、酸性磷脂酶等指标为男性高于女性。肌肉质量如肌酐和肌酸激酶水平为男性明显高于女性。男女尿液有形成分参考区间不一，如女性尿液白细胞参考区间往往比男性大。

（3）季节变化。夏季日照时间较长，因而维生素 D 的水平会升高；甲状腺功能项目结果在冬季比夏季平均增高 20%。

（4）海拔。血清中 C 反应蛋白、血红蛋白、红细胞数随着海拔高度增加而升高，如 C 反应蛋白在 3500 m 高度时比海平面升高 65%。而血浆中的肾素、转铁蛋白、尿肌酐、雌三醇及肌酐清除率等浓度因高度增加反而减少。

（5）妊娠。妊娠时血容量增加导致血液稀释，使许多项目测定结果明显降低，但妊娠期女性激素处于高水平，血清葡萄糖的水平升高；妊娠期肝脏脂蛋白酯酶、胆固醇卵磷脂酰基转移活力下降，导致血清极低密度脂蛋白、低密度脂蛋白、高密度脂蛋白、甘油三酯和总胆固醇等水平增加 2 ～ 3 倍。妊娠期人绒毛膜促性腺激素含量不断变化，7 天内难以检出。在妊娠后期，由于产道内容易受到微生物代谢物的污染，尿液白细胞定性检查易出现假阳性。

（6）生物钟规律。生长激素于入睡后会出现短时高峰，胆红素、血清铁以清晨最高，血浆蛋白在夜间降低，血钙在中午出现最低值。

（7）激素水平。女性激素水平与月经周期有关，如胆固醇在经前期最高，排卵时最低；凝血因子在经前期最高，血浆蛋白则在排卵时减少。月经周期也影响尿液红细胞检查。

（8）情绪。精神紧张和情绪激动可以影响神经—内分泌系统，使儿茶酚胺增高，严重时可出现生理性蛋白尿。

二、样本的采集与处理

（一）血液样本的采集与处理

应根据检测项目，决定血液样本的采血量和采集部位。毛细血管采集血液量少，适合婴幼儿或者微量分析的项目；当检验项目较多或者需血量较大时，则以静脉采血为宜。

1. 不同部位血液样本的采集

（1）末梢毛细血管采血。成人可选择在耳垂或手指，婴幼儿主要在脚趾或足跟部取血。

①采血器材：一次性采血针、消毒用品（碘伏、碘酊或者 75% 的乙醇）和微量吸管。

通常用50～60 mm长、1～2 mm孔径的玻璃毛细管，取血后一端用石蜡封上离心或在4 ℃下保存转运到实验室离心，每管可取出3～50 μL的血清。细孔径的聚乙烯或其他塑料管可代替玻璃毛细管，前提是不可用于荧光方法或荧光有干扰的检测方法。②采血部位：A. 耳垂取血：耳垂感觉比较迟钝，可减少精神紧张和痛感。B. 手指取血：一般选择左手的食指、中指或无名指。采血前先充分按摩采血手指或浸于热水中片刻，紧捏采血手指的指端上部，待酒精消毒干燥后，用采血针刺破指端，用棉球拭去第一滴血，用采血管吸取或用小试管接血样。C. 脚趾或足跟取血：婴幼儿足跟的血管丰富，且容易固定取血。操作步骤与手指采血相同。③采血注意事项：采血时严格消毒皮肤，待皮肤干燥后再刺针，否则流出的血液不成滴，不便于吸取。血流不畅或血量不够时，需重新刺针，切记不可用力挤捏，以免组织液渗出影响测定结果。④采血禁忌：采血部位有炎症、水肿、冻疮或者血循环障碍的远端肢体。危重和抢救病人不能使用末梢血。

（2）静脉采血。①采血时间：血液中化学成分容易受到各种化学、饮食和离体后物理因素的影响，应在晨起空腹或禁食8 h以上、机体处于基础代谢状况下进行采血。空腹采血的样本一般都应在早晨空腹8～10 h之间采集，婴幼儿（3岁以下）/新生儿通常以下次进食前为空腹采血时间。采血前不宜改变饮食习惯。②采血部位：首选体表的浅静脉，一般先采肘部静脉（顺序依次为正中静脉、头静脉及贵要静脉）。当无法在肘前区的静脉进行采血时，可选择手背浅表静脉；肥胖者采手腕背静脉。全身严重水肿、大面积烧伤等特殊患者无法在肢体找到合适的穿刺静脉时，可选择颈部浅表静脉、股静脉采血。小儿可采颈外静脉血液。不宜选用的静脉：A. 手腕内侧的静脉，因为穿刺疼痛感明显且容易损伤神经和肌腱；B. 不宜选用足踝处的静脉，可能会导致静脉炎、局部坏死等并发症；C. 乳腺癌根治术后同侧上肢的静脉（3个月后，无特殊并发症可恢复采血）；D. 化疗药物注射后的静脉；E. 血液透析患者动静脉造瘘侧手臂的血管；F. 穿刺部位有皮损、炎症、结痂、疤痕的血管。③器材准备：消毒用品和止血带，真空采血系统包括负压双向采血管、采血针和持血器；普通静脉采血法包括试管和注射器。④采血流程：A. 一般采取坐位，肘前或腕背静脉采血时，臂下垫枕头使前臂伸展，上臂与前臂呈直线，手掌略低于肘部，充分暴露采血部位，在采血部位上方5～7.5 cm处系好止血带，请受血者攥拳数次，使静脉充盈，请勿反复拍打采血部位；B. 使用真空采血系统时，组装采血针和持针器，如使用注射器采血，应确保采血前注射器内空气已排尽；C. 以穿刺点为圆心，以圆形方式自内向外进行消毒，消毒范围直径5 cm，待干燥后穿刺；D. 在穿刺部位下方握住患者手臂，拇指于穿刺点下方2.5～5.0 cm处向下牵拉皮肤固定静脉，避免触碰消毒区；E. 保持针头斜面向上，使采血针与手臂呈30 ℃左右的角度刺入静脉，成功穿刺入静脉后可在静脉内沿其走向继续推进一些，以保持采血针在静脉内的稳定；F. 使用真空采血系统时将第一支采血管推入持针器/连接到采血针上（直针采血时利用持针器的侧突防止采血针在静脉中的移动），待采血管真空耗竭、血流停止后从持针器/采血针上拔出采血管，以确保采血量的充足，继续采集时可将下一支采血管推入持针器/连接到采血针上并重复上述采血过程，使用注射器采血时应缓慢匀速回抽针栓杆直到活塞达到注射器末端刻度；G. 抽血结束后，解开止血带，受检者松开拳头，拔针，用棉签按压针眼处3～5 min进行止血，有出血倾向患者如紫癜、血液病、抗凝治疗等要压迫5～10 min直到无血液渗出。

⑤静脉采血注意事项：A. 如使用静脉血检测（首选动脉血检测），应在不绑扎止血带的情况下采血，或穿刺成功后松开止血带待血液流动至少 2 min 后才采集；B. 避免输液和输血在同一侧肢体，更不能通过正在输液的针头直接抽血，抢救病人双管输液时可选择下肢血管采血。非紧急情况不要在输液时采血，在输液完成 2 h 后再采集为佳。

2. 血液样本的处理

血液离开血管后，血液凝固系统即被激活，血液凝固并析出血清。但血液凝固后，血细胞的代谢活动还在继续，结果引起细胞内外一系列成分的变化，而溶血则成分变化更大。因此，采血后应根据要求尽快地检测或者做好处理和保存，否则将影响结果的准确性。

（1）全血、血浆或血清的选择。①血标本分类。A. 全血：指的是抗凝血；B. 血浆：抗凝血经离心所得上清液称为血浆，血浆里含有凝血因子纤维蛋白原；C. 血清：不加抗凝的血，经离心得到的上清液称为血清，血清里除了不含凝血因子，其他成分与血浆完全一样。②血标本选择。A. 全血：当所测定的成分平均分布于细胞内和细胞外时，通常取全血；存在于血细胞内与营养状况密切相关的代谢物和有些代谢酶类的营养评价要用全血，如血红蛋白、高铁血红蛋白等；B. 血清：大部分试验都用血清。进行电泳分析时，血清比血浆更易于处理，血浆中的纤维蛋白原容易对电泳分析产生干扰；C. 血浆：测定血液中的游离血红蛋白、变性血红蛋白等指标时要用血浆。

需用全血或血浆的实验，血液样本应注入相应的抗凝管中，并及时混匀，抗凝的血液应立即分析或离心分离出血浆。

（2）抗凝剂的性质和应用。抗凝剂种类繁多，它们的作用机制和对测定指标的影响也不尽相同。营养学研究和临床检验常用的抗凝剂有：草酸盐（钾盐和钠盐）、柠檬酸盐、乙二胺四乙酸（EDTA）、肝素和氟化钠。各抗凝剂的作用和用途见表 1 -9。

表 1 -9　不同抗凝剂的用途与特点

抗凝剂	作用	用途	注意事项
草酸钾、草酸钠	草酸盐与血液中 Ca^{2+} 形成草酸钙沉淀，使凝血酶的激活受阻	干粉常用于血浆标本抗凝	①烘箱温度不宜超过 80 ℃，否则可被分解为碳酸钾（钠）和一氧化碳，失去抗凝作用。②钾、钙测定不可用草酸钾作为抗凝剂，钠、钙测定不可用草酸钠作为抗凝剂。③据报告，草酸钾对乳酸脱氢酶、酸性磷酸酶及淀粉酶有抑制作用
柠檬酸盐	与血液中 Ca^{2+} 结合	血沉、凝血试验、血液保养液	①抗凝作用相对较弱，抗凝强度、体积和血液的比例非常。②不易产生溶血，且不影响钙的测定
乙二胺四乙酸（EDTA）	与血液中 Ca^{2+} 结合成螯合物，凝血过程中断	全血细胞计数、离心法 HCT 测定等血液学检查	①抗凝剂用量和血液的比例，添加后须立即混匀。②不适于含氮化合物和钠的测定

续表 1－9

抗凝剂	作用	用途	注意事项
肝素	加强抗凝血酶灭活丝氨酸蛋白酶，阻止凝血酶形成	适用于电解质的测定：如红细胞渗透脆性试验、微量离心法 HCT 测定	①不适用于钠、钾、锂的测定；②不适用于血常规检查
氟化钠	弱抗凝剂，浓度要达到 6～10 mg/mL 时才有抗凝作用	与草酸钾按 1：3 混合，不同的量可以作为血糖测定的良好保存剂；尿酸肌酐、无机磷及非蛋白氮的良好抗凝剂	①不能用于尿素酶法测定尿素；②不能用于淀粉酶及磷酸酶测定

（注：摘自《临床检验基础（第 5 版）》）

（3）血样处理时的注意事项。①抗凝管选择不适当，会直接影响检测分析的结果。此外，抗凝剂的用量不足则达不到抗凝效果，而用量过多又会导致测定结果不准确。例如，用草酸钾抗凝时，若草酸钾过多，可使苦味酸法测定的血糖结果偏低。②血液离体后血液中的血浆凝血因子会被激活，形成纤维蛋白而使血液凝固，析出澄清黄色血清。需要血清时，为减少细胞内外成分的变动，减少测定误差，在取血后半小时内完成血凝，分离出血清为宜。血凝的过程与温度相关，在夏季凝固快而在冬天缓慢。出现血液凝固的原因可能是：A. 注射器采血时，分装量超过采血管额定量（分装血样时应注意采血管的定量），不宜超过定量；B. 抗凝管没有摇匀或未及时摇匀或者摇匀方式错误，正确做法为及时轻轻颠倒采血管 180°摇匀 5～8 次；C. 对于血液黏度高的病人，选择适宜采血针并边采边摇，避免采血针型号过小和/或采血速度慢；D. 水剂的抗凝剂常吸附在丁基橡胶塞上，异常开塞后胶塞会带走部分预加的抗凝剂，导致抗凝剂量不足。③对于一些光敏感的检测指标，在对血样进行处理的过程中应注意避光。④用于分子检测的采血管应置于肝素抗凝采血管前采集，避免可能的肝素污染引起 PCR 反应受抑；⑤用于微量元素检测的采血管应考虑前置采血管中添加剂是否含有所检测的微量元素，必要时单独采集，不宜使用注射器采集。采血管的种类和用途见表 1－10。

表 1－10　负压采血管的种类和用途

采血管	用途	标本	操作步骤	添加剂	添加剂作用
红色	生化/血清学试验	血清	采血后不需混匀，静置 1 小时，离心	无（内壁涂有硅酮）	—
绿色	快速生化试验	血浆	采血后立即颠倒混匀 8 次，离心	抗凝剂：肝素钠、肝素锂	抑制血液凝固

续表 1 – 10

采血管	用途	标本	操作步骤	添加剂	添加剂作用
浅绿色	快速生化试验	血浆	采血后立即颠倒混匀 5 次，离心	惰性分离胶，肝素锂	抑制凝血
紫色	血常规试验	全血	采血后立即颠倒混匀 8 次，试验前混匀标本	EDTA-K，K_2（液体或干粉喷洒）	螯合钙离子
灰色	血糖试验	血浆	采血后立即颠倒混匀 5 次，离心	氯化钠和碘乙酸锂	抑制葡萄糖分解
浅蓝色	凝血试验	血浆	采血后立即颠倒混匀 8 次，试验前离心取血浆进行试验	枸橼酸钠：血液 =1：9	结合钙离子
黑色	红细胞沉降率	全血	采血后立即颠倒混匀 8 次，试验前混匀标本	枸橼酸钠：血液 =1：4	结合钙离子

（注：摘自《临床检验基础（第 5 版）》）

3. 血液样本的保存和运送

一般情况下，血液样本从采血到进行检验的时间越短，结果更加可信。某些营养素和反映机体营养状况的一些酶对温度很敏感，比如在室温下 Na^+、K^+、ATP 酶的活性低，红细胞释放 K^+ 进入血清或血浆的效应较小，但当温度低于 4 ℃或高于 30 ℃时，Na^+、K^+、ATP 酶的活性增强，使血样中某些检测指标呈假性升高。因此血样不能及时进行检测时，最好在室温放置半小时后离心分离血清和血浆，放置于 –20 ℃或更低的 –80 ℃低温保存，中间不宜反复冻融。为防止血样蒸发和污染，应采集到真空采血管。同时还应严防剧烈振动和日光直射，光感强的样品要进行避光处理，如胆红素、尿酸等会因光照射分解而含量降低。

样品在运送过程中，应根据被测物的稳定性，采用适当的保存温度，除非样品和被测物在常温下稳定，例如检测抗原、抗体的全血 28 ℃可保存 24 h，血常规标本可在常温下保存 4 h，否则样品必须在采血后 1 h 内分离血清或血浆，冷冻运送。EDTA 抗凝全血、做脂蛋白的血清或血浆、测载脂蛋白 A 及 B、脂蛋白 X 及低密度脂蛋白—胆固醇的血清或血浆、纤维蛋白单体阳性血浆等血样不宜冷冻保存。

（二）尿液的采集与处理

1. 尿液的收集和保存

尿液的主要成分是水、尿素及盐类，这些化学物质的浓度受饮食和代谢的影响，因此尿液可进行水溶性维生素耐受实验、肌酐测定、维生素和矿物质代谢实验、蛋白质代谢和骨代谢实验等项目。

2. 尿液的影响因素及采集要求

患者的年龄、性别、情绪、运动、饮食及药物等都可能影响检验结果。尿液采集一般由患者自行完成，因此在采集前应告知被采集人按常规生活和饮食、尽量减少运动、禁食某些食物、必要时停用某些药物、女性应避开经期等注意事项。

3. 尿液样本的类型和收集

尿液样本可根据分析需要的不同，在不同时间留取收集。在不同时间内收集的尿液成分可会有很大的不同，如餐后 2 ～ 3 h 排出的尿液中糖、蛋白质及尿胆原等含量一般要比晨尿多。

（1）晨尿。指清晨起床后，未进早餐和运动前第一次排出的尿液。晨尿在膀胱中存留时间达 6 ～ 8 h，因不受饮食的影响，其化学成分常常比较恒定和浓缩。用于常规定性试验如尿蛋白、尿糖等项目的测定。

（2）餐后尿。指午餐后 2 ～ 4 h 内的全部尿液。餐后尿有利于病理性尿胆原、尿糖和尿蛋白的检出。

（3）3 小时尿。指饭后 3 h 排出的尿液，为了解某种物质的代谢情况最为合适。

（4）24 小时尿。指清晨排尿并弃去，然后收集 24 h 内的全部尿液（包括次晨最后排出的尿液）。在收集期间每次尿液标本均应放到冰箱（2 ～ 8 ℃）或阴凉处保存。全部收集完毕测量并记录 24 h 总尿量，混匀后取 20 ～ 30 mL 置于有盖容器内送检即可。24 小时尿一般进行定量分析，如铬（Cr）、尿素氮（BUN）、钾（K）、钠（Na）、钙（Ca）、磷（P）、尿总蛋白（UPR）、尿白蛋白排泄率（UAER）等检测。如果进行饱和实验，则晨起排出第一次尿后，服用饱和试验药物，收取 4 h 或 24 h 的尿液。

（5）负荷尿。是评价人体水溶性维生素营养水平的方法之一。先给被测者大剂量维生素，然后测定一定时间（一般 4 h）内尿中维生素排出量。若被测者体内有充足的该维生素储备，大剂量摄入后则将从尿中大量排出；反之，若被测者的该维生素营养状况较差，摄入大剂量后大部分或全部在组织储留，则尿中排出量减少。

（6）夜间尿。晚 10 点排尿弃去，开始留取 8 h 全部尿液（包括次日早上 6 点），收集在一个带盖子的干净容器中内送检。常用于尿中白蛋白测定，留取夜间 8 h 是为避免剧烈运动或长久站立使尿白蛋白增加而出现假阳性。

4. 收集样本的容器

（1）收集样本的容器必须清洁、干燥，常用带盖的广口玻璃瓶或聚乙烯瓶，便于标记和传送，一次性使用。

（2）避免阴道分泌物、精液、粪便等污染，还应注意避免烟灰、纸屑等异物混入。

（3）避免干扰的化学物质（如表面活性剂、消毒剂）混入，容器壁不含有也不能吸附被测物。不可使用未经洗涤的装药物或试剂的器皿收集标本。

（4）能收集足够尿液，一般定性试验可用 100 ～ 200 mL，直径至少 4 ～ 5 cm 的广口瓶。收集 4 小时尿样，要用能容纳 500 mL 液体的收集瓶，并准备几个备用瓶，供给尿多者备用。若收集 24 小时尿样，则要准备能容纳 2 ～ 3 L 以上液体的收集容器。

（5）如需培养，应在无菌条件下用无菌容器收集中段尿液。

5. 样本的保存方法

尿液是一种良好的细菌培养基，在室温及以上温度容易繁殖细菌导致样品分解、腐败。因此，尿液留取后应在 2 h 内检验；若必须推迟检验，或收集 24 h 的样本，则应放冰箱冷藏或加防腐剂。尿样的保存方法主要如下。

（1）冷藏法。对于尿液的检测项目不宜加防腐剂时，最好放 4 ℃冰箱保存；在收集 24 小时样本过程中，每次排尿后应立即冷藏。2 小时内可完成检测的尿液标本不建议冷藏保存。

（2）防腐法。有不少化学防腐剂可用来抑制细菌生长，但要注意有些防腐剂可对检验结果有影响。此外，光照是腐败最佳催化剂，应注意将尿液放置在阴凉避光处，防止阳光的照射。尿常规筛检尽量不要使用防腐剂。

①甲苯。每 100 mL 尿中加 0.5 ～ 1 mL 甲苯，充分振荡混合，或加在尿液表面形成一层薄膜。甲苯是尿糖和尿蛋白等化学成分的定性或定量检查最合适的防腐剂，但必须在采样前或当时即加入。

②氯仿。少量氯仿的防腐效果比甲苯好，但尿糖检测前须煮沸驱除氯仿，以免干扰尿糖测定。

③麝香草酚。每 100 mL 尿液中加麝香草酚小于 0.1 g 能保存样本数天，但会影响蛋白质、胆酸、17 – 酮类固醇的检测，以及磷酸盐、镁的定量测定。

④硼酸。每 100 mL 尿中加 0.2 g 硼酸，有抑制细菌生长作用，但不能阻止酵母菌的繁殖。

⑤盐酸。每 100 mL 尿加浓盐酸 1 mL，24 小时尿液中总计加入 10 ～ 15 mL 即可使尿液 pH 保持在 4 ～ 5 范围内，是 17 – 羟类固醇、17 – 酮类固醇、儿茶酚胺、尿素、氨及总氮量等定量检测最好的保存法。

⑥碳酸钠。加碳酸钠的碱性尿能使卟啉很稳定，可作为卟啉测定的特殊保存剂。

⑦混合防腐剂。称取磷酸二氢钾 10.0 g、苯甲酸钠 5.0 g、苯甲酸 0.5 g、乌洛托品 5.0 g、碳酸氢钠 1.0 g、氧化汞 0.1 g，研细混匀为混合防腐剂。每 100 mL 尿液加 0.5 g 即有防腐作用。此混合防腐剂不影响蛋白质和尿糖的定性实验。

6. 尿液的运送

（1）运送尿标本时，容器需有严密的盖子以防尿液渗漏。

（2）标本收集后应减少运送环节并缩短保存时间，运送过程中应尽量避免标本因震荡产生过多泡沫，以防引起细胞破坏。

（三）粪便样品的收集与处理

正常粪便主要由消化后未被吸收的食物残渣、消化道分泌物、大量细菌、无机盐及水等组成。粪便用于营养学研究的意义是：①测定人体蛋白质和矿物质，如钙、铁、锌等的需要量；②评价食物蛋白质的营养价值；③评价食物矿物质元素的吸收率以其影响因素；④检测体内矿物质随粪便的排泄情况。营养代谢实验需要收集至少 3 天的粪便。粪便用于疾病检查的主要目的是了解消化道有无炎症、出血、寄生虫感染、恶性肿瘤等情况；可以判断胃肠、肝胆胰腺系统的功能状况，了解肠道菌群分布是否合理，检查粪便中有无致病菌以协助诊断肠道传染病或食物中毒。

1. 粪便的收集和保存

（1）粪便收集。检测项目不同，所需粪便的量也不同。对常规检查来说，核桃大小成形粪便或水样便需 5 ～ 6 汤勺即可；特殊检查如粪胆原、脂肪定量检测，则需要整次或整天甚至 3 天以上的粪便，多达 60 g 以上。①常规粪便标本。通常采用自然排出的粪便，取

1 小块（拇指大小，约 3 ～ 5 g 左右）放在纸盒内送检即可，标本不宜取得过少。如为腹泻病人应采取脓血或黏液部分送检，用干净竹签选择有黏液、脓血等病变成分的粪便，外观无异常时则从深处取材。②浓缩粪便标本。应将 24 h 内排出的所有粪便收集于同一容器送检，尽量避免小便的混入。

（2）粪便的保存。采集常规检查的粪便标本，应使用一次性无渗漏、有盖、无污染物的干净容器，且大小适宜。用于细菌培养的容器应无菌。粪便标本应尽快送检，一般常规检查不应超过 1 h，否则应保存在 4 ～ 8 ℃条件下送检，因为酸碱度的改变及消化酶的作用可使粪便有形成分被分解破坏及病原菌死亡而导致结果不准确。如检查痢疾阿米巴原虫或滋养体时排便后需立即检查，不宜超过 10 min，冬天应保温送检；寄生虫和虫卵检查不宜超过 24 min。混匀后的粪便样本如果采样周期在 1 周之内，可以保存在 4 ～ 8 ℃；取样在 1 周以上 1 个月以内在 -20 ℃保存；超过 1 个月则应放入 -80 ℃冰箱保存。

粪便保存方法有：①固定液中保存。适用寄生虫及虫卵检测。②冷藏保存。采集后放入有盖的玻璃瓶，然后放入冰箱保存，保存时间在 3 天内。③运送培养基保存。适用于腹泻病人的粪便标本，以进行致病菌检测。④0.05 mol/L 硫酸。做氮平衡实验时粪便的保存。⑤冷冻保存。用于矿物质代谢研究的粪便保存。

（3）粪便采集的注意事项。①常规检查在采样前三天要尽量以清淡的食物为主；②采样时勿将尿液、水或其他物质混入粪便或容器内，采样后尽快塞紧或旋紧容器；③集体腹泻或食源性疾病暴发患者粪便的采集，应根据患者人数决定采取标本的数量；④尽量在急性腹泻期及用药前采集。

（四）毛发的采集与处理

头发的主要成分是角蛋白，由多种氨基酸组成，还含有黑色素和铁等无机元素。氨基酸和维生素是头发生长的必需营养成分。检测头发的矿物质含量，可以用来评价机体的营养状况（如钙、铁、锌、铜、硒、镁、铬、铅、锰等元素的水平）；也可以评价环境对头发的污染。①洗发、护发剂和染烫头发的处理过程，微量元素在头发中的残留，如铅、锰等元素；②头发中微量元素水平与当地环境中食物、水中微量元素水平有关。值得注意的是，头发生长在人体末端，代谢活动低，不能反映机体近期营养变化，而仅反映前段时间的水平。此外不同性别、年龄段的人群头发中微量元素含量也有所差异。

1. 头发样品收集和保存

头发的收集基本不会对人体造成影响，非常容易被儿童和家长所接受；另外，样本保存和运送方便，需要量少，保存时间长，有利于大样本的收集。

准备设备。①不锈钢剪刀，并用纱布或滤纸擦拭干净；②干净塑料杯或塑料试管或滤纸袋。

2. 采集部位和保存

由于脑后枕部头发不受激素水平的控制，且生长缓慢，能反映较长时间内的营养状况。因此可取被测者脑后枕部发际至耳后处的一小撮头发，从发根 1 ～ 2 cm 处剪断，保留剪下的头皮近端 3 ～ 5 cm，远端丢弃。如遇到枕后没有头发的儿童，可剪取其他部位头发。收集 1 ～ 2 g 样品，置于干净的塑料杯、塑料试管或纸袋中。

3. 头发的前处理

将发样剪碎，用洗涤剂或表面活性剂浸泡，清洗干净，并用去离子水冲洗，在 60 ℃下烘干后待测定。

4. 注意事项

（1）不同部位、不同生长时间的头发中微量元素的含量不一样。

（2）头发前处理既要洗涤去除头发表面的污染物，又不能破坏头发的组织，洗涤干净与否是测定微量元素含量准确度的关键。

（3）在洗涤的过程中要注意防止在洗涤过程中带入污染物，进而影响测定结果。

（五）指（趾）甲的采集与处理

指甲是反映人体健康状况的窗口，其色泽光度、形状和脆性的改变与营养缺乏有密切关系。

1. 指（趾）甲的采集

用不锈钢剪刀剪取指甲，尽可能从 10 个手指上都采到样品，将左右手指甲合并为一份，每份样品重 20 mg 以上。

2. 指（趾）甲样品的前处理

（1）洗涤。样品先用洗涤剂浸泡 15 ～ 30 min，浸泡中不断搅拌。指（趾）甲污物较多的可用毛刷刷净，取出后再放入另一盛有洗涤剂的烧杯中，置磁力搅拌器上搅拌漂洗 15 min，用蒸馏水反复冲洗 3 次至无泡沫为止，必要时用去离子水冲洗 2 ～ 3 次。

（2）烘干。放入玻璃容器内或用新滤纸包好，置烘箱内过夜（60 ～ 80 ℃），次日早晨取出置干燥器中，备用。

3. 根据分析指标的不同采用不同的处理方法

（1）测定矿物元素用硝酸 - 高氯酸（9∶1）消化。

（2）测定氨基酸用丙酮浸泡，除去脂质物质，干燥后用 HCl 消化。

（六）乳汁的采集与处理

一般是在上午婴儿两次哺乳之间取乳，取乳前先将乳房用清水洗净，然后用去离子水冲洗 2 ～ 3 次，用吸乳器取双侧乳房内乳汁，取乳汁的量根据测定的需要而定，一般乳母的取乳量在 50 mL 以上。也可手挤乳，但注意不要污染乳汁，引起测定的误差。取乳后，将乳汁放入干净的容器内，直接测定指标，或冻存于冰箱内待测。

（七）唾液的样本采集与处理

目前在研究及临床上常用唾液检测体内锌、铜、铁等必需的微量元素，以评价该元素在人体中整体营养状况；也可评价环境毒物如汞、铅、铬、镉、镍、锂等金属在人体的中毒水平，并可作为驱除治疗的观察指标。此外，用唾液测定脂质（高密度脂蛋白、低密度脂蛋白、甘油三酯和胆固醇）、尿酸和尿素含量已经广泛用于疾病筛查和监测中。随着科学技术的发展，以及唾液易收集、存储和运输，且便宜的特点，很多常规临床血清检验将会被简单快速的唾液测定所取代。

1. 唾液收集方法

（1）准备容器：清洁好的试管（最好带有刻度）或者 40 ～ 50 mm 口径玻璃漏斗，消毒烤干备用，或者使用一次性唾液采集器。

（2）采样前的准备：收集唾液的前一天晚上 10 点后不再进食（可饮少量开水，不可饮茶、咖啡等），睡前清洁口腔。唾液采集前 1 h 不做任何活动，也不准漱口，期间不要进食和抽烟。

（3）采集唾液样本的方法有两类，一类是非刺激性全唾液，另一类是刺激性全唾液。①非刺激性全唾液收集。在身体处于安静状态，早晨起床后或者在上午 10：00—10：30 之间，收集唾液 5 min，令受检者自行吐唾液于试管中，至少 1 mL。避免提及酸味或美味食品，以防自主神经系统过度兴奋。②刺激性全唾液收集。将普通滤纸浸泡于柠檬酸饱和水溶液中至完全浸透，然后取出沥干，置 102 ℃烤箱中烘干，裁成小方块（约 1 cm^2）。收集唾液时，将其置于受检者舌面或舌尖部，以柠檬酸小纸片为无条件刺激物，引起唾液腺的兴奋，然后收集流出的唾液于干净的容器内。

（4）注意事项。①收集时不能将唾液咽下，而应全部张口并轻度伸舌，让唾液自然流入漏斗和试管；②收样时需要排除口腔或齿龈出血者；③兴奋状态下，如刺激性食物的唾液不可与安静状态下的非刺激性的唾液相混淆。

2. 唾液的保存和运送

试管中的唾液在常温下可保存一天，在 4 ℃可保存 3 天，如不能及时检测，应低温冷冻保存，在 -80 ℃冰箱中可以保存 14 个月。

早在 20 世纪四五十年代，就有人开始研究汗液在医学分析的手段，但目前还仅是实验室阶段，尚未推广。

（符　艳　方桂红）

第二章 | 食品营养成分分析

第一节　食物中蛋白质的营养评价

食物是人类赖以生存的物质基础，为人体提供所需要的各种营养素和有益的生物活性物质。通过对食物中营养成分的分析，为我们认识食物、更好利用食物提供了重要依据。

蛋白质是人体细胞、组织、器官的重要组成成分，也是一切生命的物质基础。人体所需要的合成自身蛋白的原料，源于我们所摄入的食物。不同食物，由于其蛋白质的含量和组成各不相同，而表现出其营养价值的差异性。目前的研究表明，影响蛋白质营养价值的因素包括食物中的蛋白质含量、蛋白的氨基酸模式，以及人体对不同蛋白质的消化、吸收和利用程度。因此，我们对食物蛋白质营养评价主要从三方面来进行。

海南素有长寿岛、健康岛之誉，在中国科学院地理科学与资源研究所公布的中国长寿指数排行榜名列第一，饮食是海南人长寿的八大奥秘之一，深海鱼类、文昌鸡、东山羊等海南特色食品是海南饮食的重要组成。海南文昌鸡，是中国国家地理标志产品；万宁东山羊，是全国农产品地理标志产品。

【问题 1】如何评价这些食材中的蛋白质？

【问题 2】在蛋白质的检测过程中我们需要注意哪些事项？

方法一　凯氏定氮法

（一）原理

食物中的蛋白质在催化加热条件下被分解，产生的氨与硫酸结合生成硫酸铵。碱化蒸馏使氨游离，再用硼酸吸收游离氨后以硫酸或盐酸标准滴定溶液滴定，根据酸的消耗量计算氮含量，再乘以换算系数，即为蛋白质的含量。

（二）试剂及配制

1. 试剂

（1）五水硫酸铜（$CuSO_4 \cdot 5H_2O$）。

（2）硫酸钾（K_2SO_4）。

（3）硫酸（H_2SO_4）。

（4）硼酸（H_3BO_3）。

（5）甲基红指示剂（$C_{15}H_{15}N_3O_2$）。

（6）溴甲酚绿指示剂（$C_{21}H_{14}Br_4O_5S$）。

（7）亚甲基蓝指示剂（$C_{16}H_{18}ClN_3S \cdot 3H_2O$）。

（8）氢氧化钠（NaOH）。

（9）95% 乙醇（C_2H_5OH）。

2. 试剂配制

（1）硼酸溶液（20 g/L）：称取 20 g 硼酸，加水溶解后并稀释至 1000 mL。

（2）氢氧化钠溶液（400 g/L）：称取 40 g 氢氧化钠加水溶解后，放冷，并稀释至

100 mL。

（3）硫酸标准滴定溶液［$C(H_2SO_4)$］0.05 mol/L 或盐酸标准滴定溶液［$C(HCl)$］0.05 mol/L。

（4）甲基红乙醇溶液（1 g/L）：称取0.1 g 甲基红，溶于95%乙醇，用95%乙醇稀释至100 mL。

（5）亚甲基蓝乙醇溶液（1 g/L）：称取0.1 g 亚甲基蓝，溶于95%乙醇，用95%乙醇稀释至100 mL。

（6）溴甲酚绿乙醇溶液（1 g/L）：称取0.1 g 溴甲酚绿，溶于95%乙醇，用95%乙醇稀释至100 mL。

（7）A 混合指示液：2 份甲基红乙醇溶液与1 份亚甲基蓝乙醇溶液，临用时混合。

（8）B 混合指示液：1 份甲基红乙醇溶液与5 份溴甲酚绿乙醇溶液，临用时混合。

（三）仪器和设备

（1）天平：感量为1 mg。

（2）定氮蒸馏装置：如图2－1 所示。

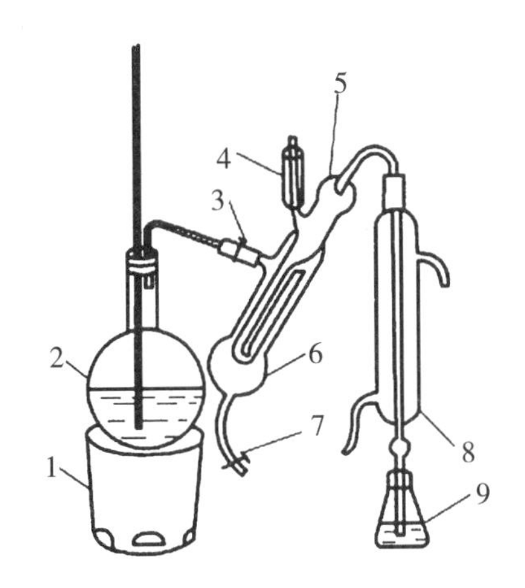

1. 电炉；2. 水蒸气发生器（2 L烧瓶）；3. 螺旋夹；4. 小玻杯及棒状玻塞；
5. 反应室；6. 反应室外层；7. 橡皮管及螺旋夹；8. 冷凝管；9. 蒸馏液接收瓶

图2－1　定氮蒸馏装置

（3）自动凯氏定氮仪。

（4）酸式滴定装置。

（四）分析步骤

（1）凯式定氮法。

①试样处理：称取充分混匀的固体试样0.2～2 g、半固体试样2～5 g或液体试样10～25 g（相当于30～40 mg氮），精确至0.001 g，分别移入干燥的100 mL、250 mL或500 mL定氮瓶底部，加入0.4 g硫酸铜、6 g硫酸钾及20 mL硫酸，轻摇后于瓶口放一小漏斗，将瓶以45 ℃角斜支于有小孔的石棉网上。小心加热，待内容物全部碳化、泡沫完全停止后，加强火力，并保持瓶内液体微沸，至液体呈蓝绿色并澄清透明后，再继续加热

0.5～1 h。取下放冷，小心加入 20 mL 水，放冷后，移入 100 mL 容量瓶中，并用少量水洗定氮瓶，洗液并入容量瓶中，再加水至刻度，混匀备用。同时做试剂空白对照试验。

②测定：按图 2－1 装好定氮蒸馏装置，向水蒸气发生器内装水至 2/3 处，加入数粒玻璃珠，加甲基红乙醇溶液数滴及数毫升硫酸，以保持水呈酸性，加热煮沸水蒸气发生器内的水并保持沸腾。

③向接受瓶内加入 10.0 mL 硼酸溶液及 1～2 滴 A 混合指示剂或 B 混合指示剂，并使冷凝管的下端插入液面下，根据试样中氮含量，准确吸取 2.0～10.0 mL 试样处理液由小玻杯注入反应室，以 10 mL 水洗涤小玻杯并使之流入反应室内，随后塞紧棒状玻塞。将 10.0 mL 氢氧化钠溶液倒入小玻杯，提起玻塞使其缓缓流入反应室，立即将玻塞盖紧，并水封。夹紧螺旋夹，开始蒸馏。蒸馏 10 min 后移动蒸馏液接收瓶，液面离开冷凝管下端，再蒸馏 1 min。然后用少量水冲洗冷凝管下端外部，取下蒸馏液接收瓶。尽快以硫酸或盐酸标准滴定溶液滴定至终点，如用 A 混合指示液，终点颜色为灰蓝色；如用 B 混合指示液，终点颜色为浅灰红色。同时做试剂空白对照试验。

（2）自动凯式定氮仪。

称取充分混匀的固体试样 0.2～2 g、半固体试样 2～5 g 或液体试样 10～25 g（相当于 30～40 mg 氮），精确至 0.001 g，至消化管中，再加入 0.4 g 硫酸铜、6 g 硫酸钾及 20 mL 硫酸于消化炉进行消化。当消化炉温度达到 420 ℃之后，继续消化 1h，此时消化管中的液体呈绿色透明状，取出冷却后加入 50 mL 水，于自动凯氏定氮仪（使用前加入氢氧化钠溶液，盐酸或硫酸标准溶液以及含有混合指示剂 A 或 B 的硼酸溶液）上实现自动加液、蒸馏、滴定和记录滴定数据的过程。

（五）结果计算

试样中蛋白质的含量按公式 2－1 计算：

$$X=\frac{(V_1-V_2)\times C\times 0.0140}{m\times V_3/100}\times F\times 100 \qquad （公式 2－1）$$

在公式 2－1 中：

X：试样中蛋白质的含量，单位为克每百克（g/100 g）；

V_1：试液消耗硫酸或盐酸标准滴定液的体积，单位为毫升（mL）；

V_2：试剂空白消耗硫酸或盐酸标准滴定液的体积，单位为毫升（mL）；

C：硫酸或盐酸标准滴定溶液浓度，单位为摩尔每升（mol/L）；

0.0140：1.0 mL 硫酸［（$C(\frac{1}{2}H_2SO_4)$ = 1.000 mol/L）］或盐酸［$C(\frac{1}{2}HCl)$ = 1.000 mol/L］标准滴定溶液相当的氮的质量，单位为克（g）；

m：试样的质量，单位为克（g）；

V_3：吸取消化液的体积，单位为毫升（mL）；

F：氮换算为蛋白质的系数，各种食品中氮转换系数见附录 A；

100：换算系数。

当蛋白质含量≥1 g/100 g 时，结果保留三位有效数字；当蛋白质含量＜1 g/100 g 时，结果保留两位有效数字。

注：当只检测氮含量时，不需要乘蛋白质换算系数 F。

（六）精密度

要求在重复条件下获得的两次独立测定结果的绝对差值不得超过算术平均值的10%。

方法二　分光光度法

（一）原理

食品中的蛋白质在催化加热条件下被分解，分解产生的氨与硫酸结合生成硫酸铵，在pH为4.8的乙酸钠－乙酸缓冲溶液中与乙酰丙酮和甲醛反应生成黄色的3，5－二乙酰2，6－二甲基1，4－二氢化吡啶化合物。在波长400 nm下测定吸光度值，与标准系列比较定量，结果乘以换算系数，即为蛋白质含量。

（二）试剂及配制

1. 试剂

（1）五水硫酸铜（$CuSO_4 \cdot 5H_2O$）。

（2）硫酸钾（K_2SO_4）。

（3）硫酸（H_2SO_4）：优级纯。

（4）氢氧化钠（NaOH）。

（5）对硝基苯酚（$C_6H_5NO_3$）。

（6）乙酸钠（$CH_3COONa \cdot 3H_2O$）。

（7）无水乙酸钠（CH_3COONa）。

（8）乙酸（CH_3COOH）：优级纯。

（9）37%甲醛（HCHO）。

（10）乙酰丙酮（$C_5H_8O_2$）。

2. 试剂配制

（1）氢氧化钠溶液（300 g/L）：称取30 g氢氧化钠加水溶解后，放冷，并稀释至100 mL。

（2）对硝基苯酚指示剂溶液（1 g/L）：称取0.1 g对硝基苯酚指示剂溶于20 mL 95%乙醇中，加水稀释至100 mL。

（3）乙酸溶液（1 mol/L）：量取5.8 mL乙酸，加水稀释至100 mL。

（4）乙酸钠溶液（1 mol/L）：称取41 g无水乙酸钠或68 g乙酸钠，加水溶解稀释至500 mL。

（5）乙酸钠－乙酸缓冲溶液：量取60 mL乙酸钠溶液与40 mL乙酸溶液混合，该溶液pH为4.8。

（6）显色剂：15 mL甲醛与7.8 mL乙酰丙酮混合，加水稀释至100 mL，剧烈振摇混匀（室温下放置稳定3d）。

（7）氨氮标准储备溶液（以氮计）（1.0 g/L）：称取105 ℃干燥2 h的硫酸铵0.4720 g，加水溶解后移于100 mL容量瓶中，并稀释至刻度，混匀，此溶液每毫升相当于1.0 mg氮。

（8）氨氮标准使用溶液（0.1 g/L）：用移液管吸取10.00 mL氨氮标准储备液于100

mL 容量瓶内，加水定容至刻度，混匀，此溶液每毫升相当于0.1 mg氮。

（三）仪器和设备

（1）分光光度计。

（2）电热恒温水浴锅：100 ±0.5 ℃。

（3）10 mL 具塞玻璃比色管。

（4）天平：感量为1 mg。

（四）分析步骤

1. 样品消解

称取充分混匀的固体试样0.1～0.5 g（精确至0.001 g）、半固体试样0.2～1 g（精确至0.001 g）或液体试样1～5 g（精确至0.001 g），移入干燥的100 mL或250 mL定氮瓶底部，加入0.1 g硫酸铜、1 g硫酸钾及5 mL硫酸，摇匀后于瓶口放一小漏斗，将定氮瓶以45°角斜支于有小孔的石棉网上。缓慢加热，待内容物全部碳化、泡沫完全停止后，加强火力，并保持瓶内液体微沸，至液体呈蓝绿色澄清透明后，再继续加热0.5 h。取下放冷，慢慢加入20 mL水，放冷后移入50 mL或100 mL容量瓶中，并用少量水冲洗定氮瓶，洗液并入容量瓶中，再加水至刻度，混匀备用。用同一方法做试剂空白对照试验。

2. 样品溶液的制备

吸取2.00～5.00 mL试样或试剂空白消化液于50 mL或100 mL容量瓶内，加1～2滴对硝基苯酚指示剂溶液，摇匀后滴加氢氧化钠溶液中和至黄色，再滴加乙酸溶液至溶液无色，用水稀释至刻度，混匀。

3. 标准曲线的绘制

吸取0 mL、0.05 mL、0.1 mL、0.2 mL、0.4 mL、0.6 mL、0.8 mL和1 mL氨氮标准使用溶液（相当于0 μg、5 μg、10 μg、20 μg、40 μg、60 μg、80 μg和100 μg氮），分别置于10 mL比色管中。加4.0 mL乙酸钠－乙酸缓冲溶液及4.0 mL显色剂，加水稀释至刻度，混匀。置于100 ℃水浴中加热15 min。取出用水冷却至室温后，移入1 cm比色杯内，以零管为参比，于波长400 nm处测量吸光度值，根据标准各点吸光度值绘制标准曲线或计算线性回归方程。

4. 样品测定

吸取0.5～2 mL（约相当于氮 <100 μg）试样溶液和同量的试剂空白溶液，分别于10 mL比色管中。加4.0 mL乙酸钠－乙酸缓冲溶液及4.0 mL显色剂，加水稀释至刻度，混匀。置于100 ℃水浴中加热15 min。取出用水冷却至室温后，移入1 cm比色杯内，以零管为参比，于波长400 nm处测量吸光度值，试样吸光度值与标准曲线比较定量或代入线性回归方程求出含量。

（五）结果计算

$$X=\frac{(C-C_0)\times V_1\times V_3}{m\times V_2\times V_4\times 1000\times 1000}\times F\times 100 \qquad \text{（公式2－2）}$$

在公式2－2中：

X：试样中蛋白质的含量，单位为克每百克（g/100 g）；

C：试样测定液中氮的含量，单位为微克（μg）；

C_0：试剂空白测定液中氮的含量，单位为微克（μg）；

V_1：试样消化液定容体积，单位为毫升（mL）；

V_3：试样溶液总体积，单位为毫升（mL）；

M：试样质量，单位为克（g）；

V_2：制备试样溶液的消化液体积，单位为毫升（mL）；

V_4：测定用试样溶液体积，单位为毫升（mL）；

1000：换算系数；

100：换算系数；

F：氮换算为蛋白质的系数。

当蛋白质含量≥1 g/100 g 时，结果保留三位有效数字；当蛋白质含量 <1 g/100 g 时，结果保留两位有效数字。

（六）精密度

在重复性条件下获得的两次独立测定结果的绝对差值不得超过算术平均值的10%。

（七）注意

凯氏定氮法所测得的含氮量为食品的总氮量，其中还包括少量的非蛋白氮，如尿素氮、游离氨氮、生物碱氮、无机盐氮等。由凯氏定氮法测得的蛋白质称为粗蛋白质。

（八）常见食物中的氮折算成蛋白质的折算系数

常见食物中的氮折算成蛋白质的折算系数如表 2－1 所示。

表 2－1　蛋白质折算系数

食品类别		折算系数
小麦	全小麦粉	5.83
	麦糠麸皮	6.31
	麦胚芽	5.80
	麦胚粉、黑麦、普通小麦、面粉	5.70
燕麦、大麦、黑麦粉		5.83
小米、裸麦		5.83
玉米、黑小麦、饲料小麦、高粱		6.25
油料	芝麻、棉籽、葵花子、蓖麻、红花籽	5.30
	其他油料	6.25
	菜籽	5.53

食品类别		折算系数
大米及米粉		5.95
鸡蛋	鸡蛋（全）	6.25
	蛋黄	6.12
	蛋白	6.32
肉与肉制品		6.25
动物明胶		5.55
纯乳与纯乳制品		6.38
复合配方食品		6.25
酪蛋白		6.40
胶原蛋白		5.79

续表 2－1

食品类别		折算系数
坚果、种子类	巴西果	5.46
	花生	5.46
	杏仁	5.18
	核桃、榛子、椰果等	5.30

食品类别		折算系数
豆类	大豆及其粗加工制品	5.71
	大豆蛋白制品	6.25
其他食品		6.25

第二节　食品中脂肪的营养评价

脂类是脂肪和类脂的总称，由 C、H、O 三种元素组成，是一类化学结构相似或完全不同的有机化合物。脂肪又称甘油三酯（triglyceride），是人体内重要的储能和供能物质，约占体内脂类总量的95%。食物中的脂肪可为人体提供能量，也是人体脂肪的合成材料；同时还具有增加饱腹感、改善食物的感官性状、提供脂溶性维生素等一些营养学功能。

椰子是海南等热带地区独特的可再生、绿色、环保型资源；椰肉可榨油、生食、做菜，也可以制成椰奶、椰蓉、椰丝、椰子酱罐头和椰子糖、饼干；树干可做建筑材料；椰子根可以入药，椰子水除了可以饮用，因其含有生长物质，还是组织培养的良好促进剂；椰油是椰子含有的一种独特油脂，精炼后可制食用椰子油、人造奶油。

【问题 1】椰子中所含有的油脂根据饱和度分类属于什么类型的脂类，其营养价值如何？

【问题 2】在该油脂的检测过程中我们需要注意哪些事项？

不同食品中脂肪含量的测定所采用的方法不同。

索氏提取法适用于水果、蔬菜及蔬菜制品、粮食及粮食制品、肉及肉制品、蛋及蛋制品、水产及水产制品、焙烤食品、糖果等食品中游离态脂肪含量的测定。酸水解法适用于水果、蔬菜及蔬菜制品、粮食及粮食制品、肉及肉制品、蛋及蛋制品、水产及水产制品、焙烤食品、糖果等食品中游离态脂肪及结合态脂肪总量的测定。碱水解法适用于乳及乳制品、婴幼儿配方食品中脂肪的测定。盖勃法适用于乳及乳制品、婴幼儿配方食品中脂肪的测定。

方法一　索氏提取法

（一）原理

脂肪易溶于有机溶剂。试样直接用无水乙醚或石油醚等溶剂抽提后，蒸发除去溶剂，干燥，得到游离态脂肪的含量。

（二）试剂及配制

1. 试剂和材料

除非另有说明，本方法所用试剂均为分析纯，水为 GB/T 6682 规定的三级水。

（1）石油醚（C_nH_{2n+2}）：石油醚沸程为 30～60 ℃。

（2）石英砂。

（3）脱脂棉。

2. 试剂配制

（三）仪器和设备

（1）索氏抽提器。

（2）恒温水浴锅。

（3）分析天平：感量 0.001 g 和 0.0001 g。

（4）电热鼓风干燥箱。

（5）干燥器：内装有效干燥剂，如硅胶。

（6）滤纸筒。

（7）蒸发皿。

（四）分析步骤

1. 试样处理

（1）固体试样：称取充分混匀后的试样 2～5 g，准确至 0.001 g，全部移入滤纸筒内。

（2）液体或半固体试样：称取混匀后的试样 5～10 g，准确至 0.001 g，置于蒸发皿中，加入约 20 g 石英砂，于沸水浴上蒸干后，在电热鼓风干燥箱中于（100 ±5 ）℃干燥 30 min 后，取出，研细，全部移入滤纸筒内。蒸发皿及粘有试样的玻璃棒，均用沾有乙醚的脱脂棉擦净，并将棉花放入滤纸筒内。

2. 抽提

将滤纸筒放入索氏抽提器的抽提筒内，连接已干燥至恒重的接收瓶，由抽提器冷凝管上端加入无水乙醚或石油醚至瓶内容积的 2/3 处，于水浴上加热，使无水乙醚或石油醚不断回流抽提（6～8 次/小时）。一般抽提 6～10 h。提取结束时，用滤纸接取 1 滴提取液，滤纸上无油斑表明提取完毕。

3. 称量

取下接收瓶，回收无水乙醚或石油醚，待接收瓶内溶剂剩余 1～2 mL 时在水浴上蒸干，再于（100 ±5）℃干燥 1 h，放干燥器内冷却 0.5 h 后称量。重复以上操作直至恒重（直至两次称量的差不超过 2 mg）。

（五）结果计算

样品中脂肪的含量按公式 2 –3 计算：

$$X=\frac{m_1\times m_0}{m_2}\times 100 \qquad \text{（公式 2 – 3）}$$

在公式 2 –3 中：

X：试样中脂肪的含量，单位为克每百克（g/100 g）；

m_1：恒重后接收瓶和脂肪的含量，单位为克（g）；

m_0：接收瓶的质量，单位为克（g）；

m_2：样品的质量，单位为克（g）；

100：换算系数。

计算结果表示到小数点后一位。

（六）精密度

在重复条件下获得的两次独立测定结果的绝对差值不得超过算术平均值的10%。

方法二　酸水解法

（一）原理

食品中的结合态脂肪必须用强酸使其游离出来，游离出的脂肪易溶于有机溶剂。试样经盐酸水解后用无水乙醚或石油醚提取，除去溶剂即得游离态和结合态脂肪的总含量。

（二）试剂及配制

1. 试剂和材料

除非另有说明，本方法所用试剂均为分析纯，水为GB/T 6682规定的三级水。

（1）乙醇（C_2H_5OH）。

（2）无水乙醚（$C_4H_{10}O$）。

（3）石油醚（C_nH_{2n+2}）：沸程为30～60 ℃。

（4）碘（I_2）。

（5）碘化钾（KI）。

（6）蓝色石蕊试纸。

（7）脱脂棉。

2. 试剂配制

（1）盐酸溶液（2 mol/L）：量取50 mL盐酸，加入250 mL水中，混匀。

（2）碘液（0.05 mol/L）：称取6.5 g碘和25 g碘化钾于少量水中溶解，稀释至1 L。

（三）仪器和设备

（1）恒温水浴锅。

（2）电热板：满足200 ℃高温。

（3）锥形瓶。

（4）分析天平：感量为0.1 g和0.001 g。

（5）电热鼓风干燥箱。

（四）分析步骤

1. 样品酸水解

（1）肉制品。称取混匀后的试样3～5 g，准确至0.001 g，置于锥形瓶（250 mL）中，加入50 mL 2 mol/L盐酸溶液和数粒玻璃细珠，盖上表面皿，于电热板上加热至微沸，保持1 h，每10 min旋转摇动1次。取下锥形瓶，加入150 mL热水，混匀，过滤。锥形瓶和表面皿用热水洗净，热水一并过滤。沉淀用热水洗至中性（用蓝色石蕊试纸检验，中性时试纸不变色）。将沉淀和滤纸置于大表面皿上，于（100 ± 5）℃干燥箱内干燥1 h，冷却。

（2）淀粉。根据总脂肪含量的估计值，称取混匀后的试样 25 ～ 50 g，准确至 0.1 g，倒入烧杯并加入 100 mL 水。将 100 mL 盐酸缓慢加到 200 mL 水中，并将该溶液在电热板上煮沸后加入样品液中，加热此混合液至沸腾并维持 5 min，停止加热后，取几滴混合液于试管中，待冷却后加入 1 滴碘液，若无蓝色出现，可进行下一步操作。若出现蓝色，应继续煮沸混合液，并用上述方法不断地进行检查，直至确定混合液中不含淀粉为止，再进行下一步操作。将盛有混合液的烧杯置于水浴锅（70 ～ 80 ℃）中 30 min，不停地搅拌，以确保温度均匀，使脂肪析出。用滤纸过滤冷却后的混合液，并用干滤纸片取出黏附于烧杯内壁的脂肪。为确保定量的准确性，应将冲洗烧杯的水进行过滤。在室温下用水冲洗沉淀和干滤纸片，直至滤液用蓝色石蕊试纸检验不变色。将含有沉淀的滤纸和干滤纸片折叠后，放置于大表面皿上，在（100 ±5）℃的电热恒温干燥箱内干燥 1 h。

（3）其他食品。A. 固体试样：称取约 2 ～ 5 g，准确至 0.001 g，置于 50 mL 试管内，加入 8 mL 水，混匀后再加 10 mL 盐酸。将试管放入 70 ～ 80 ℃水浴中，每隔 5 ～ 10 min 以玻璃棒搅拌 1 次，至试样消化完全为止，约 40 ～ 50 min。B. 液体试样：称取约 10 g，准确至 0.001 g，置于 50 mL 试管内，加 10 mL 盐酸。其余操作同 A。

2. 抽提

（1）肉制品、淀粉。将干燥后的试样装入滤纸筒内，将滤纸筒放入索氏抽提器的抽提筒内，连接已干燥至恒重的接收瓶，由抽提器冷凝管上端加入无水乙醚或石油醚至瓶内容积的 2/3 处，于水浴上加热，使无水乙醚或石油醚不断回流抽提（6 ～ 8 次/小时）。一般抽提 6 ～ 10 h。提取结束时，用磨砂玻璃棒接取 1 滴提取液，磨砂玻璃棒上无油斑表明提取完毕。

（2）其他食品。取出试管，加入 10 mL 乙醇，混合。冷却后将混合物移入 100 mL 具塞量筒中，以 25 mL 无水乙醚分数次洗试管，一并倒入量筒中。待无水乙醚全部倒入量筒后，加塞振摇 1 min，小心开塞，放出气体，再塞好，静置 12 min，小心开塞，并用乙醚冲洗塞及量筒口附着的脂肪。静置 10 ～20 min，待上部液体清晰，吸出上清液于已恒重的锥形瓶内，再加 5 mL 无水乙醚于具塞量筒内，振摇，静置后，仍将上层乙醚吸出，放入原锥形瓶内。

3. 称量

取下接收瓶，回收无水乙醚或石油醚，待接收瓶内溶剂剩余 1 ～ 2 mL 时在水浴上蒸干，再于（100 ±5）℃干燥 1 h，放干燥器内冷却 0.5 h 后称量。重复以上操作直至恒重（直至两次称量的差不超过 2 mg）。

4. 结果计算

样品中脂肪的含量按公式 2 －4 计算：

$$X = \frac{(m_1 - m_0)}{m_2} \times 100 \qquad \text{（公式 2－4）}$$

在公式 2 －4 中：

X：试样中脂肪的含量，单位为克每百克（g/100 g）；

m_1：恒重后接收瓶和脂肪的含量，单位为克（g）；

m_0：接收瓶的质量，单位为克（g）；

m_2：样品的质量，单位为克（g）；

100：换算系数。

计算结果表示到小数点后一位。

（五）精密度

在重复性条件下获得的两次独立测定结果的绝对差值不得超过算术平均值的10%。

方法三　碱水解法

（一）原理

用无水乙醚和石油醚抽提样品的碱（氨水）水解液，通过蒸馏或蒸发去除溶剂，测定溶于溶剂中的抽提物的质量。

（二）试剂及配制

除非另有说明，本方法所用试剂均为分析纯，水为GB/T 6682规定的三级水。

1. 试剂

（1）淀粉酶：酶活力≥1.5 U/mg。

（2）氨水（$NH_3 \cdot H_2O$）：质量分数约25%（注：可使用比此浓度更高的氨水）。

（3）乙醇（C_2H_5OH）：体积分数至少为95%。

（4）无水乙醚（$C_4H_{10}O$）。

（5）石油醚（C_nH_{2n+2}）：沸程为30～60 ℃。

（6）刚果红（$C_{32}H_{22}N_6Na_2O_6S_2$）。

（7）盐酸（HCl）。

（8）碘（I_2）。

2. 试剂配制

（1）混合溶剂：等体积混合乙醚和石油醚，现用现配。

（2）碘溶液（0.1 mol/L）：称取碘12.7 g和碘化钾25 g，于水中溶解并定容至1 L。

（3）刚果红溶液：将1 g刚果红溶于水中，稀释至100 mL。注：可选择性地使用。刚果红溶液可使溶剂和水相界面清晰，也可使用其他能使水相染色而不影响测定结果的溶液。

（4）盐酸溶液（6 mol/L）：量取50 mL盐酸缓慢倒入40 mL水中，定容至100 mL，混匀。

（三）仪器和设备

（1）分析天平：感量为0.0001 g。

（2）离心机：可用于放置抽脂瓶或管，转速为500～600 r/min，可在抽脂瓶外端产生80～90 g的重力场。

（3）电热鼓风干燥箱。

（4）恒温水浴锅。

（5）干燥器：内装有效干燥剂，如硅胶。

（6）抽脂瓶：抽脂瓶应带有软木塞或其他不影响溶剂使用的瓶塞（如硅胶或聚四氟

乙烯)。软木塞应先浸泡于乙醚中，后放入60 ℃或60 ℃以上的水中保持至少15 min，冷却后使用。不用时需浸泡在水中，浸泡用水每天须更换1次。

注：也可使用带虹吸管或洗瓶的抽脂管（或烧瓶)，但操作步骤有所不同，见附录A中规定。接头的内部长支管下端可成勺状。

（四）分析步骤

1. 试样碱水解

①巴氏杀菌乳、灭菌乳、生乳、发酵乳、调制乳。称取充分混匀试样10 g（精确至0.0001 g）于抽脂瓶中。加入2.0 mL氨水，充分混合后立即将抽脂瓶放入（65 ±5）℃的水浴中，加热15～20 min，不时取出振荡。取出后，冷却至室温。静置30 s。②乳粉和婴幼儿食品。称取混匀后的试样，高脂乳粉、全脂乳粉、全脂加糖乳粉和婴幼儿食品约1 g（精确至0.001 g)，脱脂乳粉、乳清粉、酪乳粉约1.5 g（精确至0.0001 g)，称取充分混匀试样10 g（精确至0.0001 g）于抽脂瓶中。加入2.0 mL氨水，充分混合后立即将抽脂瓶放入（65 ±5）℃的水浴中，加热15～20 min，不时取出振荡。取出后，冷却至室温。静置30 s。A. 不含淀粉样品加入10 mL（65 ±5）℃的水，将试样洗入抽脂瓶的小球，充分混合，直到试样完全分散，放入流动水中冷却。B. 含淀粉样品将试样放入抽脂瓶中，加入约0.1 g的淀粉酶，混合均匀后，加入8～10 mL 45 ℃的水，注意液面不要太高。盖上瓶塞于搅拌状态下，置（65 ±5）℃水浴中2 h，每隔10 min摇混1次。为检验淀粉是否水解完全可加入2滴约0.1 mol/L的碘溶液，如无蓝色出现说明水解完全，否则将抽脂瓶重新置于水浴中，直至无蓝色产生。抽脂瓶冷却至室温。称取充分混匀试样10 g（精确至0.0001 g）于抽脂瓶中。加入2.0 mL氨水，充分混合后立即将抽脂瓶放入（65 ±5）℃的水浴中，加热15～20 min，不时取出振荡。取出后，冷却至室温。静置30 s。③炼乳。脱脂炼乳、全脂炼乳和部分脱脂炼乳称取约3～5 g、高脂炼乳称取约1.5 g（精确至0.0001 g)，用10 mL水，分次洗入抽脂瓶小球中，充分混合均匀。称取充分混匀试样10 g（精确至0.0001 g）于抽脂瓶中。加入2.0 mL氨水，充分混合后立即将抽脂瓶放入（65 ±5）℃的水浴中，加热15～20 min，不时取出振荡。取出后，冷却至室温。静置30 s。④奶油、稀奶油。先将奶油试样放入温水浴中溶解并混合均匀后，称取试样约0.5 g（精确至0.0001 g)，稀奶油称取约1 g于抽脂瓶中，加入8～10 mL约45 ℃的水。再加2 mL氨水充分混匀。称取充分混匀试样10 g（精确至0.0001 g）于抽脂瓶中。加入2.0 mL氨水，充分混合后立即将抽脂瓶放入65 ±5 ℃的水浴中，加热15～20 min，不时取出振荡。取出后，冷却至室温。静置30 s。⑤干酪。称取约2 g研碎的试样（精确至0.0001 g）于抽脂瓶中，加10 mL 6 mol/L盐酸，混匀，盖上瓶塞，于沸水中加热20～30 min，取出冷却至室温，静置30 s。

2. 抽提

①加入10 mL乙醇，缓和但彻底地进行混合，避免液体太接近瓶颈。如果需要，可加入2滴刚果红溶液。②加入25 mL乙醚，塞上瓶塞，将抽脂瓶保持在水平位置，小球的延伸部分朝上夹到摇混器上，约100次/min振荡1 min，也可采用手动振摇方式。但均应注意避免形成持久乳化液。抽脂瓶冷却后小心地打开塞子，用少量的混合溶剂冲洗塞子和瓶颈，使冲洗液流入抽脂瓶。③加入25 mL石油醚，塞上重新润湿的塞子，按抽提步骤②所

述，轻轻振荡 30 s。④将加塞的抽脂瓶放入离心机中，在 500 ～ 600 r/min 下离心 5 min，否则将抽脂瓶静置至少 30 min，直到上层液澄清，并明显与水相分离。⑤小心地打开瓶塞，用少量的混合溶剂冲洗塞子和瓶颈内壁，使冲洗液流入抽脂瓶。如果两相界面低于小球与瓶身相接处，则沿瓶壁边缘慢慢地加入水，使液面高于小球和瓶身相接处（见图 2－2），以便于倾倒。⑥将上层液尽可能地倒入已准备好的加入沸石的脂肪收集瓶中，避免倒出水层（见图 2－3）。⑦用少量混合溶剂冲洗瓶颈外部，冲洗液收集在脂肪收集瓶中。应防止溶剂溅到抽脂瓶的外面。⑧向抽脂瓶中加入 5 mL 乙醇，用乙醇冲洗瓶颈内壁，按抽提步骤①所述进行混合。重复②～⑦操作，用 15 mL 无水乙醚和 15 mL 石油醚，进行第 2 次抽提。⑨重复②～⑦操作，用 15 mL 无水乙醚和 15 mL 石油醚，进行第 3 次抽提。⑩空白试验与样品检验同时进行，采用 10 mL 水代替试样，使用相同步骤和相同试剂。

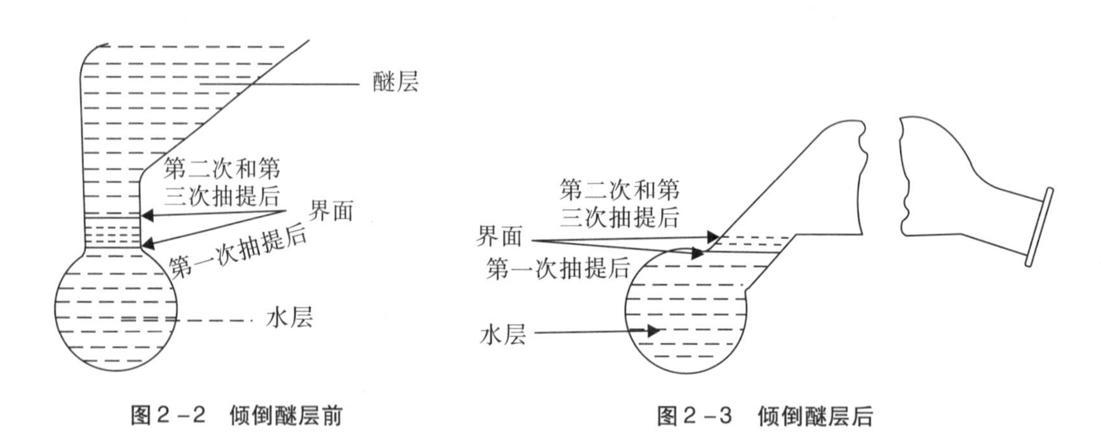

图 2－2　倾倒醚层前　　图 2－3　倾倒醚层后

3. 称量

合并所有提取液，既可采用蒸馏的方法除去脂肪收集瓶中的溶剂，也可于沸水浴上蒸发至干来除掉溶剂。蒸馏前用少量混合溶剂冲洗瓶颈内部。将脂肪收集瓶放入（100 ±5）℃的烘箱中干燥 1 h，取出后置于干燥器内冷却 0. 5 h 后称量。重复以上操作直至恒重（直至两次称量的差不超过 2 mg）。

（五）结果计算

样品中脂肪的含量按公式 2－5 计算：

$$X = \frac{(m_1 - m_2) - (m_3 - m_4)}{m} \times 100 \qquad \text{（公式 2－5）}$$

在公式 2－5 中：

X：试样中脂肪的含量，单位为克每百克（g/100 g）；

m_1：恒重后脂肪收集瓶和脂肪的质量，单位为克（g）；

m_2：脂肪收集瓶的质量，单位为克（g）；

m_3：空白试验中，恒重后脂肪收集瓶和抽提物的质量，单位为克（g）；

m_4：空白试验中脂肪收集瓶的质量，单位为克（g）；

m：样品的质量，单位为克（g）；

100：换算系数。

结果保留3位有效数字。

（六）注意事项

当样品中脂肪含量≥15%时，两次独立测定结果之差≤0.3 g/100 g；当样品中脂肪含量在5%～15%时，两次独立测定结果之差≤0.2 g/100 g；当样品中脂肪含量≤5%时，两次独立测定结果之差≤0.1 g/100 g。

第三节　食品中淀粉和膳食纤维的测定

菠萝蜜是海南的热带水果之一，也是世界上最重的水果，一般重达5～20 kg，最重超过59 kg。菠萝蜜的果肉能鲜食或加工成罐头、果脯、果汁；种子富含淀粉，可煮食；有研究表明，菠萝蜜种子中抗性淀粉含量较高。

实验一　食品中淀粉含量测定

方法一　酶水解法

（一）原理

试样经去除脂肪及可溶性糖后，淀粉用淀粉酶水解成小分子糖，再用盐酸水解成单糖，最后按还原糖测定，并折算成淀粉含量。

（二）试剂及配制

除非另有说明，本方法所用试剂均为分析纯，水为GB/T 6682规定的三级水。

1. 试剂

（1）碘（I_2）。

（2）碘化钾（KI）。

（3）高峰氏淀粉酶：酶活力≥1.6 U/mg。

（4）无水乙醇（C_2H_5OH）或95%乙醇。

（5）石油醚：沸程为60～90 ℃。

（6）乙醚（$C_4H_{10}O$）。

（7）甲苯（C_7H_8）。

（8）三氯甲烷（$CHCl_3$）。

（9）盐酸（HCl）。

（10）氢氧化钠（NaOH）。

（11）五水硫酸铜（$CuSO_4 \cdot 5H_2O$）。

（12）酒石酸钾钠（$C_4H_4O_6KNa \cdot 4H_2O$）。

（13）三水亚铁氰化钾［$K_4Fe(CN)_6 \cdot 3H_2O$］。

（14）亚甲蓝（$C_{16}H_{18}ClN_3S \cdot 3H_2O$）：指示剂。

（15）甲基红（$C_{15}H_{15}N_3O_2$）：指示剂。

（16）葡萄糖（$C_6H_{12}O_6$）。

2. 试剂配制

（1）甲基红指示液（2 g/L）：称取甲基红 0.2 g，用少量乙醇溶解后，加水定容至 100 mL。

（2）盐酸溶液（1 +1）：量取 50 mL 盐酸与 50 mL 水混合。

（3）氢氧化钠溶液（200 g/L）：称取 20 g 氢氧化钠，加水溶解并定容至 100 mL。

（4）碱性酒石酸铜甲液：称取 15 g 硫酸铜及 0.05 g 亚甲蓝，溶于水中并定容至 1000 mL。

（5）碱性酒石酸铜乙液：称取 50 g 酒石酸钾钠、75 g 氢氧化钠，溶于水中，再加入 4 g亚铁氰化钾，完全溶解后，用水定容至 1000 mL，贮存于橡胶塞玻璃瓶内。

（6）淀粉酶溶液（5 g/L）：称取高峰氏淀粉酶 0.5 g，加 100 mL 水溶解，临用时配制；也可加入数滴甲苯或三氯甲烷防止长霉，置于 4 ℃冰箱中。

（7）碘溶液：称取 3.6 g 碘化钾溶于 20 mL 水中，加入 1.3 g 碘，溶解后加水定容至 100 mL。

（8）乙醇溶液（85%，体积比）：取 85 mL 无水乙醇，加水定容至 100 mL 混匀。也可用 95% 乙醇配制。

（9）标准品 D－无水葡萄糖（$C_6H_{12}O_6$）：纯度≥98%（HPLC）。

（10）葡萄糖标准溶液：准确称取 1 g（精确到 0.0001 g）经过 98～100 ℃干燥 2 h 的 D－无水葡萄糖，加水溶解后加入 5 mL 盐酸，并以水定容至 1000 mL。此溶液每毫升相当于 1.0 mg 葡萄糖。

（三）仪器和设备

（1）天平：感量为 1 mg 和 0.1 mg。

（2）恒温水浴锅：可加热至 100 ℃。

（3）组织捣碎机。

（4）电炉。

（四）分析步骤

1. 试样制备

（1）易于粉碎的试样。将样品磨碎过 0.425mm 筛（相当于 40 目），称取 2～5 g（精确到 0.001 g），置于放有折叠慢速滤纸的漏斗内，先用 50 mL 石油醚或乙醚分 5 次洗除脂肪，再用约 100 mL 乙醇（85%，体积比）分次充分洗去可溶性糖类。根据样品的实际情况，可适当增加洗涤液的用量和洗涤次数，以保证干扰检测的可溶性糖类物质洗涤完全。滤干乙醇，将残留物移入 250 mL 烧杯内，并用 50 mL 水洗净滤纸，洗液并入烧杯内，将烧杯置沸水浴上加热 15 min，使淀粉糊化，放冷至 60 ℃以下，加 20 mL 淀粉酶溶液，在 55～60 ℃保温 1 h，并时时搅拌。然后取 1 滴此液加 1 滴碘溶液，应不显现蓝色。若显蓝色，再加热糊化并加 20 mL 淀粉酶溶液，继续保温，直至加碘溶液不显蓝色为止。加热至沸，冷后移入 250 mL 容量瓶中，并加水至刻度，混匀，过滤，并弃去初滤液。取 50.00 mL 滤液，置于 250 mL 锥形瓶中，加 5 mL 盐酸（1 +1），装上回流冷凝器，在沸水浴中回流 1 h，冷后加 2 滴甲基红指示液，用氢氧化钠溶液（200 g/L）中和至中性，溶液转入 100

mL 容量瓶中，洗涤锥形瓶，洗液并入 100 mL 容量瓶中，加水至刻度，混匀备用。

（2）其他样品。称取一定量样品，准确加入适量水在组织捣碎机中捣成匀浆（蔬菜、水果需洗净晾干后取可食部分），称取相当于原样质量 2.5～5 g（精确到 0.001 g）的匀浆，以下按步骤（1）自“置于放有折叠慢速滤纸的漏斗内”起依法操作。

2. 测定

（1）标定碱性酒石酸铜溶液。吸取 5 mL 碱性酒石酸铜甲液及 5 mL 碱性酒石酸铜乙液，置于 150 mL 锥形瓶中，加水 10 mL，加入玻璃珠 2 粒，从滴定管滴加约 9 mL 葡萄糖标准溶液，控制在 2 min 内加热至沸，保持溶液呈沸腾状态，以每 2 s 一滴的速度继续滴加葡萄糖，直至溶液蓝色刚好褪去为终点，记录消耗葡萄糖标准溶液的总体积，同时做 3 份平行，取其平均值，计算每 10 mL（甲液、乙液各 5 mL）碱性酒石酸铜溶液相当于葡萄糖的质量 m_1（mg）。

注：也可以按上述方法标定 4～20 mL 碱性酒石酸铜溶液（甲、乙液各半）来适应试样中还原糖的浓度变化。

（2）试样溶液预测。吸取 5.00 mL 碱性酒石酸铜甲液及 5.00 mL 碱性酒石酸铜乙液，置于 150 mL 锥形瓶中，加水 10 mL，加入玻璃珠 2 粒，控制在 2 min 内加热至沸，保持沸腾以先快后慢的速度，从滴定管中滴加试样溶液，并保持溶液沸腾状态，待溶液颜色变浅时，以每 2 s 一滴的速度滴定，直至溶液蓝色刚好褪去为终点。记录试样溶液的消耗体积。当样液中葡萄糖浓度过高时，应适当稀释后再进行正式测定，使每次滴定消耗试样溶液的体积控制在与标定碱性酒石酸铜溶液时所消耗的葡萄糖标准溶液的体积相近，约在 10 mL 左右。

（3）试样溶液测定。吸取 5.00 mL 碱性酒石酸铜甲液及 5.00 mL 碱性酒石酸铜乙液，置于 150 mL 锥形瓶中，加水 10 mL，加入玻璃珠 2 粒，从滴定管滴加比预测体积少 1 mL 的试样溶液至锥形瓶中，使在 2 min 内加热至沸，保持沸腾状态继续以每 2 s 一滴的速度滴定，直至蓝色刚好褪去为终点，记录样液消耗体积。按同法平行操作 3 份，得出平均消耗体积。结果按公式 2－6 计算。当浓度过低时，则采取直接加入 10.00 mL 样品液，免去加水 10 mL，再用葡萄糖标准溶液滴定至终点，记录消耗的体积与标定时消耗的葡萄糖标准溶液体积之差相当于 10 mL 样液中所含葡萄糖的量（mg）。结果按公式 2－7、公式 2－8 计算。

（4）试剂空白测定。同时量取 20.00 mL 水及与试样溶液处理时相同量的淀粉酶溶液，按反滴法做试剂空白试验。即：用葡萄糖标准溶液滴定试剂空白溶液至终点，记录消耗的体积与标定时消耗的葡萄糖标准溶液体积之差相当于 10 mL 样液中所含葡萄糖的量（mg）。按公式 2－9、公式 2－10 计算试剂空白中葡萄糖的含量。

（五）结果计算

1. 试样中葡萄糖含量按公式 2－6 计算

$$X_1 = \frac{m_1}{\frac{50}{250} \times \frac{V_1}{100}} \times 100 \qquad \text{（公式 2－6）}$$

在公式 2－6 中：

X_1：所称试样中葡萄糖的量，单位为毫克（mg）；

m_1：10 mL 碱性酒石酸铜溶液（甲液、乙液各半）相当于葡萄糖的质量，单位为毫克（mg）；

50：测定用样品溶液体积（mL）；

250：样品定容体积（mL）；

V_1：测定时平均消耗试样溶液体积，单位为毫升（mL）；

100：测定用样品的定容体积（mL）。

2. 当试样中淀粉浓度过低时葡萄糖含量按公式 2－7、公式 2－8 进行计算

$$X_2 = \frac{m_2}{\frac{50}{250} \times \frac{V_1}{100}} \times 100 \qquad (公式 2-7)$$

$$m_2 = m_1\left(1 - \frac{V_2}{V_s}\right) \qquad (公式 2-8)$$

在公式 2－7、2－8 中：

X_2：所称试样中葡萄糖的质量，单位为毫克（mg）；

m_2：标定 10 mL 碱性酒石酸铜溶液（甲液、乙液各半）时消耗的葡萄糖标准溶液的体积与加入试样后消耗的葡萄糖标准溶液体积之差相当于葡萄糖的质量，单位为毫克（mg）；

50：测定用样品溶液体积（mL）；

250：样品定容体积（mL）；

10：直接加入的试样体积（mL）；

100：测定用样品的定容体积（mL）；

m_1：10 mL 碱性酒石酸铜溶液（甲液、乙液各半）相当于葡萄糖的质量，单位为毫克（mg）；

V_2：加入试样后消耗的葡萄糖标准溶液体积，单位为毫升（mL）；

V_s：标定 10 mL 碱性酒石酸铜溶液（甲液、乙液各半）时消耗的葡萄糖标准溶液的体积，单位为毫升（mL）。

3. 试剂空白值按公式 2－9、公式 2－10 进行计算

$$X_0 = \frac{m_0}{\frac{50}{250} \times \frac{10}{100}} \times 100 \qquad (公式 2-9)$$

$$m_0 = m_1\left(1 - \frac{V_0}{V_s}\right) \qquad (公式 2-10)$$

在公式 2－9、2－10 中：

X_0：试剂空白值，单位为毫克（mg）；

m_0：标定 10 mL 碱性酒石酸铜溶液（甲液、乙液各半）时消耗的葡萄糖标准溶液的体积与加入空白后消耗的葡萄糖标准溶液体积之差相当于葡萄糖的质量，单位为毫克（mg）；

50：测定用样品溶液体积（mL）；

250：样品定容体积（mL）；

10：直接加入的试样体积（mL）；

100：测定用样品的定容体积（mL）；

V_0：加入空白试样后消耗的葡萄糖标准溶液体积，单位为毫升（mL）；

V_s：标定 10 mL 碱性酒石酸铜溶液（甲液、乙液各半）时消耗的葡萄糖标准溶液的体积，单位为毫升（mL）。

4. 样品中淀粉的含量按式（2－11）进行计算

$$X = \frac{(X_1 - X_0) \times 0.9}{m \times 1000} \times 100 \text{ 或 } X = \frac{(X_2 - X_0) \times 0.9}{m \times 1000} \times 100 \quad （公式 2-11）$$

在公式 2－11 中：

X：试样中淀粉的含量，单位为克每百克（g/100 g）；

0.9：还原糖（以葡萄糖计）换算成淀粉的换算系数；

m：试样质量，单位为克（g）。

当结果 <1 g/100 g 时，保留两位有效数字。当结果≥1 g/100 g 时，保留三位有效数字。

（六）精密度

在重复性条件下获得的两次独立测定结果的绝对差值不得超过算术平均值的 10%。

方法二　酸水解法

（一）原理

试样经除去脂肪及可溶性糖类后，其中淀粉用酸水解成具有还原性的单糖，然后按还原糖测定，并折算成淀粉含量。

（二）试剂及配制

除非另有说明，本方法所用试剂均为分析纯，水为 GB/T 6682 规定的三级水。

1. 试剂

（1）盐酸（HCl）。

（2）氢氧化钠（NaOH）。

（3）三水乙酸铅（$PbC_4H_6O_4 \cdot 3H_2O$）。

（4）硫酸钠（Na_2SO_4）。

（5）石油醚：沸点范围为 60～90 ℃。

（6）乙醚（$C_4H_{10}O$）。

（7）无水乙醇（C_2H_5OH）或 95% 乙醇。

（8）甲基红（$C_{15}H_{15}N_3O_2$）：指示剂。

（9）精密 pH 试纸：6.8～7.2。

2. 试剂配制

（1）甲基红指示液（2 g/L）：称取甲基红 0.20 g，用少量乙醇溶解后，加水定容至 100 mL。

（2）氢氧化钠溶液（400 g/L）：称取 40 g 氢氧化钠加水溶解后，冷却至室温，稀释至 100 mL。

（3）乙酸铅溶液（200 g/L）：称取 20 g 乙酸铅，加水溶解并稀释至 100 mL。

（4）硫酸钠溶液（100 g/L）：称取 10 g 硫酸钠，加水溶解并稀释至 100 mL。

（5）盐酸溶液（1 +1）：量取 50 mL 盐酸与 50 mL 水混合。

（6）乙醇（85%，体积比）：取 85 mL 无水乙醇，加水定容至 100 mL 混匀；也可用 95% 乙醇配制。

3. 标准品

D－无水葡萄糖（$C_6H_{12}O_6$）：纯度≥98%（HPLC）。

4. 标准溶液配制

葡萄糖标准溶液：准确称取 1 g（精确至 0.0001 g）经过 98～100 ℃干燥 2 h 的 D－无水葡萄糖，加水溶解后加入 5 mL 盐酸，并以水定容至 1000 mL。此溶液每毫升相当于 1.0 mg 葡萄糖。

（三）仪器和设备

（1）天平：感量为 1 mg 和 0.1 mg。

（2）恒温水浴锅：可加热至 100 ℃。

（3）回流装置，并附 250 mL 锥形瓶。

（4）高速组织捣碎机。

（5）电炉。

（四）分析步骤

1. 试样制备

（1）易于粉碎的试样。磨碎过 0.425 mm 筛（相当于 40 目），称取 2～5 g（精确到 0.001 g），置于放有慢速滤纸的漏斗中，用 50 mL 石油醚或乙醚分五次洗去试样中脂肪，弃去石油醚或乙醚。用 150 mL 乙醇（85%体积比）分数次洗涤残渣，以充分除去可溶性糖类物质。根据样品的实际情况，可适当增加洗涤液的用量和洗涤次数，以保证干扰检测的可溶性糖类物质洗涤完全。滤干乙醇溶液，以 100 mL 水洗涤漏斗中残渣并转移至 250 mL锥形瓶中，加入 30 mL 盐酸（1 +1），接好冷凝管，置沸水浴中回流 2 h。回流完毕后，立即冷却。待试样水解液冷却后，加入 2 滴甲基红指示液，先以氢氧化钠溶液（400 g/L）调至黄色，再以盐酸（1 +1）校正至试样水解液刚变成红色。若试样水解液颜色较深，可用精密 pH 试纸测试，使试样水解液的 pH 约为 7。然后加 20 mL 乙酸铅溶液（200 g/L），摇匀，放置 10 min。再加 20 mL 硫酸钠溶液（100 g/L），以除去过多的铅。摇匀后将全部溶液及残渣转入 500 mL 容量瓶中，用水洗涤锥形瓶，洗液合并入容量瓶中，加水稀释至刻度。过滤，弃去初滤液 20 mL，滤液供测定用。

（2）其他样品。称取一定量样品，准确加入适量水在组织捣碎机中捣成匀浆（蔬菜、水果需先洗净晾干取可食部分）。称取相当于原样质量 2.5～5 g（精确到 0.001 g）的匀浆于 250 mL 锥形瓶中，以下按步骤（1）“用 50 mL 石油醚或乙醚分 5 次洗去试样中脂肪”起依法操作。

2. 测定

（1）标定碱性酒石酸铜溶液。吸取 5.00 mL 碱性酒石酸铜甲液及 5.00 mL 碱性酒石酸

铜乙液，置于150 mL锥形瓶中，加水10 mL，加入玻璃珠2粒，从滴定管滴加约9 mL葡萄糖标准溶液，控制在2 min内加热至沸，保持溶液呈沸腾状态，以每2 s一滴的速度继续滴加葡萄糖，直至溶液蓝色刚好褪去为终点，记录消耗葡萄糖标准溶液的总体积，同时做3份平行实验，取其平均值，计算每10 mL（甲液、乙液各5 mL）碱性酒石酸铜溶液相当于葡萄糖的质量 m_1（mg）。

注：也可以按上述方法标定4～20 mL碱性酒石酸铜溶液（甲液、乙液各半）来适应试样中还原糖的浓度变化。

（2）试样溶液预测。吸取5.00 mL碱性酒石酸铜甲液及5.00 mL碱性酒石酸铜乙液，置于150 mL锥形瓶中，加水10 mL，加入玻璃珠两粒，控制在2 min内加热至沸，保持沸腾以先快后慢的速度，从滴定管中滴加试样溶液，并保持溶液沸腾状态，待溶液颜色变浅时，以每2 s一滴的速度滴定，直至溶液蓝色刚好褪去为终点。记录试样溶液的消耗体积。当样液中葡萄糖浓度过高时，应适当稀释后再进行正式测定，使每次滴定消耗试样溶液的体积控制在与标定碱性酒石酸铜溶液时所消耗的葡萄糖标准溶液的体积相近，约在10 mL左右。

（3）试样溶液测定。吸取5.00 mL碱性酒石酸铜甲液及5.00 mL碱性酒石酸铜乙液，置于150 mL锥形瓶中，加水10 mL，加入玻璃珠两粒，从滴定管滴加比预测体积少1 mL的试样溶液至锥形瓶中，使在2 min内加热至沸，保持沸腾状态继续以每2 s一滴的速度滴定，直至蓝色刚好褪去为终点，记录样液消耗体积。按同法平行操作3份，得出平均消耗体积。结果按公式2－6计算。当浓度过低时，则采取直接加入10.00 mL样品液，免去加水10 mL，再用葡萄糖标准溶液滴定至终点，记录消耗的体积与标定时消耗的葡萄糖标准溶液体积之差相当于10 mL样液中所含葡萄糖的量（mg）。结果按公式2－7、公式2－8计算。

（4）试剂空白测定。同时量取20.00 mL水及与试样溶液处理时相同量的淀粉酶溶液，按反滴法做试剂空白试验。即：用葡萄糖标准溶液滴定试剂空白溶液至终点，记录消耗的体积与标定时消耗的葡萄糖标准溶液体积之差相当于10 mL样液中所含葡萄糖的量（mg）。按公式2－9、公式2－10计算试剂空白中葡萄糖的含量。

（五）结果计算

试样中淀粉的含量按公式2－12进行计算：

$$X_0 = \frac{(A_1 - A_2) \times 0.9}{m \times \frac{V}{500} \times 1000} \times 100 \quad （公式2－12）$$

在公式2－12中：

X：试样中淀粉的含量，单位为克每百克（g/100 g）；

A_1：测定用试样中水解液葡萄糖质量，单位为毫克（mg）；

A_2：试剂空白中葡萄糖质量，单位为毫克（mg）；

0.9：葡萄糖折算成淀粉的换算系数；

m：称取试样质量，单位为克（g）；

V：测定用试样水解液体积，单位为毫升（mL）；

500：试样液总体积，单位为毫升（mL）。

结果保留三位有效数字。

（六）精密度

在重复性条件下获得的两次独立测定结果的绝对差值不得超过算术平均值的10%。

方法三　肉制品中淀粉含量测定

（一）原理

试样中加入氢氧化钾-乙醇溶液，在沸水浴上加热后，滤去上清液，用热乙醇洗涤沉淀除去脂肪和可溶性糖，沉淀经盐酸水解后，用碘量法测定形成的葡萄糖并计算淀粉含量。

（二）试剂及配制

除非另有说明，本方法所用试剂均为分析纯，水为GB/T 6682规定的三级水。

1. 试剂

（1）氢氧化钾（KOH）。

（2）95%乙醇。

（3）盐酸（HCl）。

（4）氢氧化钠（NaOH）。

（5）铁氰化钾（$C_6FeK_3N_6$）。

（6）乙酸锌（$C_4H_8O_4Zn$）。

（7）冰乙酸（CH_3COOH）。

（8）五水硫酸铜（$CuSO_4 \cdot 5H_2O$）。

（9）无水碳酸钠（Na_2CO_3）。

（10）柠檬酸（$C_6H_8O_7 \cdot H_2O$）。

（11）碘化钾（KI）。

（12）五水硫代硫酸钠（$Na_2S_2O_3 \cdot 5H_2O$）。

（13）溴百里酚蓝（$C_{27}H_{28}Br_2O_5S$）；指示剂。

（14）可溶性淀粉：指示剂。

2. 试剂配制

（1）氢氧化钾-乙醇溶液：称取氢氧化钾50 g，用95%乙醇溶解并稀释至1000 mL。

（2）80%乙醇溶液：量取95%乙醇842 mL，用水稀释至1000 mL。

（3）1.0 mol/L盐酸溶液：量取盐酸83 mL，用水稀释至1000 mL。

（4）氢氧化钠溶液：称取固体氢氧化钠30 g，用水溶解并稀释至100 mL。

（5）蛋白沉淀剂分溶液A和溶液B：

a）溶液A：称取铁氰化钾106 g，用水溶解并稀释至1000 mL。

b）溶液B：称取乙酸锌220 g，加冰乙酸30 mL，用水稀释至1000 mL。

（6）碱性铜试剂：

溶液a：称取硫酸铜25 g，溶于100 mL水中。

溶液b：称取无水碳酸钠144 g，溶于300～400 mL 50 ℃水中。

溶液 c：称取柠檬酸 50 g，溶于 50 mL 水中。

将溶液 c 缓慢加入溶液 b 中，边加边搅拌直至气泡停止产生。将溶液 a 加到次混合液中并连续搅拌，冷却至室温后，转移到 1000 mL 容量瓶中，定容至刻度，混匀。放置 24 h 后使用，若出现沉淀需过滤。

取 1 份次溶液加入 49 份煮沸并冷却的蒸馏水，pH 应为 10.0 ±0.1。

（7）碘化钾溶液：称取碘化钾 10 g，用水溶解并稀释至 100 mL。

（8）盐酸溶液：取盐酸 100 mL，用水稀释至 160 mL。

（9）0.1 mol/L 硫代硫酸钠标准溶液：按 GB/T 601 制备。

（10）溴百里酚蓝指示剂：称取溴百里酚蓝 1 g，用 95% 乙醇溶并稀释到 100 mL。

（11）淀粉指示剂：称取可溶性淀粉 0.5 g，加少许水，调成糊状，倒入盛有 50 mL 沸水中调匀，煮沸，临用时配置。

（三）仪器和设备

（1）天平：感量为 10 mg。

（2）恒温水浴锅。

（3）冷凝管。

（4）绞肉机：孔径不超过 4 mm。

（5）电炉。

（四）分析步骤

1. 试样制备

取有代表性的试样不少于 200 g，用绞肉机绞两次并混匀。绞好的试样应尽快分析，若不立即分析，应密封冷藏贮存，防止变质和成分发生变化。贮存的试样启用时应重新混匀。

2. 淀粉分离

称取试样 25 g（精确到 0.01 g，淀粉含量约 1 g）放入 500 mL 烧杯中，加入热氢氧化钾－乙醇溶液 300 mL，用玻璃棒搅匀，盖上表面皿，在沸水浴上加热 1 h，不时搅拌。然后，将沉淀完全转移到漏斗上过滤，用 80% 热乙醇溶液洗涤沉淀数次。根据样品的特征，可适当增加洗涤液的用量和洗涤次数，以保证糖洗涤完全。

3. 水解

将滤纸钻孔，用 1.0 mol/L 盐酸溶液 100 mL，将沉淀完全洗入 250 mL 烧杯中，盖上表面皿，在沸水浴中水解 2.5 h，不时搅拌。溶液冷却到室温，用氢氧化钠溶液中和至 pH 约为 6（不要超过 6.5）。将溶液移入 200 mL 容量瓶中，加入蛋白质沉淀剂 A 溶液 3 mL，混合后再加入蛋白质沉淀剂 B 溶液 3 mL，用水定容到刻度。摇匀，经不含淀粉的滤纸过滤。滤液中加入氢氧化钠溶液 1～2 滴，使之对溴百里酚蓝指示剂呈碱性。

4. 测定

准确取一定量滤液（V_4）稀释到一定体积（V_5），然后取 25.00 mL（最好含葡萄糖 40～50 mg）移入碘量瓶中，加入 25.00 mL 碱性铜试剂，装上冷凝管，在电炉上 2 min 内煮沸。随后改用温火继续煮沸 10 min，迅速冷却至室温，取下冷凝管，加入碘化钾溶液 30 mL，小心加入盐酸溶液 25.0 mL，盖好盖，待滴定。

用硫代硫酸钠标准溶液滴定上述溶液中释放出来的碘。当溶液变成浅黄色时，加入淀粉指示剂 1 mL，继续滴定直到蓝色消失，记下消耗的硫代硫酸钠标准溶液体积（V_3）。

同一试样进行两次测定并做空白试验。

（五）结果计算

1. 葡萄糖量的计算

消耗硫代硫酸钠毫摩尔数 X_3 按公式 2－13 计算：

$$X_3 = 10 \times (V_{空} - V_3) \times c \quad （公式 2－13）$$

在公式 2－13 中：

X_3：消耗硫代硫酸钠毫摩尔数；

$V_{空}$：空白试验消耗硫代硫酸钠标准溶液的体积，单位为毫升（mL）；

V_3：试样液消耗硫代硫酸钠标准溶液的体积，单位为毫升（mL）；

c：硫代硫酸钠标准溶液的浓度，单位为摩尔每升（mol/L）。

根据 X_3 从表 2－2 中查出相应的葡萄糖量（m_3）。

表 2－2　硫代硫酸钠的毫摩尔数同葡萄糖量（m_3）的换算关系

X_3 [$10 \times (V_{空} - V_3) \times c$]	相应的葡萄糖量	
	m_3（mg）	Δm_3（mg）
1	2.4	2.4
2	4.8	2.4
3	7.2	2.5
4	9.7	2.5
5	12.2	2.5
6	14.7	2.5
7	17.2	2.5
8	19.8	2.6
9	22.4	2.6
10	25.0	2.6
11	27.6	2.6
12	30.3	2.7
13	33.0	2.7
14	35.7	2.7
15	38.5	2.8
16	41.3	2.8
17	44.2	2.9
18	47.1	2.9
19	50.0	2.9

续表2-2

X_3 [10×($V_{空}-V_3$)×c]	相应的葡萄糖量	
	m_3(mg)	Δm_3(mg)
20	53.0	3.0
21	56.0	3.0
22	59.1	3.1
23	62.2	3.1
24	65.3	3.1
25	68.4	3.1

2. 淀粉含量的计算

淀粉含量按公式2-14计算：

$$X=\frac{m_3\times 0.9}{1000}\times\frac{V_5}{25}\times\frac{200}{V_4}\times\frac{100}{m}=0.72\times\frac{V_5}{V_4}\times\frac{m_3}{m} \qquad (公式2-14)$$

在公式2-14中：

X：淀粉含量，单位为克每百克（g/100 g）；

m_3：葡萄糖含量，单位为毫克（mg）；

0.9：葡萄糖折算成淀粉的换算系数；

V_5：稀释后的体积，单位为毫升（mL）；

V_4：取原液的体积，单位为毫升（mL）；

m：试样的质量，单位为克（g）。

当平行测定符合精密度所规定的要求时，取平行测定的算术平均值作为结果，精确到0.1%。

（六）精密度

在重复性条件下获得的两次独立测定结果的绝对差值不得超过0.2%。

实验二　膳食纤维含量测定

（一）原理

干燥试样经热稳定α-淀粉酶、蛋白酶和葡萄糖苷酶酶解消化去除蛋白质和淀粉后，经乙醇沉淀、抽滤，残渣用乙醇和丙酮洗涤，干燥称量，即为总膳食纤维残渣含量。另取试样同样酶解，直接抽滤并用热水洗涤，残渣干燥称量，即得不溶性膳食纤维残渣含量；滤液用4倍体积的乙醇沉淀、抽滤、干燥称量，得可溶性膳食纤维残渣含量。扣除各类膳食纤维残渣中相应的蛋白质、灰分和试剂空白含量，即可计算出试样中总的、不溶性和可溶性膳食纤维含量。

本方法测定的总膳食纤维为不能被α-淀粉酶、蛋白酶和葡萄糖苷酶酶解的碳水化合物聚合物，包括不溶性膳食纤维和能被乙醇沉淀的高分子质量可溶性膳食纤维，如纤维素、半纤维素、木质素、果胶、部分回生淀粉，以及其他非淀粉多糖和美拉德反应产物等；不包括低分子质量（聚合度3～12）的可溶性膳食纤维，如低聚果糖、低聚半乳糖、聚葡萄糖、抗性麦芽糊精，以及抗性淀粉等。

（二）试剂及配制

除非另有说明，本方法所用试剂均为分析纯，水为 GB/T 6682 规定的三级水。

1. 试剂

（1）95%乙醇（CH_3CH_2OH）。

（2）丙酮（CH_3COCH_3）。

（3）石油醚：沸程 30～60 ℃。

（4）氢氧化钠（NaOH）。

（5）重铬酸钾（$K_2Cr_2O_7$）。

（6）三羟甲基氨基甲烷（$C_4H_{11}NO_3$，TRIS）。

（7）2－（N－吗啉代）乙烷磺酸（$C_6H_{13}NO_4S \cdot H_2O$，MES）。

（8）冰乙酸（$C_2H_4O_2$）。

（9）盐酸（HCl）。

（10）硫酸（H_2SO_4）。

（11）热稳定α－淀粉酶液：CAS9000－85－5，IUB3.2.1.1，10000 U/mL±1000 U/mL，不得含丙三醇稳定剂，于0～5 ℃冰箱储存，酶的活性测定及判定标准应符合本节附录 A 的要求。

（12）蛋白酶液：CAS9014－01－1，IUB3.2.21.14，300～400 U/mL，不得含丙三醇稳定剂，于0～5 ℃冰箱储存，酶的活性测定及判定标准应符合本节附录 A 的要求。

（13）淀粉葡萄糖苷酶液：CAS9032－08－0，IUB3.2.1.3，2000～3300 U/mL，于0～5 ℃储存，酶的活性测定及判定标准应符合本节附录 A 的要求。

（14）硅藻土：CAS68855－54－9。

2. 试剂配制

（1）乙醇溶液（85%，体积分数）：取 895 mL 95%乙醇，用水稀释并定容至 1 L，混匀。

（2）乙醇溶液（78%，体积分数）：取 821 mL 95%乙醇，用水稀释并定容至 1 L，混匀。

（3）氢氧化钠溶液（6 mol/L）：称取 24 g 氢氧化钠，用水溶解至 100 mL，混匀。

（4）氢氧化钠溶液（1 mol/L）：称取 4 g 氢氧化钠，用水溶解至 100 mL，混匀。

（5）盐酸溶液（1 mol/L）：取 8.33 mL 盐酸，用水稀释至 100 mL，混匀。

（6）盐酸溶液（2 mol/L）：取 167 mL 盐酸，用水稀释至 1 L，混匀。

（7）MES－TRIS 缓冲液（0.05 mol/L）：称取 19.52 g 2－(N－吗啉代)乙烷磺酸和 12.2 g 三羟甲基氨基甲烷，用 1.7 L 水溶解，根据室温用 6 mol/L 氢氧化钠溶液调 pH，20 ℃时调 pH 为 8.3，24 ℃时调 pH 为 8.2，28 ℃时调 pH 为 8.1；20～28 ℃之间其他室温用插入法校正 pH。加水稀释至 2 L。

（8）蛋白酶溶液：用 0.05 mol/LMES－TRIS 缓冲液配成浓度为 50 mg/mL 的蛋白酶溶

液，使用前现配并于 0～5 ℃暂存。

（9）酸洗硅藻土：取 200 g 硅藻土于 600 mL 的 2 mol/L 盐酸溶液中，浸泡过夜，过滤，用水洗至滤液为中性，置于（525 ±5）℃马弗炉中灼烧灰分后备用。

（10）重铬酸钾洗液：称取 100 g 重铬酸钾，用 200 mL 水溶解，加入 1800 mL 浓硫酸混合。

（11）乙酸溶液（3 mol/L）：取 172 mL 乙酸，加入 700 mL 水，混匀后用水定容至 1 L。

（三）仪器和设备

（1）高型无导流口烧杯：400 mL 或 600 mL。

（2）坩埚：具粗面烧结玻璃板，孔径 40～60 μm。清洗后的坩埚在马弗炉中（525 ±5）℃灰化 6 h，炉温降至 130 ℃以下取出，于重铬酸钾洗液中室温浸泡 2 h，用水冲洗干净，再用 15 mL 丙酮冲洗后风干。用前，加入约 1.0 g 硅藻土，130 ℃烘干，取出坩埚，在干燥器中冷却约 1 h，称量，记录处理后坩埚质量（mg），精确到 0.1 mg。

（3）真空抽滤装置：真空泵或有调节装置的抽吸器。备 1 L 抽滤瓶，侧壁有抽滤口，带与抽滤瓶配套的橡胶塞，用于酶解液抽滤。

（4）恒温振荡水浴箱：带自动计时器，控温范围室温 5～100 ℃，温度波动 ±1 ℃。

（5）分析天平：感量 0.1 mg 和 1 mg。

（6）马弗炉：（525 ±5）℃。

（7）烘箱：（130 ±3）℃。

（8）干燥器：二氧化硅或同等的干燥剂。干燥剂每两周（130 ±3）℃烘干过夜一次。

（9）pH 计：具有温度补偿功能，精度 ±0.1。用前用 pH 为 4.0、7.0 和 10.0 标准缓冲液校正。

（10）真空干燥箱：（70 ±1）℃。

（11）筛：筛板孔径 0.3～0.5 mm。

（四）分析步骤

1. 试样制备

注：试样处理根据水分含量、脂肪含量和糖含量进行适当的处理及干燥，并粉碎、混匀过筛。

（1）脂肪含量 <10% 的试样。若试样水分含量较低（<10%），取试样直接反复粉碎，至完全过筛。混匀，待用。若试样水分含量较高（≥10%），试样混匀后，称取适量试样（m_c，不少于 50 g），置于（70 ±1）℃真空干燥箱内干燥至恒重。将干燥后试样转至干燥器中，待试样温度降到室温后称量（m_d）。根据干燥前后试样质量，计算试样质量损失因子（f）。干燥后试样反复粉碎至完全过筛，置于干燥器中待用。

注：若试样不宜加热，也可采取冷冻干燥法。

（2）脂肪含量≥10% 的试样。试样需经脱脂处理。称取适量试样（m_c，不少于50 g），置于漏斗中，按每克试样 25 mL 的比例加入石油醚进行冲洗，连续 3 次。脱脂后将试样混匀再按步骤（1）进行干燥、称量（m_d），记录脱脂、干燥后试样质量损失因子（f）。试样反复粉碎至完全过筛，置于干燥器中待用。

注：若试样脂肪含量未知，按先脱脂再干燥粉碎方法处理。

（3）糖含量≥5%的试样。试样需经脱糖处理。称取适量试样（m_c，不少于 50 g），置于漏斗中，按每克试样 10 mL 的比例用 85% 乙醇溶液冲洗，弃乙醇溶液，连续 3 次。脱糖后将试样置于 40 ℃烘箱内干燥过夜，称量（m_d），记录脱糖、干燥后试样质量损失因子（f）。干样反复粉碎至完全过筛，置于干燥器中待用。

2. 酶解

（1）准确称取双份试样（m），约 1 g（精确至 0.1 mg），双份试样质量差≤0.005 g。将试样转置于 400～600 mL 高脚烧杯中，加入 0.05 mol/LMES －TRIS 缓冲液 40 mL，用磁力搅拌直至试样完全分散在缓冲液中。同时制备两个空白样液与试样液进行同步操作，用于校正试剂对测定的影响。

注：搅拌均匀，避免试样结成团块，以防止试样酶解过程中不能与酶充分接触。

（2）热稳定 α－淀粉酶酶解：向试样液中分别加入 50 μL 热稳定 α－淀粉酶液缓慢搅拌，加盖铝箔盖，置于 95～100 ℃恒温振荡水浴箱中持续振摇，当温度升至 95 ℃开始计时，通常反应 35 min。将烧杯取出，冷却至 60 ℃，打开铝箔盖，用刮勺轻轻将附着于烧杯内壁的环状物以及烧杯底部的胶状物刮下，用 10 mL 水冲洗烧杯壁和刮勺。

注：如试样中抗性淀粉含量较高（＞40%），可延长热稳定 α－淀粉酶酶解时间至 90 min，如必要也可另加入 10 mL 二甲基亚砜帮助淀粉分散。

（3）蛋白酶酶解：将试样液置于（60±1）℃水浴中，向每个烧杯加入 100 μL 蛋白酶溶液，盖上铝箔盖，开始计时，持续振摇，反应 30 min。打开铝箔盖，边搅拌边加入 5 mL 3 mol/L 乙酸溶液，控制试样温度保持在（60±1）℃。用 1 mol/L 氢氧化钠溶液或 1 mol/L 盐酸溶液调节试样液 pH 至 4.5±0.2。

注：应在（60±1）℃时调 pH，因为温度降低会使 pH 升高。同时注意进行空白样液的 pH 测定，保证空白样和试样液的 pH 一致。

（4）淀粉葡糖苷酶酶解：边搅拌边加入 100 μL 淀粉葡萄糖苷酶液，盖上铝箔盖，继续于（60±1）℃水浴中持续振摇，反应 30 min。

3. 测定

（1）总膳食纤维（TDF）测定。

①沉淀：向每份试样酶解液中，按乙醇与试样液体积比 4∶1 的比例加入预热至（60±1）℃的 95% 乙醇（预热后体积约为 225 mL），取出烧杯，盖上铝箔盖，于室温条件下沉淀 1 h。

②抽滤：取已加入硅藻土并干燥称量的坩埚，用 15 mL 78% 乙醇润湿硅藻土并展平，接上真空抽滤装置，抽去乙醇使坩埚中硅藻土平铺于滤板上。将试样乙醇沉淀液转移入坩埚中抽滤，用刮勺和 78% 乙醇将高脚烧杯中所有残渣转至坩埚中。

③洗涤：分别用 15 mL 78% 乙醇洗涤残渣 2 次，用 15 mL 95% 乙醇洗涤残渣 2 次，15 mL 丙酮洗涤残渣 2 次，抽滤去除洗涤液后，将坩埚连同残渣在 105 ℃烘干过夜。将坩埚置干燥器中冷却 1 h，称量（m_{GR}，包括处理后坩埚质量及残渣质量），精确至 0.1 mg。减去处理后坩埚质量，计算试样残渣质量（m_R）。

④蛋白质和灰分的测定：取 2 份试样残渣中的 1 份按 GB 5009.5 测定氮（N）含量，

以6.25为换算系数，计算蛋白质质量（m_P）；取另1份试样测定灰分，即在525 ℃灰化5 h，于干燥器中冷却，精确称量坩埚总质量（精确至0.1 mg），减去处理后坩埚质量，计算灰分质量（m_A）。

（2）不溶性膳食纤维（IDF）测定。

①按分析步骤1称取试样、按分析步骤2酶解。

②抽滤洗涤：取已处理的坩埚，用3 mL水润湿硅藻土并展平，抽去水分使坩埚中的硅藻土平铺于滤板上。将试样酶解液全部转移至坩埚中抽滤，残渣用10 mL 70 ℃热水洗涤2次，收集并合并滤液，转移至另一600 mL高脚烧杯中，备测可溶性膳食纤维。残渣分别用15 mL 78%乙醇洗涤残渣2次，用15 mL 95%乙醇洗涤残渣2次，15 mL丙酮洗涤残渣2次，抽滤去除洗涤液后，将坩埚连同残渣在105 ℃烘干过夜。将坩埚置干燥器中冷却1 h，称量（m_{GR}，包括处理后坩埚质量及残渣质量），精确至0.1 mg。减去处理后坩埚质量，计算试样残渣质量（m_R）。

③取2份试样残渣中的1份按GB 5009.5测定氮（N）含量，以6.25为换算系数，计算蛋白质质量（m_P）；取另1份试样测定灰分，即在525 ℃灰化5 h，于干燥器中冷却，精确称量坩埚总质量（精确至0.1 mg），减去处理后坩埚质量，计算灰分质量（m_A）。

（3）可溶性膳食纤维（SDF）测定。

①计算滤液体积：收集不溶性膳食纤维抽滤产生的滤液，至已预先称量的600 mL高脚烧杯中，通过称量“烧杯+滤液”总质重、扣除烧杯质量的方法估算滤液体积。

②沉淀：按滤液体积加入4倍量预热至60 ℃的95%乙醇，室温下沉淀1 h。以下测定按总膳食纤维测定步骤②~④进行。

（五）结果计算

TDF、IDF、SDF均按公式2-15～公式2-18计算，试剂空白质量按公式2-15计算：

$$m_B = \bar{m}_{BR} - m_{BP} - m_{BA} \quad \text{（公式2-15）}$$

在公式2-15中：

m_B：试剂空白质量，单位为克（g）；

$\bar{m}_{BR}$：双份试剂空白残渣质量均值，单位为克（g）；

m_{BP}：试剂空白残渣中蛋白质质量，单位为克（g）；

m_{BA}：试剂空白残渣中灰分质量，单位为克（g）；

试样中膳食纤维的含量按公式2-16～公式2-18计算：

$$m_R = m_{GR} - m_G \quad \text{（公式2-16）}$$

$$X = \frac{\bar{m}_R - m_P - m_A - m_B}{\bar{m} \times f} \times 100 \quad \text{（公式2-17）}$$

$$f = \frac{m_C}{m_D} \quad \text{（公式2-18）}$$

在公式2-16、2-17、2-18中：

m_R：试样残渣质量，单位为克（g）；

m_{GR}：处理后坩埚质量及残渣质量，单位为克（g）；

m_G：处理后坩埚质量，单位为克（g）；

X：试样中膳食纤维的含量，单位为克每百克（g/100 g）；

$\bar{m}_R$：双份试样残渣质量均值，单位为克（g）；

m_P：试样残渣中蛋白质质量，单位为克（g）；

m_A：试样残渣中灰分质量，单位为克（g）；

m_B：试剂空白质量，单位为克（g）；

$\bar{m}$：双份试样取样质量均值，单位为克（g）；

f：试样制备时因干燥、脱脂、脱糖导致质量变化的校正因子；

100：换算稀释；

m_C：试样制备前质量，单位为克（g）；

m_D：试样制备后质量，单位为克（g）；

注1：如果试样没有经过干燥、脱脂、脱糖等处理，$f=1$。

注2：TDF的测定可以按照步骤（1）进行独立检测，也可分别按照步骤（2）和步骤3测定IDF和SDF，根据公式计算，TDF = IDF + SDF。

注3：当试样中添加了抗性淀粉、抗性麦芽糊精、低聚果糖、低聚半乳糖、聚葡萄糖等符合膳食纤维定义却无法通过酶重量法检出的成分时，宜采用适宜方法测定相应的单体成分，总膳食纤维可采用如下公式计算：总膳食纤维 = TDF（酶重量法）+单体成分以重复性条件下获得的两次独立测定结果的算术平均值表示，结果保留三位有效数字。

（六）精密度

在重复性条件下获得的两次独立测定结果的绝对差值不得超过算术平均值的10%。

附录A　热稳定淀粉酶、蛋白酶、淀粉葡萄糖苷酶的活性要求及判定标准

（一）酶活性要求

1. 热稳定淀粉酶

（1）以淀粉为底物用Nelson/Somogyi还原糖测试的淀粉酶活性：（10000 + 1000）U/mL。

1 U表示在40 ℃，pH 6.5环境下，每分钟释放1 μmol还原糖所需要的酶量。

（2）以对硝基苯基麦芽糖为底物测试的淀粉酶活性：（3000 +300）Ceralpha U/mL。1 Ceralpha U表示在40 ℃，pH 6.5环境下，每分钟释放1 μmol对硝基苯基所需要的酶量。

2. 蛋白酶

（1）以酪蛋白为底物测试的蛋白酶活性：300～400 U/mL。1U表示在40 ℃，pH 8.0环境下，每分钟从可溶性酪蛋白中水解出可溶于三氯乙酸的1 μmol酪氨酸所需要的酶量。

A.1.2.2以酪蛋白为底物采用Folin-Ciocalteau显色法测试的蛋白酶活性：7～15 U/mg。1 U表示在37 ℃，pH 7.5环境下，每分钟从酪蛋白中水解得到相当于1.0 μmol酪氨酸在显色反应中所引起的颜色变化所需要的酶量。

（2）以偶氮－酪蛋白测试的内肽酶活性：300～400 U/mL。1 U 表示在 40 ℃，pH 8.0 环境下，每分钟从可溶性酪蛋白中水解出 1 μmol 酪氨酸所需要的酶量。

3. 淀粉葡萄糖苷酶

（1）以淀粉/葡萄糖氧化酶－过氧化物酶法测试的淀粉葡萄糖苷酶活性：2000～3300 U/mL。1U 表示在 40 ℃，pH 4.5 环境下，每分钟释放 1 μmol 葡萄糖所需要的酶量。

（2）以对－硝基苯基 β－麦芽糖苷（PNPBM）法测试的淀粉葡萄糖苷酶活性：130～200 PNP U/mL。1 PNPU 表示在 40 ℃且有过量 β－葡萄糖苷酶存在的环境下，每分钟从对－硝基苯基 β－麦芽糖苷释放 1 μmol 对－硝基苯基所需要的酶量。

（3）酶干扰。市售热稳定 α－淀粉酶、蛋白酶一般不易受到其他酶的干扰，蛋白酶制备时可能会混入极低含量的 β－葡聚糖酶，但不会影响总膳食纤维测定。本方法中淀粉葡萄糖苷酶易受污染，是活性易受干扰的酶。淀粉葡萄糖苷酶的主要污染物为内纤维素酶，能够导致燕麦或大麦中 β－葡聚糖内部混合键解聚。淀粉葡萄糖苷酶是否受内纤维素酶的污染很容易检测。

（4）判定标准。当酶的生产批次改变或最长使用间隔超过 6 个月时，应按表 A.1 所列标准物进行校准，以确保所使用的酶达到预期的活性，不受其他酶的干扰。

表 A.1　酶活性测定标准

底物标准	测试活性	标准质量（g）	预期回收率（%）
柑橘果胶	果胶酶	0.1～0.2	95～100
阿拉伯半乳聚糖	半纤维素酶	0.1～0.2	95～100
β－葡聚糖	β－葡聚糖酶	0.1～0.2	95～100
小麦淀粉	α－淀粉酶＋淀粉葡萄糖苷酶	1.0	<1
玉米淀粉	α－淀粉酶＋淀粉葡萄糖苷酶	1.0	<1
酪蛋白	蛋白酶	0.3	<1

第四节　食品中维生素的营养评价

莲雾、龙眼、荔枝、番石榴、火龙果、红毛丹等水果都是海南典型的热带水果，不但口感特别，而且营养丰富，含有丰富的维生素和矿物质。

【问题 1】这些水果中所含有的维生素属于什么类型，其营养价值如何？

【问题 2】这些维生素的含量如何测量，检测过程中我们需要注意哪些事项？

实验一　食品中维生素 A、E 的测定

方法一　反相高效液相色谱法

（一）适用范围

适用于食品中维生素 A 和维生素 E 的测定。

（二）原理

试样中的维生素 A 及维生素 E 经皂化（含淀粉先用淀粉酶酶解）、提取、净化、浓缩后，用 C_{30}或 PFP 反相液相色谱柱分离，紫外检测器或荧光检测器检测，外标法定量。

（三）试剂及配制

本方法所用试剂均为分析纯，水为 GB/T 6682 规定的一级水。

1. 试剂

（1）无水乙醇（C_2H_5OH）：经检查不含醛类物质。

（2）抗坏血酸（$C_6H_8O_6$）。

（3）氢氧化钾（KOH）。

（4）乙醚［$(CH_3CH_2)_2O$］：经检查不含过氧化物。

（5）石油醚（$C_5H_{12}O_2$）：沸程为 30 ～ 60 ℃。

（6）无水硫酸钠（Na_2SO_4）。

（7）pH 试纸（pH 试纸范围为 1 ～ 14）。

（8）甲醇（CH_3OH）：色谱纯。

（9）淀粉酶：活力单位≥100 U/mg。

（10）2，6 二叔丁基对甲酚（$C_{15}H_{24}O$）：简称 BHT。

2. 试剂配制

（1）氢氧化钾溶液（50 g/100 g）：称取 50g 氢氧化钾，加入 50 mL 水溶解，冷却后，储存于聚乙烯瓶中。

（2）石油醚乙醚溶液（1 + 1）：量取 200mL 石油醚，加入 200mL 乙醚，混匀。

（3）有机系过滤头（孔径为 0. 22 μm）。

3. 标准品

（1）维生素 A 标准品视黄醇（$C_{20}H_{30}O$，CAS 号：68 – 26 – 8）：纯度≥95%，或经国家认证并授予标准物质证书的标准物质。

（2）维生素 E 标准品。

A. α – 生育酚（$C_{29}H_{50}O_2$，CAS 号：10191 – 41 – 0）：纯度≥95%，或经国家认证并授予标准物质证书的标准物质。

B. β – 生育酚（$C_{28}H_{48}O_2$，CAS 号：148 – 03 – 8）：纯度≥95%，或经国家认证并授予标准物质证书的标准物质。

C. γ – 生育酚（$C_{28}H_{48}O_2$，CAS 号：54 – 28 – 4）：纯度≥95%，或经国家认证并授予标准物质证书的标准物质。

D. δ－生育酚（$C_{27}H_{46}O_2$，CAS 号：119－13－1）：纯度≥95%，或经国家认证并授予标准物质证书的标准物质。

4. 标准溶液配制

（1）维生素 A 标准储备溶液（0.500 mg/mL）：准确称取 25.0 mg 维生素 A 标准品，用无水乙醇溶解后，转移入 50 mL 容量瓶中，定容至刻度，此溶液浓度约为 0.500 mg/mL。将溶液转移至棕色试剂瓶中，密封后，在－20 ℃下避光保存，有效期 1 个月。临用前将溶液回温至 20 ℃，并进行浓度校正。

（2）维生素 E 标准储备溶液（1.00 mg/mL）：分别准确称取 α－生育酚、β－生育酚、γ－生育酚和 δ－生育酚各 50.0 mg，用无水乙醇溶解后，转移入 50 mL 容量瓶中，定容至刻度，此溶液浓度约为 1.00 mg/mL。将溶液转移至棕色试剂瓶中，密封后，在－20 ℃下避光保存，有效期 6 个月。临用前将溶液回温至 20 ℃，并进行浓度校正（校正方法参见 GB 5009.82—2016 附录 B）。

（3）维生素 A 和维生素 E 混合标准溶液中间液：准确吸取维生素 A 标准储备溶液 1.00 mL 和维生素 E 标准储备溶液各 5.00 mL 于同一 50 mL 容量瓶中，用甲醇定容至刻度，此溶液中维生素 A 浓度为 10.0 μg/mL，维生素 E 各生育酚浓度为 100 μg/mL。在－20 ℃下避光保存，有效期半个月。

（4）维生素 A 和维生素 E 标准系列工作溶液：分别准确吸取维生素 A 和维生素 E 混合标准溶液中间液 0.20 mL、0.50 mL、1.00 mL、2.00 mL、4.00 mL、6.00 mL 于 10 mL 棕色容量瓶中，用甲醇定容至刻度，该标准系列中维生素 A 浓度为 0.20 mg/mL、0.50 mg/mL、1.00 mg/mL、2.00 mg/mL、4.00 mg/mL、6.00 mg/mL，维生素 E 浓度为 2.00 mg/mL、5.00 mg/mL、10.0 mg/mL、20.0 mg/mL、40.0 mg/mL、60.0 mg/mL。临用前配制。

（四）仪器和设备

（1）分析天平：感量为 0.01 mg。

（2）恒温水浴振荡器。

（3）旋转蒸发仪。

（4）氮吹仪。

（5）紫外分光光度计。

（6）分液漏斗萃取净化振荡器。

（7）高效液相色谱仪：带紫外检测器或二极管阵列检测器或荧光检测器。

（五）分析步骤

1. 试样制备

将一定数量的样品按要求经过缩分、粉碎均质后，储存于样品瓶中，避光冷藏，尽快测定。

2. 试样处理

注意：使用的所有器皿不得含有氧化性物质；分液漏斗活塞玻璃表面不得涂油；处理过程应避免紫外光照，尽可能避光操作；提取过程应在通风柜中操作。

（1）皂化。

①不含淀粉样品。称取2～5 g（精确至0.01 g）经均质处理的固体试样或50 g（精确至0.01 g）液体试样于150 mL平底烧瓶中，固体试样需加入约20 mL温水，混匀，再加入1.0 g抗坏血酸和0.1 g BHT，混匀，加入30 mL无水乙醇，加入10～20 mL氢氧化钾溶液，边加边振摇，混匀后于80 ℃恒温水浴震荡皂化30 min，皂化后立即用冷水冷却至室温。

注：皂化时间一般为30 min，如皂化液冷却后，液面有浮油，需要加入适量氢氧化钾溶液，并适当延长皂化时间。

②含淀粉样品。称取2～5 g（精确至0.01 g）经均质处理的固体试样或50 g（精确至0.01 g）液体试样于150 mL平底烧瓶中，固体试样需用约20 mL温水混匀，加入0.5～1 g淀粉酶，放入60 ℃水浴避光恒温振荡30 min后，取出，向酶解液中加入1.0 g抗坏血酸和0.1 g BHT，混匀，加入30 mL无水乙醇，加入10～20 mL氢氧化钾溶液，边加边振摇，混匀后于80 ℃恒温水浴振荡皂化30 min，皂化后立即用冷水冷却至室温。

（2）提取。

将皂化液用30 mL水转入250 mL的分液漏斗中，加入50 mL石油醚乙醚混合液，振荡萃取5 min，将下层溶液转移至另一250 mL的分液漏斗中，加入50 mL的混合醚液再次萃取，合并醚层。

注：如只测维生素A与α－生育酚，可用石油醚作提取剂。

（3）洗涤。

用约100 mL水洗涤醚层，约需重复3次，直至将醚层洗至中性（可用pH试纸检测下层溶液pH），去除下层水相。

（4）浓缩。

将洗涤后的醚层经无水硫酸钠（约3 g）滤入250 mL旋转蒸发瓶或氮气浓缩管中，用约15 mL石油醚冲洗分液漏斗及无水硫酸钠2次，并入蒸发瓶内，并将其接在旋转蒸发仪或气体浓缩仪上，于40 ℃水浴中减压蒸馏或气流浓缩，待瓶中醚液剩下约2 mL时，取下蒸发瓶，立即用氮气吹至近干。用甲醇分次将蒸发瓶中残留物溶解并转移至10 mL容量瓶中，定容至刻度。溶液在过0.22 μm的有机系滤膜后供高效液相色谱测定。

（5）色谱参考条件。

色谱参考条件列出如下：

①色谱柱：C_{30}柱（柱长250 mm，内径4.6 mm，粒径3 μm），或条件相当者；

②柱温：20 ℃；

③流动相：A，水；B，甲醇；洗脱梯度见表2－3；

④流速：0.8 mL/min；

⑤紫外检测波长：维生素A为325 nm；维生素E为294 nm；

⑥进样量：10 μL；

⑦标准色谱图和样品色谱图见C.1。

注1：如难以将柱温控制在（20±2）℃，可改用PFP柱分离异构体，流动相为水和甲醇梯度洗脱。

注2：如样品中只含α－生育酚，不需分离β－生育酚和γ－生育酚，可选用C_{18}柱，

流动相为甲醇。

注3：如有荧光检测器，可选用荧光检测器检测，对生育酚的检测有更高的灵敏度和选择性，可按以下检测波长检测：维生素A激发波长为328 nm，发射波长为440 nm；维生素E激发波长为294 nm，发射波长为328 nm。

C_{30}色谱柱－反相高效液相色谱法洗脱梯度参考条件如表2－3所示。

表2－3　C_{30}色谱柱－反相高效液相色谱法洗脱梯度参考条件

时间（min）	流动相A（%）	流动相B（%）	流速（mL/min）
0.0	4	96	0.8
13.0	4	96	0.8
20.0	0	100	0.8
24.0	0	100	0.8
24.5	4	96	0.8
30.0	4	96	0.8

（6）标准曲线的制作。

本法采用外标法定量。将维生素A和维生素E标准系列工作溶液分别注入高效液相色谱仪中，测定相应的峰面积，以峰面积为纵坐标，以标准测定液浓度为横坐标绘制标准曲线，计算直线回归方程。

（7）样品测定。

试样液经高效液相色谱仪分析，测得峰面积，采用外标法通过上述标准曲线计算其浓度。在测定过程中，建议每测定10个样品用同一份标准溶液或标准物质检查仪器的稳定性。

（六）结果计算

试样中维生素A或维生素E的含量按公式2－19计算：

$$X = \frac{\rho \times V \times f \times 100}{m} \qquad \text{（公式 2－19）}$$

在公式2－19中：

X：试样中维生素A或维生素E的含量，维生素A单位为微克每百克（μg/100 g），维生素E单位为毫克每百克（mg/100 g）；

ρ：根据标准曲线计算得到的试样中维生素A或维生素E的浓度，单位为微克每毫升（μg/mL）；

V：定容体积，单位为毫升（mL）；

f：换算因子（维生素A：$f=1$；维生素E：$f=0.001$）；

100：试样中量以每100克计算的换算系数；

m：试样的称样量，单位为克（g）。

计算结果保留三位有效数字。

注：如维生素 E 的测定结果要用 α－生育酚当量（α－TE）表示，可按下式计算：维生素 E（mg/100 g）＝α－生育酚（mg/100 g）＋β－生育酚（mg/100 g）×0.5＋γ－生育酚（mg/100 g）×0.1＋δ－生育酚（mg/100 g）×0.01。

（七）精密度

在重复性条件下获得的两次独立测定结果的绝对差值不得超过算术平均值的 10%。

（八）其他

当取样量为 5 g、定容 10 mL 时，维生素 A 的紫外检出限为 10 μg/100 g，定量限为 30 μg/100 g；生育酚的紫外检出限为 40 μg/100 g，定量限为 120 μg/100 g。

注意事项：

现阶段对维生素 A、维生素 D、维生素 E 的测定所采用的标准是 GB 5009.82—2016。

现阶段对维生素 C（抗坏血酸）的测定所采用的标准是 GB 14754—2010。

方法二　正相高效液相色谱法

（一）原理

试样中的维生素 E 经有机溶剂提取、浓缩后，用高效液相色谱酰氨基柱或硅胶柱分离，经荧光检测器检测，外标法定量。

（二）试剂及配制

除非另有说明，本方法所用试剂均为分析纯，水为 GB/T 6682 规定的一级水。

1. 试剂

（1）无水乙醇（C_2H_5OH）：色谱纯，经检查不含醛类物质，检查方法参见 GB 5009.82—2016 附录 A 中 A.1。

（2）乙醚［$(CH_3CH_2)_2O$］：分析纯，经检查不含过氧化物，检查方法参见 GB 5009.82—2016 附录 A 中 A.2。

（3）石油醚（$C_5H_{12}O_2$）：沸程为 30～60 ℃。

（4）无水硫酸钠（Na_2SO_4）。

（5）正己烷（$n-C_6H_{14}$）：色谱纯。

（6）异丙醇［$(CH_3)_2CHOH$］：色谱纯。

（7）叔丁基甲基醚［$CH_3OC(CH_3)_3$］：色谱纯。

（8）甲醇（CH_3OH）：色谱纯。

（9）四氢呋喃（C_4H_8O）：色谱纯。

（10）1，4－二氧六环（$C_4H_8O_2$）：色谱纯。

（11）2，6 二叔丁基对甲酚（$C_{15}H_{24}O$）：简称 BHT。

（12）有机系过滤头（孔径为 0.22 μm）。

2. 试剂配制

（1）石油醚－乙醚溶液（1＋1）：量取 200 mL 石油醚，加入 200 mL 乙醚，混匀，临用前配制。

（2）流动相：正己烷＋［叔丁基甲基醚－四氢呋喃－甲醇混合液（20＋1＋0.1）］＝90＋10，临用前配制。

3. 标准品

（1）α－生育酚（$C_{29}H_{50}O_2$，CAS 号：10191－41－0）：纯度≥95%，或经国家认证并授予标准物质证书的标准物质。

（2）β－生育酚（$C_{28}H_{48}O_2$，CAS 号：148－03－8）：纯度≥95%，或经国家认证并授予标准物质证书的标准物质。

（3）γ－生育酚（$C_{28}H_{48}O_2$，CAS 号：54－28－4）：纯度≥95%，或经国家认证并授予标准物质证书的标准物质。

（4）δ－生育酚（$C_{27}H_{46}O_2$，CAS 号：119－13－1）：纯度≥95%，或经国家认证并授予标准物质证书的标准物质。

4. 标准溶液配制

（1）维生素 E 标准储备溶液（1.00 mg/mL）：分别称取 4 种生育酚异构体标准品各 50.0 mg（准确至 0.1 mg），用无水乙醇溶解于 50 mL 容量瓶中，定容至刻度，此溶液浓度约为 1.00 mg/mL。将溶液转移至棕色试剂瓶中，密封后，在－20 ℃下避光保存，有效期 6 个月。临用前将溶液回温至 20 ℃，并进行浓度校正。

（2）维生素 E 标准溶液中间液：准确吸取维生素 E 标准储备溶液各 1.00 mL 于同一 100 mL 容量瓶中，用氮气吹除乙醇后，用流动相定容至刻度，此溶液中维生素 E 各生育酚浓度为 10.00 μg/mL。密封后，在－20 ℃下避光保存，有效期半个月。

（3）维生素 E 标准系列工作溶液：分别准确吸取维生素 E 混合标准溶液中间液 0.20 mL、0.50 mL、1.00 mL、2.00 mL、4.00 mL、6.00 mL 于 10 mL 棕色容量瓶中，用流动相定容至刻度，该标准系列中 4 种生育酚浓度分别为 0.20 mg/mL、0.50 mg/mL、1.00 mg/mL、2.00 mg/mL、4.00 mg/mL、6.00 mg/mL。

（三）仪器和设备

（1）分析天平：感量为 0.1 mg。

（2）恒温水浴振荡器。

（3）旋转蒸发仪。

（4）氮吹仪。

（5）紫外分光光度计。

（6）索氏脂肪抽提仪或加速溶剂萃取仪。

（7）高效液相色谱仪，带荧光检测器或紫外检测器。

（四）分析步骤

1. 试样制备

将一定数量的样品按要求经过缩分、粉碎、均质后，储存于样品瓶中，避光冷藏，尽快测定。

2. 试样处理

注意：使用的所有器皿不得含有氧化性物质；分液漏斗活塞玻璃表面不得涂油；处理过程应避免紫外光照，尽可能避光操作。

（1）植物油脂。

称取 0.5～2 g 油样（准确至 0.01 g）于 25 mL 的棕色容量瓶中，加入 0.1 g BHT，加

入 10 mL 流动相超声或涡旋振荡溶解后，用流动相定容至刻度，摇匀。过孔径为 0.22 μm 有机系滤头于棕色进样瓶中，待进样。

（2）奶油、黄油。

称取 2～5 g 样品（准确至 0.01 g）于 50 mL 的离心管中，加入 0.1 g BHT，45 ℃水浴融化，加入 5 g 无水硫酸钠，涡旋 1 min，混匀，加入 25 mL 流动相超声或涡旋振荡提取，离心，将上清液转移至浓缩瓶中，再用 20 mL 流动相重复提取 1 次，合并上清液至浓缩瓶，在旋转蒸发器或气体浓缩仪上，于 45 ℃ 水浴中减压蒸馏或气流浓缩，待瓶中醚剩下约 2 mL 时，取下蒸发瓶，立即用氮气吹干。用流动相将浓缩瓶中残留物溶解并转移至 10 mL容量瓶中，定容至刻度，摇匀。溶液在过 0.22 μm 有机系滤膜后供高效液相色谱测定。

（3）坚果、豆类、辣椒粉等干基植物样品。

称取 2～5 g 样品（准确至 0.01 g），用索氏提取仪或加速溶剂萃取仪提取其中的植物油脂，将含油脂的提取溶剂转移至 250 mL 蒸发瓶内，于 40 ℃水浴中减压蒸馏或气流浓缩至干，取下蒸发瓶，用 10 mL 流动相将油脂转移至 25 mL 容量瓶中，加入 0.1 gBHT，超声或涡旋振荡溶解后，用流动相定容至刻度，摇匀。过孔径为 0.22 μm 有机系滤头于棕色进样瓶中，待进样。

3. 色谱参考条件

色谱参考条件列出如下：

（1）色谱柱：酰氨基柱（柱长 150mm，内径 3.0mm，粒径 1.7 μm）或条件相当者。

（2）柱温：30 ℃。

（3）流动相：正己烷 +［叔丁基甲基醚 - 四氢呋喃 - 甲醇混合液（20 + 1 + 0.1）］= 90 + 10。

（4）流速：0.8 mL/min。

（5）荧光检测波长：激发波长 294 nm，发射波长 328 nm。

（6）进样量：10 μL。

注：可用 Si_{60} 硅胶柱（柱长 250 mm，内径 4.6 mm，粒径 5 μm）分离 4 种生育酚异构体，推荐流动相为正己烷与 1，4 - 二氧六环按（95 + 5）的比例混合。

4. 标准曲线的制作

本法采用外标法定量。将维生素 E 标准系列工作溶液从低浓度到高浓度分别注入高效液相色谱仪中，测定相应的峰面积。以峰面积为纵坐标，标准溶液浓度为横坐标绘制标准曲线，计算直线回归方程。

5. 样品测定

试样液经高效液相色谱仪分析，测得峰面积，采用外标法通过上述标准曲线计算其浓度。在测定过程中，建议每测定 10 个样品用同一份标准溶液或标准物质检查仪器的稳定性。

（五）结果计算

样品中 α - 生育酚、β - 生育酚、γ - 生育酚或 δ - 生育酚的含量按公式 2 - 20 计算：

$$X=\frac{\rho\times V\times f\times 100}{m}\qquad（公式 2-20）$$

在公式 2-20 中：

X：试样中 α-生育酚、β-生育酚、γ-生育酚或 δ-生育酚的含量，单位为毫克每百克（mg/100 g）；

ρ：根据标准曲线计算得到的试样中 α-生育酚、β-生育酚、γ-生育酚或 δ-生育酚的浓度，单位为微克每毫升（μg/mL）；

V：定容体积，单位为毫升（mL）；

f：换算因子（f = 0.001）；

100：试样中量以每百克计算的换算系数；

m：试样的称样量，单位为克（g）。

计算结果保留三位有效数字。

注：如维生素 E 的测定结果要用 α-生育酚当量（α-TE）表示，可按下式计算：维生素 E（mg/100 g）= α-生育酚（mg/100 g）+ β-生育酚（mg/100 g）×0.5 + γ-生育酚（mg/100 g）×0.1 + δ-生育酚（mg/100 g）×0.01。

（六）精密度

（1）在重复性条件下获得的两次独立测定结果的绝对差值不得超过算术平均值的 10%。

（2）当取样量为 2 g，定容 25 mL 时，各生育酚的检出限为 50 μg/100 g，定量限为 150 μg/100 g。

实验二　食品中维生素 D 的测定

参考食品安全国家标准 GB 5009.82-2016。

方法一　液相色谱-串联质谱法

（一）原理

试样中加入维生素 D_2 和维生素 D_3 的同位素内标后，经氢氧化钾和乙醇溶液皂化（含淀粉试样先用淀粉酶酶解）、提取，硅胶固相萃取柱净化、浓缩后，反相高效液相色谱 C_{18} 柱分离，串联质谱法检测，内标法定量。

（二）试剂及配制

除非另有说明，本方法所用试剂均为分析纯。水为 GB/T 6682 规定的一级水。

1. 试剂

（1）无水乙醇（C_2H_5OH）：经检查不含醛类物质，检查方法参见 GB 5009.82—2016 附录 A 中 A.1。

（2）抗坏血酸（$C_6H_8O_6$）。

（3）2，6 二叔丁基对甲酚（$C_{15}H_{24}O$）：简称 BHT。

（4）淀粉酶：活力单位≥100 U/mg。

（5）氢氧化钾（KOH）。

（6）乙酸乙酯（$C_4H_8O_2$）：色谱纯。

（7）无水硫酸钠（Na_2SO_4）。

（8）正己烷（$n-C_4H_8O_2$）：色谱纯。

（9）pH 试纸（pH 试纸范围为 1 ～ 14）。

（10）固相萃取柱（硅胶）：6 mL，500 mg。

（11）甲醇（CH_3OH）：色谱纯。

（12）甲酸（HCOOH）：色谱纯。

（13）甲酸铵（$HCOONH_4$）：色谱纯。

2. 试剂配制

（1）氢氧化钾溶液（50 g/100 g）：50 g 氢氧化钾，加入 50 mL 水溶解，冷却后储存于聚乙烯瓶中。

（2）乙酸乙酯—正己烷溶液（5 + 95）：量取 5 mL 乙酸乙酯加入 95 mL 正己烷中，混匀。

（3）乙酸乙酯—正己烷溶液（15 + 85）：量取 15 mL 乙酸乙酯加入 85 mL 正己烷中，混匀。

（4）0. 05% 甲酸—5 mmol/L 甲酸铵溶液：称取 0. 315 g 甲酸铵，加入 0. 5 mL 甲酸、1000 mL 水溶解，超声混匀。

（5）0. 05% 甲酸—5mmol/L 甲酸铵甲醇溶液：称取 0. 315 g 甲酸铵，加入 0. 5 mL 甲酸、1000 mL 甲醇溶解，超声混匀。

3. 标准品

（1）维生素 D_2标准品：钙化醇（$C_{28}H_{44}O$，CAS 号：50 - 14 - 6）：纯度≥98%，或经国家认证并授予标准物质证书的标准物质。

（2）维生素 D_3标准品：胆钙化醇（$C_{27}H_{44}O$，CAS 号：67 - 97 - 0）：纯度≥98%，或经国家认证并授予标准物质证书的标准物质。

（3）维生素 D_2-d_3内标溶液（$C_{28}H_{44}O-d_3$）：100 μg/mL。

（4）维生素 D_3-d_3内标溶液（$C_{27}H_{44}O-d_3$）：100 μg/mL。

4. 标准溶液配制

（1）维生素 D_2标准储备溶液。

（2）准确称取维生素 D_2标准品 10 mg，用色谱纯无水乙醇溶解并定容至 100 mL，使其浓度约为 100 μg/mL，转移至棕色试剂瓶中，于 -20 ℃冰箱中密封保存，有效期 3 个月。临用前用紫外分光光度法校正其浓度。

（3）维生素 D_3标准储备溶液。准确称取维生素 D_3标准品 10 mg，用色谱纯无水乙醇溶解并定容至 10 mL，使其浓度约为 100 μg/mL，转移至 100 mL 的棕色试剂瓶中，于 -20 ℃冰箱中密封保存，有效期 3 个月。临用前用紫外分光光度法校正其浓度（校正方法见附录 B）。

（4）维生素 D_2标准中间使用液。准确吸取维生素 D_2标准储备溶液 10. 00 mL，用流动相稀释并定容至 100 mL，浓度约为 10. 0 μg/mL，有效期 1 个月。准确浓度按校正后的浓

度折算。

(5) 维生素 D_3 标准中间使用液。准确吸取维生素 D_3 标准储备溶液 10.00 mL，用流动相稀释并定容至 100 mL 棕色容量瓶中，浓度约为 10.0 μg/mL，有效期 1 个月。准确浓度按校正后的浓度折算。

(6) 维生素 D_2 和维生素 D_3 混合标准使用液。准确吸取维生素 D_2 和维生素 D_3 标准中间使用液各 10.00 mL，用流动相稀释并定容至 100 mL，浓度为 1.00 μg/mL。有效期 1 个月。

(7) 维生素 D_2-d_3 和维生素 D_3-d_3 内标混合溶液。分别量取 100μL 浓度为 100 μg/mL 的维生素 D_2-d_3 和维生素 D_3-d_3 标准储备液加入 10 mL 容量瓶中，用甲醇定容，配制成 1 μg/mL 混合内标。有效期 1 个月。

5. 标准系列溶液的配制

分别准确吸取维生素 D_2 和 D_3 混合标准使用液 0.10 mL、0.20 mL、0.50 mL、1.00 mL、1.50 mL、2.00 mL 于 10 mL 棕色容量瓶中，各加入维生素 D_2-d_3 和维生素 D_3-d_3 内标混合溶液 1.00 mL，用甲醇定容至刻度，混匀。此标准系列工作液浓度分别为 10.0 μg/L、20.0 μg/L、50.0 μg/L、100.0 μg/L、150.0 μg/L、200.0 μg/L。

（三）仪器和设备

注意：使用的所有器皿不得含有氧化性物质。分液漏斗活塞玻璃表面不得涂油。

(1) 分析天平：感量为 0.1 mg。

(2) 磁力搅拌器或恒温振荡水浴：带加热和控温功能。

(3) 旋转蒸发仪。

(4) 氮吹仪。

(5) 紫外分光光度计。

(6) 萃取净化振荡器。

(7) 多功能涡旋振荡器。

(8) 高速冷冻离心机：转速≥6000 r/min。

(9) 高效液相色谱—串联质谱仪：带电喷雾离子源。

（四）分析步骤

1. 试样制备

将一定数量的样品按要求经过缩分、粉碎、均质后，储存于样品瓶中，避光冷藏，尽快测定。

2. 试样处理

注：处理过程应避免紫外光照，尽可能避光操作。

(1) 皂化。

①不含淀粉样品。称取 2 g（准确至 0.01 g）经均质处理的试样于 50 mL 具塞离心管中，加入 100 μL 维生素 D_2-d_3 和维生素 D_3-d_3 混合内标溶液和 0.4 g 抗坏血酸，加入 6 mL 约 40 ℃温水，涡旋 1 min，加入 12 mL 乙醇，涡旋 30 s，再加入 6 mL 氢氧化钾溶液，涡旋 30 s 后放入恒温振荡器中，80 ℃避光恒温水浴振荡 30 min（如样品组织较为紧密，可每隔 5～10 min 取出涡旋 0.5 min），取出放入冷水浴降温。

注：一般皂化时间为 30 min，如皂化液冷却后，液面有浮油，需要加入适量氢氧化钾

溶液，并适当延长皂化时间。

②含淀粉样品。称取2 g（准确至0.01 g）经均质处理的试样于50 mL具塞离心管中，加入100 μL维生素 D_2-d_3 和维生素 D_3-d_3 混合内标溶液和0.4 g淀粉酶，加入10 mL约40 ℃温水，放入恒温振荡器中，60 ℃避光恒温振荡30 min后，取出放入冷水浴降温，向冷却后的酶解液中加入0.4 g抗坏血酸、12 mL乙醇，涡旋30 s，再加入6 mL氢氧化钾溶液，涡旋30 s后放入恒温振荡器中，同皂化步骤①皂化30 min。

（2）提取。

向冷却后的皂化液中加入20 mL正己烷，涡旋提取3 min，6000 r/min条件下离心3 min。转移上层清液到50 mL离心管，加入25 mL水，轻微晃动30次，在6000 r/min条件下离心3 min，取上层有机相备用。

（3）净化。

将硅胶固相萃取柱依次用8 mL乙酸乙酯活化、8 mL正己烷平衡，取备用液全部过柱，再用6 mL乙酸乙酯—正己烷溶液（5+95）淋洗，用6 mL乙酸乙酯—正己烷溶液（15+85）洗脱。洗脱液在40 ℃下氮气吹干，加入1.00 mL甲醇，涡旋30 s，过0.22 μm有机系滤膜供仪器测定。

3. 仪器测定条件

（1）色谱参考条件。色谱参考条件列出如下。

① C_{18} 柱（柱长100 mm，柱内径2.1 mm，填料粒径1.8 μm），或条件相当者；

②柱温：40 ℃；

③流动相A：0.05%甲酸—5 mmol/L甲酸铵溶液；流动相B：0.05%甲酸—5 mmol/L甲酸铵甲醇溶液；流动相洗脱梯度见表2-4；

④流速：0.8 mL/min；

⑤进样量：10 μL。

表2-4 流动相洗脱梯度

时间（min）	流动相A（%）	流动相B（%）	流速（mL/min）
0.0	12	88	0.4
1.0	12	88	0.4
4.0	10	90	0.4
5.0	7	93	0.4
5.1	6	94	0.4
5.8	6	94	0.4
6.0	0	100	0.4
17.0	0	100	0.4
17.5	12	88	0.4
20.0	12	88	0.4

（2）质谱参考条件。质谱参考条件列出如下。

①电离方式：ESI^+；

②鞘气温度：375 ℃；

③鞘气流速：12 L/min；

④喷嘴电压：500 V；

⑤雾化器压力：172 kPa；

⑥毛细管电压：4500 V；

⑦干燥气温度：325 ℃；

⑧干燥气流速：10 L/min；

⑨多反应监测（MRM）模式。

锥孔电压和碰撞能量见表 2－5，质谱图见 C. 5。

表 2－5　维生素 D_2 和维生素 D_3 质谱参考条件

维生素	保留时间（min）	母离子（m/z）	定性子离子（m/z）	碰撞电压（eV）	定量子离子（m/z）	碰撞电压（eV）
D_2	6. 04	397	379 147	5 25	107	29
D_2-d_3	6. 03	400	382 271	4 6	110	22
D_3	6. 33	385	367 259	7 8	107	25
D_3-d_3	6. 33	388	370 259	3 6	107	19

4. 标准曲线的制作

分别将维生素 D_2 和维生素 D_3 标准系列工作液由低浓度到高浓度依次进样，以维生素 D_2、维生素 D_3 与相应同位素内标的峰面积比值为纵坐标，以维生素 D_2、维生素 D_3 标准系列工作液浓度为横坐标分别绘制维生素 D_2、维生素 D_3 标准曲线。

5. 样品测定

将待测样液依次进样，得到待测物与内标物的峰面积比值，根据标准曲线得到测定液中维生素 D_2、维生素 D_3 的浓度。待测样液中的响应值应在标准曲线线性范围内，超过线性范围则应减少取样量重新按分析步骤 2 进行处理后再进样分析。

6. 结果计算

试样中维生素 D_2、维生素 D_3 的含量按公式 2－21 计算：

$$X=\frac{\rho \times V \times f \times 100}{m} \qquad (公式 2-21)$$

在公式 2－21 中：

质的浓度和组成比例。对含水量多、一时又不能测定完的样品，可先测其水分，保存烘干样品，分析结果可通过折算、换算转为鲜样品中某物质的含量。

（4）固定待测成分。某些待测成分不够稳定（如维生素C）或易挥发（如氰化物、有机磷农药），应结合分析方法，在采样时加入稳定剂，固定待测成分。

总之，采样后应尽快分析，对于不能及时分析的样品要采取适当的方法保存，在保存的过程中应避免样品受潮、风干、变质，保证样品的外观和化学组成不发生变化。一般，检验后的样品还需保留一个月，以备复查；易变质食品不予保留，保存时应加封并尽量保持原状。

八、采样注意事项

（1）采样必须注意生产日期、批号、代表性和均匀性（掺伪食品和食物中毒样品除外）。取样数量应考虑分析项目的要求、分析方法的要求及被检物的均匀程度三个因素。样品应一式三份，分别供检验、复验及备查或仲裁使用。每份样品数量不得少于分析取样、复验和留样备查的总量。

（2）采样人员应经过技术培训，具有独立工作能力。采样用的设备和容器应满足采样需求，器具、包装等都应清洁，不应将任何影响检测结果的物质带入样品中，采样过程应防止样品污染。

（3）外埠调入的食品应结合索取卫生许可证、生产许可证或化验单，了解发货日期、来源地点、数量、品质及包装情况进行采样。在食品厂、仓库或商店采样时，应了解食品的生产批号、生产日期、厂方检验记录及现场卫生情况，同时注意食品的运输、保存条件、外观、包装容器等情况。要认真填写采样记录，无采样记录的样品不得接受检验。

（4）感官不合格的产品不必进行理化检验，应直接判为不合格产品。

（5）采样后应认真填写采样记录单，盛装样品的器具上要贴牢标签，注明样品名称、采样地点、采样日期、样品批号、采样方法、采样数量、分析项目及采样人。

（6）样品采集完后，应及时送往实验室进行分析检测，保持样品原有状态，以免样品性质发生变化从而影响检测结果。例如，作黄曲霉毒素 B_1 测定的样品，要避免阳光、紫外灯照射，以免黄曲霉毒素 B_1 发生分解。

九、样品的制备

样品制备的目的在于保证样品均匀，在分析测定时取任何部分都能代表全部样品的情况。样品制备过程要防止成分的变化以及交叉污染，应根据样品的主要成分、水分含量、物理性质和混匀操作之间的关系，在保证不破坏或损失待测成分前提下，选择适当的制备方法。常用的制备方法有四分法、分样器法、粉碎过筛、研磨和搅拌等。样品制备时，必须先去除果核、蛋壳、骨和鱼鳞等非可食部分，然后再进行样品的处理。一般固体食品可用粉碎机将样品粉碎，过20～40目筛；高脂肪固体样品（如花生、大豆等）需冷冻后立即粉碎，再过20～40目筛；高水分食品（如蔬菜、水果等）多用匀浆法；肉类用绞碎或

X：试样中维生素 D_2（或维生素 D_3）的含量，单位为微克每百克（μg/100 g）；

ρ：根据标准曲线计算得到的试样中维生素 D_2（或维生素 D_3）的浓度，单位为微克每毫升（μg/mL）；

V：定容体积，单位为毫升（mL）；

f：稀释倍数；

100：试样中量以每 100 g 计算的换算系数；

m：试样的称样量，单位为克（g）。

计算结果保留三位有效数字。

注：如试样中同时含有维生素 D_2 和维生素 D_3，维生素 D 的测定结果以维生素 D_2 和维生素 D_3 含量之和计算。

（五）精密度

（1）在重复性条件下获得的两次独立测定结果的绝对差值不得超过算术平均值的 15%。

（2）当取样量为 2 g，维生素 D_2 检出限为 1 μg/100 g，定量限为 3 μg/100 g；维生素 D_3 检出限为 0.2 μg/100 g，定量限为 0.6 μg/100 g。

实验三　测定食品中维生素 C（抗坏血酸）

参考食品安全国家标准 GB 14754—2010。

方法一　高效液相色谱法

参照食品安全国家标准《食品中抗坏血酸的测定》（GB5009.86—2016）食品中抗坏血酸的测定方法。

（一）范围

适用于乳粉、谷物、蔬菜、水果及其制品、肉制品、维生素类补充剂、果冻、胶基糖果、八宝粥、葡萄酒中的 L（+）－抗坏血酸、D（－）－抗坏血酸、L（+）－脱氢抗坏血酸和 L（+）－抗坏血酸总量的测定。

L（+）－抗坏血酸：左式右旋光抗坏血酸。具有强还原性，对人体具有生物活性。

D（－）－抗坏血酸：又称异抗坏血酸。具有强还原性，但对人体基本无生物活性。

L（+）－脱氢抗坏血酸：L（+）－抗坏血酸极易被氧化为 L（+）－脱氢抗坏血酸，L（+）－脱氢抗坏血酸亦可被还原为 L（+）－抗坏血酸。通常称为脱氢抗坏血酸。

L（+）－抗坏血酸总量：将试样中 L（+）－脱氢抗坏血酸还原成的 L（+）－抗坏血酸或将试样中 L（+）－抗坏血酸氧化成的 L（+）－脱氢抗坏血酸后测得的 L（+）－抗坏血酸总量。

（二）原理

试样中的抗坏血酸用偏磷酸溶解超声提取后，以离子对试剂为流动相，经反相色谱柱分离，其中 L（+）－抗坏血酸和 D（－）－抗坏血酸直接用配有紫外检测器的液相色谱仪（波长 245nm）测定；试样中的 L（+）－脱氢抗坏血酸经 L－半胱氨酸溶液进行还原

后，用紫外检测器（波长245nm）测定L（+）-抗坏血酸总量，或减去原样品中测得的L（+）-抗坏血酸含量而获得L（+）-脱氢抗坏血酸的含量。以色谱峰的保留时间定性，外标法定量。

（三）试剂和材料

所用试剂均为分析纯，水为GB/T6682规定的一级水。

1. 试剂

（1）偏磷酸（HPO_3）n：含量（以HPO_3计）≥38%。

（2）磷酸三钠（$Na_3PO_4 \cdot 12H_2O$）。

（3）磷酸二氢钾（KH_2PO_4）。

（4）磷酸（H_3PO_4）：85%。

（5）L-半胱氨酸（$C_3H_7NO_2S$）：优级纯。

（6）十六烷基三甲基溴化铵（$C_{19}H_{42}BrN$）：色谱纯。

（7）甲醇（CH_3OH）：色谱纯。

2. 试剂配置

（1）偏磷酸溶液（200 g/L）：称取200 g（精确至0.1 g）偏磷酸，溶于水并稀释至1L，此溶液保存于4 ℃的环境下可保存一个月。

（2）偏磷酸溶液（20 g/L）：量取50 mL 200g/L偏磷酸溶液，用水稀释至500 mL。

（3）磷酸三钠溶液（100 g/L）：称取100 g（精确至0.1 g）磷酸三钠，溶于水并稀释至1 L。

（4）L-半胱氨酸溶液（40 g/L）：称取4 gL-半胱氨酸，溶于水并稀释至100 mL。临用时配制。

3. 标准品

（1）L（+）-抗坏血酸标准品（$C_6H_8O_6$）：纯度≥99%。

（2）D（-）-抗坏血酸（异抗坏血酸）标准品（$C_6H_8O_6$）：纯度≥99%。

4. 标准溶液配置

（1）L（+）-抗坏血酸标准贮备溶液（1.000 mg/mL）：准确称取L（+）-抗坏血酸标准品0.01 g（精确至0.01 mg），用20 g/L的偏磷酸溶液定容至10 mL。该贮备液在2～8 ℃避光条件下可保存一周。

（2）D（-）-抗坏血酸标准贮备溶液（1.000 mg/mL）：准确称取D（-）-抗坏血酸标准品0.01g（精确至0.01 mg），用20 g/L的偏磷酸溶液定容至10 mL。该贮备液在2～8 ℃避光条件下可保存一周。

（3）抗坏血酸混合标准系列工作液：分别吸取L（+）-抗坏血酸和D（-）-抗坏血酸标准贮备液0 mL，0.05 mL，0.50 mL，1.0 mL，2.5 mL，5.0 mL，用20 g/L的偏磷酸溶液定容至100 mL。标准系列工作液中L（+）-抗坏血酸和D（-）-抗坏血酸的浓度分别为0 μg/mL、0.5 μg/mL、5.0 μg/mL、10.0 μg/mL、25.0 μg/mL、50.0 μg/mL。临用时配制。

（四）仪器和设备

（1）液相色谱仪：配有二极管阵列检测器或紫外检测器。

（2）pH 计：精度为0.01。

（3）天平：感量为0.1g、1 mg、0.01 mg。

（4）超声波清洗器。

（5）离心机：转速≥4000 r/min。

（6）均质机。

（7）滤膜：0.45 μm 水相膜。

（8）振荡器。

（五）分析步骤

整个检测过程尽可能在避光条件下进行。

1. 试样制备

（1）液体或固体粉末样品：混合均匀后，应立即用于检测。

（2）水果、蔬菜及其制品或其他固体样品：取100 g 左右样品加入等质量20 g/L 的偏磷酸溶液，经均质机均质并混合均匀后，应立即测定。

2. 试样溶液的制备

称取相对于样品约0.5～2 g（精确至0.001 g）混合均匀的固体试样或匀浆试样，或吸取2～10 mL 液体试样［使所取试样含L（+）－抗坏血酸约0.03～6 mg］于50 mL 烧杯中，用20 g/L 的偏磷酸溶液将试样转移至50 mL 容量瓶中，振摇溶解并定容。摇匀，全部转移至50 mL 离心管中，超声提取5 min 后，于4000 r/min 离心5 min，取上清液过0.45 μm 水相滤膜，滤液待测［由此试液可同时分别测定试样中L（+）－抗坏血酸和D（－）－抗坏血酸的含量］。

3. 试样溶液的还原

准确吸取20 mL 上述离心后的上清液于50 mL 离心管中，加入10 mL 40g/L 的L－半胱氨酸溶液，用100 g/L 磷酸三钠溶液调节pH 至7.0～7.2，以200 次/min 振荡5 min。再用磷酸调节pH 至2.5～2.8，用水将试液全部转移至50mL 容量瓶中，并定容至刻度。混匀后取此试液过0.45 μm 水相滤膜后待测［由此试液可测定试样中包括脱氢型的L（+）－抗坏血酸总量］。

若试样含有增稠剂，可准确吸取4 mL 经L－半胱氨酸溶液还原的试液，再准确加入1 mL 甲醇，混匀后过0.45 μm 滤膜后待测。

4. 仪器参考条件

（1）色谱柱：C18 柱，柱长250 mm，内径4.6 mm，粒径5 μm，或同等性能的色谱柱。

（2）检测器：二极管阵列检测器或紫外检测器。

（3）流动相：A：6.8 g 磷酸二氢钾和0.91 g 十六烷基三甲基溴化铵，用水溶解并定容至1L（用磷酸调pH 至2.5～2.8）；B：100% 甲醇。按A：B＝98：2 混合，过0.45μm 滤膜，超声脱气。

（4）流速：0.7 mL/min。

（5）检测波长：245 nm。

（6）柱温：25 ℃。

（7）进样量：20 μL。

5. 标准曲线制作

分别对抗坏血酸混合标准系列工作溶液进行测定，以L（+）-抗坏血酸［或D（-）-抗坏血酸］标准溶液的质量浓度（μg/mL）为横坐标，L（+）-抗坏血酸［或D（-）-抗坏血酸］的峰高或峰面积为纵坐标，绘制标准曲线或计算回归方程。

L（+）-抗坏血酸、D（-）-抗坏血酸标准色谱图如下。

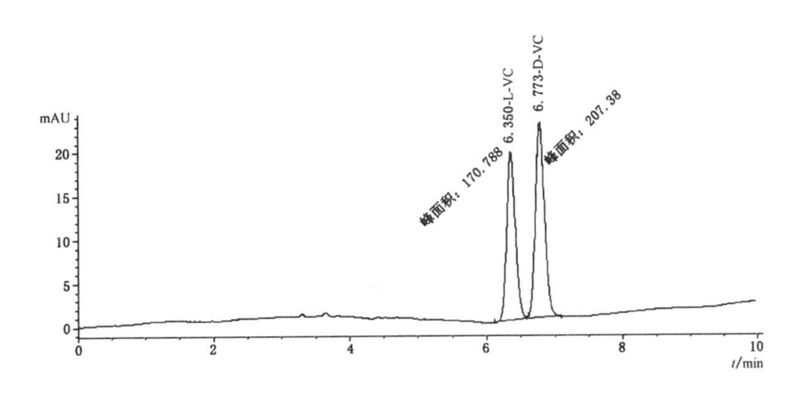

6. 试样溶液测定

根据标准曲线得到测定液中L（+）-抗坏血酸［或D（-）-抗坏血酸］的浓度（μg/mL）。

7. 空白试验

空白试验系指除不加试样外，采用完全相同的分析步骤、试剂和用量，进行平行操作。

（六）结果计算

试样中L（+）-抗坏血酸［或D（-）-抗坏血酸］的含量和L（+）-抗坏血酸总量以毫克每百克表示。

$$X=\frac{(C_1-C_0)\times V}{m\times 1000}\times F\times K\times 100 \qquad \text{（公式 2-22）}$$

式中：

X：试样中L（+）-抗坏血酸［或D（-）-抗坏血酸、L（+）-抗坏血酸总量］的含量，单位为毫克。每百克（mg/100g）；

C_1：样液中L（+）-抗坏血酸［或D（-）-抗坏血酸］的质量浓度，单位为微克每毫升（μg/mL）；

C_0：样品空白液中L（+）-抗坏血酸［或D（-）-抗坏血酸］的质量浓度，单位为微克每毫升（μg/mL）；

V：试样的最后定容体积，单位为毫升（mL）；

m：实际检测试样质量，单位克（g）；

1000：换算系数（由μg/mL换算成mg/mL的换算因子）；

F：稀释倍数（若使用6.3还原步骤时，即为2.5）；

K：若使用6.3中甲醇沉淀步骤时，即为1.25；

100：换算系数（由 mg/g 换算成 mg/100 g 的换算因子）。

计算结果以重复性条件下获得的两次独立测定结果的算术平均值表示，结果保留三位有效数字。

（七）精密度

在重复性条件下获得的两次独立测定结果的绝对差值不得超过算术平均值的10%。

方法二　2，6二氯靛酚滴定法

（一）原理

用蓝色的碱性染料2，6－二氯靛酚标准溶液对含 L（+）－抗坏血酸的试样酸性浸出液进行氧化还原滴定，2，6－二氯靛酚被还原为无色，当到达滴定终点时，多余的2，6－二氯靛酚在酸性介质中显浅红色，由2，6－二氯靛酚的消耗量计算样品中 L（+）－抗坏血酸的含量。

（二）试剂和材料

本方法所用试剂均为分析纯，水为 GB/T6682 规定的三级水。

1. 试剂

（1）偏磷酸（$(HPO_3)_n$）：含量（以 HPO_3 计）≥38%。

（2）草酸（$C_2H_2O_4$）。

（3）碳酸氢钠（$NaHCO_3$）。

（4）2，6－二氯靛酚（2，6－二氯靛酚钠盐，$C_{12}H_6C_{12}NNaO_2$）。

（5）白陶土（或高岭土）：对抗坏血酸无吸附性。

2. 试剂的配制

（1）偏磷酸溶液（20 g/L）：称取 20 g 偏磷酸，用水溶解并定容至 1 L。

（2）草酸溶液（20 g/L）：称取 20 g 草酸，用水溶解并定容至 1 L。

（3）2，6－二氯靛酚（2，6－二氯靛酚钠盐）溶液：称取碳酸氢钠 52 mg 溶解在 200 mL 热蒸馏水中，然后称取2，6－二氯靛酚 50mg 溶解在上述碳酸氢钠溶液中。冷却并用水定容至 250 mL，过滤至棕色瓶内，于4 ~8 ℃环境中保存。每次使用前，用标准抗坏血酸溶液标定其滴定度。

标定方法：

准确吸取 1 mL 抗坏血酸标准溶液于 50 mL 锥形瓶中，加入 10 mL 偏磷酸溶液或草酸溶液，摇匀，用2，6－二氯靛酚溶液滴定至粉红色，保持 15 s 不褪色为止。同时另取 10 mL 偏磷酸溶液或草酸溶液做空白试验。2，6－二氯靛酚溶液滴定度按公式 2－23 计算。

$$T = \frac{C \times V}{V_1 - V_0} \quad \text{（公式 2－23）}$$

式中：

T：2，6－二氯靛酚溶液的滴定度，即每毫升2，6－二氯靛酚溶液相当于抗坏血酸的毫克数，单位为毫克每毫升（mg/mL）；

C：抗坏血酸标准溶液的质量浓度，单位为毫克每毫升（mg/mL）；

V：吸取抗坏血酸标准溶液的体积，单位为毫升（mL）；

V_1：滴定抗坏血酸标准溶液所消耗2，6－二氯靛酚溶液的体积，单位为毫升（mL）；

V_0：滴定空白所消耗2，6－二氯靛酚溶液的体积，单位为毫升（mL）。

（三）标准品

L（+）－抗坏血酸标准品（$C_6H_8O_6$）：纯度≥99%。

（四）标准溶液的配制

L（+）－抗坏血酸标准溶液（1.000 mg/mL）：称取100 mg（精确至0.1 mg）L（+）－抗坏血酸标准品，溶于偏磷酸溶液或草酸溶液并定容至100 mL。该贮备液在2～8 ℃避光条件下可保存一周。

（五）测定步骤

整个检测过程应在避光条件下进行。

（1）试液制备：称取具有代表性样品的可食部分100 g，放入粉碎机中，加入100 g偏磷酸溶液或草酸溶液，迅速捣成匀浆。准确称取10～40 g匀浆样品（精确至0.01 g）于烧杯中，用偏磷酸溶液或草酸溶液将样品转移至100 mL容量瓶，并稀释至刻度，摇匀后过滤。若滤液有颜色，可按每克样品加0.4 g白陶土脱色后再过滤。

（2）滴定：准确吸取10 mL滤液于50mL锥形瓶中，用标定过的2，6－二氯靛酚溶液滴定，直至溶液呈粉红色15 s不褪色为止。同时做空白试验。

（六）结果计算

$$X=\frac{(V-V_0)\times T\times A}{m}\times 100 \qquad \text{（公式2－24）}$$

式中：

X：试样中L（+）－抗坏血酸含量，单位为毫克每百克（mg/100 g）；

V：滴定试样所消耗2，6－二氯靛酚溶液的体积，单位为毫升（mg/mL）；

V_0：滴定空白所消耗2，6－二氯靛酚溶液的体积，单位为毫升（mL）。

T：2，6－二氯靛酚溶液的滴定度，即每毫升2，6－二氯靛酚溶液相当于抗坏血酸的毫克数（mg/mL）

A：稀释倍数

m：试样质量，单位为克（g）。

计算结果以重复性条件下获得的两次独立测定结果的算术平均值表示，结果保留三位有效数字。

（七）精密度

在重复性条件下获得的两次独立测定结果的绝对差值，在L（+）－抗坏血酸含量大于20 mg/100 g时不得超过算术平均值的2%。在L（+）－抗坏血酸含量小于或等于20 mg/100 g时不得超过算术平均值的5%。

实验四　肉制品中维生素 C 含量的测定

（一）范围

适用肉制品中维生素 C 含量的测定，检出限：2 mg/kg。

（二）原理

试样中的维生素 C 用偏磷酸提取后，经 2，6－二氯靛酚氧化成脱氢维生素 C，与邻苯二胺反应，生成具有紫蓝色荧光的喹噁啉衍生物。在激发波长 350 nm、发射波长 430 nm 处测定其荧光强度，标准曲线法定量。

脱氢维生素 C 与硼酸可形成复合物而不与邻苯二胺反应，以此排除试样中荧光杂质产生的干扰。

（三）试剂及配制

如无特别说明，试剂均采用分析纯。

（1）水：符合 GB/T 6682—1992 规定的三级水。

（2）偏磷酸溶液（c＝50 g/L）：称取 50 g 偏磷酸，用水溶解并稀释至 1 L。

（3）乙酸钠溶液（c＝50 g/L）。

（4）硼酸—乙酸钠溶液：称取 3 g 硼酸，用乙酸钠溶液溶解并稀释至 100 mL。

（5）乙醇溶液［1＋1（体积比）］：量取 50 mL 乙醇，加入 50 mL 水，混匀。

（6）硫脲溶液（c＝30 g/L）：称取 3 g 硫脲，用乙醇溶液溶解并稀释至 100 mL，临用前配制。

（7）盐酸邻苯二胺溶液（c＝200 mg/L）：称取 20 mg 盐酸邻苯二胺，用水溶解并稀释至 100 mL，临用前配制。

（8）2，6－二氯靛酚溶液（c＝2 g/L）：称取 0.2 g 2，6－二氯靛酚，用水溶解并解释至 100 mL。

（9）抗坏血酸标准储备液（c＝1 mg/mL）：称取抗坏血酸 50 mg（准确至 0.1 mg），用偏磷酸溶液溶解并定容到 50 mL 棕色容量瓶中。临用前配制。

（10）抗坏血酸标准中间液（c＝10 mg/L）：吸取 1.00 mL 抗坏血酸标准储备液于 100 mL棕色容量瓶中，用偏磷酸溶液定容。

（11）抗坏血酸标准工作液：吸取 0.20 mL、1.00 mL、5.00 mL、10.00 mL、25.00 mL抗坏血酸标准中间液，分别置于一组 100 mL 容量瓶中，用偏磷酸溶液定容。此标准工作液系列中抗坏血酸浓度依次为 0.2 μg/mL、1.0 μg/mL、5.0 μg/mL、10.0 μg/mL、20.0 μg/mL。

（四）仪器和设备

（1）机械设备：用于样品的均质化。包括高速旋转的切割机，或多孔板的孔径不超过 4 mm 的绞肉机。

（2）荧光分光光度计。

（3）分析天平：可准确称量至 0.1 mg。

（五）取样

实验室所收到的样品应具有代表性，且在运输和储藏过程中没有受损或发生变化。至

少取有代表性的样品 200 g。

取样方法参见 GB/T 9695.19。

（六）试样制备

用适当的机械设备将样品均质。注意避免样品的温度超过 25 ℃。若使用绞肉机，试样至少通过该仪器两次。

将样品装入密封的容器里，防止变质和成分变化。样品应尽快进行分析，均质化后最迟不超过 24 h。

（七）分析步骤

1. 提取

称取试样 2 ～ 5 g（准确至 0.001 g）置于烧杯中，加入 20 mL 偏磷酸溶液，充分搅拌后，全部移入 100 mL 棕色容量瓶中，用偏磷酸溶液定容。混匀后过滤，滤液备用。

2. 氧化

（1）分别吸取分析步骤 1 提取的滤液 1.00 mL 加入两支试管中，分别标为“试样空白”和“试样”。

（2）吸取抗坏血酸标准工作液 1.00 mL 于试管中，不同浓度的标准工作液各取两份，同浓度的标准工作液分别标为“标准”和“标准空白”。

（3）如上（1）（2）向各管中加入 2，6 - 二氯靛酚溶液 0.10 mL，充分混匀，此时溶液呈微红色。再加入硫脲溶液 0.10 mL 摇匀，使过量的 2，6 - 二氯靛酚还原（粉红色刚刚褪去）。向“试样空白”管和“标准空白”管中加入硼酸 - 乙酸钠溶液 1.00 mL；向“试样”管和“标准" 管中加入乙酸钠溶液 1.00 mL。将各试管的混合液摇匀，在室温下放置 15 min。

3. 荧光反应

在暗室迅速向氧化（3）中“试样空白”“试样”“标准空白”和“标准”管各加入 5 mL 盐酸邻苯二胺溶液，振荡混合，在室温下反应 35 min。

4. 测定

用荧光分光光度计于激发波长 350 nm、发射波长 430 nm 处测定各管内溶液的荧光强度。

5. 平行试验

按以上处理步骤，对同一样品进行平行实验测定。

（八）结果计算

样品中维生素 C 的含量按公式 2 - 25 计算：

$$w = \frac{c \times V \times 100}{m \times 1000} \qquad \text{（公式 2 - 25）}$$

在公式 2 - 25 中：

w：样品中维生素 C 的含量，单位为毫克每百克（mg/100 g）；

c：从标准曲线上查得的试样溶液中维生素 C 的浓度，单位微克每毫升（μg/mL）；

V：样品溶液第一次定容的体积，单位为毫升（mL）；

m：样品质量，单位为克（g）。

结果保留至小数点后第一位。

（九）精密度

同一分析者在同一实验室、采用同样相同的方法和相同的仪器、在短时间间隔内对同一样品独立测定两次，两次独立测定结果的绝对差值不得超过算术平均值的20%。

实验五　食品中维生素 B_1 含量的测定

方法一　高效液相色谱法

食品中维生素 B_1 含量的测定目前采用 GB 5009.84—2016。

（一）范围

高效液相色谱法适用于食品中维生素 B_1 含量的测定。

（二）原理

样品在稀盐酸介质中恒温水解、中和，再酶解，水解液用碱性铁氰化钾溶液衍生、正丁醇萃取后，经 C_{18} 反相色谱柱分离，用高效液相色谱—荧光检测器检测，外标法定量。

（三）试剂及配制

除非另有说明，本方法所用试剂均为分析纯，水为 GB/T 6682 规定的一级水。

1. 试剂

（1）正丁醇（$C_4H_{10}O$）。

（2）铁氰化钾［$K_3Fe(CN)_6$］。

（3）氢氧化钠（NaOH）。

（4）盐酸（HCl）。

（5）三水乙酸钠（$CH_3COONa \cdot 3H_2O$）。

（6）冰乙酸（CH_3COOH）。

（7）甲醇（CH_3OH）：色谱纯。

（8）五氧化二磷（P_2O_5）或者氯化钙（$CaCl_2$）。

（9）木瓜蛋白酶：应不含维生素 B_1，酶活力≥800 U（活力单位）/mg。

（10）淀粉酶：应不含维生素 B_1，酶活力≥3700 U/g。

2. 试剂配制

（1）铁氰化钾溶液（20 g/L）：称取2 g铁氰化钾，用水溶解并定容至100 mL，摇匀。临用前配制。

（2）氢氧化钠溶液（100 g/L）：称取25 g氢氧化钠，用水溶解并定容至250 mL，摇匀。

（3）碱性铁氰化钾溶液：将5 mL铁氰化钾溶液与200 mL氢氧化钠溶液混合，摇匀。临用前配制。

（4）盐酸溶液（0.1 mol/L）：移取8.5 mL盐酸，加水稀释至1000 mL，摇匀。

（5）盐酸溶液（0.01 mol/L）：量取0.1 mol/L盐酸溶液50 mL，用水稀释并定容至500 mL，摇匀。

（6）乙酸钠溶液（0.05 mol/L）：称取6.80 g乙酸钠，加900 mL水溶解，用冰乙酸调pH为4.0～5.0之间，加水定容至1000 mL。经0.45 μm微孔滤膜过滤后使用。

（7）乙酸钠溶液（2.0 mol/L）：称取27.2 g乙酸钠，用水溶解并定容至100 mL，摇匀。

（8）混合酶溶液：称取1.76 g木瓜蛋白酶、1.27 g淀粉酶，加水定容至50 mL，涡旋，使呈混悬状液体，冷藏保存。临用前再次摇匀后使用。

3. 标准品

维生素B_1标准品：盐酸硫胺素（$C_{12}H_{17}ClN_4OS \cdot HCl$），CAS：67－03－8，纯度≥99.0%。

4. 标准溶液配制

（1）维生素B_1标准储备液（500 μg/mL）：准确称取经五氧化二磷或者氯化钙干燥24 h的盐酸硫胺素标准品56.1 mg（精确至0.1 mg），相当于50 mg硫胺素、用0.01 mol/L盐酸溶液溶解并定容至100 mL，摇匀。置于0～4 ℃冰箱中，保存期为3个月。

（2）维生素B_1标准中间液（10.0 μg/mL）：准确移取2.00 mL标准储备液，用水稀释并定容至100 mL，摇匀。临用前配制。

（3）维生素B_1标准系列工作液：吸取维生素B_1标准中间液0 μL、50 μL、100 μL、200 μL、400 μL、800μL、1000 μL，用水定容至10 mL，标准系列工作液中维生素B_1的浓度分别为0 μg/mL、0.0500 μg/mL、0.100 μg/mL、0.200 μg/mL、0.400 μg/mL、0.800 μg/mL、1.00 μg/mL。临用时配制。

（四）仪器和设备

（1）高效液相色谱仪，配置荧光检测器。

（2）分析天平：感量为0.01 g和0.1 mg。

（3）离心机：转速≥4000 r/min。

（4）pH计：精度0.01。

（5）组织捣碎机（最大转速不低于10000 r/min）。

（6）电热恒温干燥箱或高压灭菌锅。

（五）分析步骤

1. 试样的制备

（1）液体或固体粉末样品：将样品混合均匀后，立即测定或于冰箱中冷藏。

（2）新鲜水果、蔬菜和肉类：取500 g左右样品（肉类取250 g），用匀浆机或者粉碎机将样品均质后，制得均匀性一致的匀浆，立即测定或者于冰箱中冷冻保存。

（3）其他含水量较低的固体样品：如含水量在15%左右的谷物，取100 g左右样品，用粉碎机将样品粉碎后，制得均匀性一致的粉末，立即测定或者于冰箱中冷藏保存。

2. 试样溶液的制备

（1）试液提取。称取3～5 g（精确至0.01 g）固体试样或者10～20 g液体试样于100 mL锥形瓶中（带有软质塞子），加60 mL 0.1 mol/L盐酸溶液，充分摇匀，塞上软质塞子，高压灭菌锅中121 ℃保持30 min。水解结束待冷却至40 ℃以下取出，轻摇数次；用pH计指示，用2.0 mol/L乙酸钠溶液调节pH至4.0左右，加入2.0 mL（可根据酶活力不同适当调整用量）混合酶溶液，摇匀后，置于培养箱中 37 ℃过夜（约 16 h）；将酶解液全部转移至 100 mL 容量瓶中，用水定容至刻度，摇匀，离心或者过滤，取上清液备用。

（2）试液衍生化。准确移取上述上清液或者滤液 2.0 mL 于 10 mL 试管中，加入 1.0 mL碱性铁氰化钾溶液，涡旋混匀后，准确加入 2.0 mL 正丁醇，再次涡旋混匀 1.5 min 后静置约 10 min 或者离心，待充分分层后，吸取正丁醇相（上层）经 0.45 μm 有机微孔滤膜过滤，取滤液于 2 mL 棕色进样瓶中，供分析用。若试液中维生素 B_1浓度超出线性范围的最高浓度值，应取上清液稀释适宜倍数后，重新衍生后进样。另取 2.0 mL 标准系列工作液，与试液同步进行衍生化。

注 1：室温条件下衍生产物在 4 h 内稳定。

注 2：试液提取和试液衍生化操作过程应在避免强光照射的环境下进行。

注 3：辣椒干等样品，提取液直接衍生后测定时，维生素 B_1的回收率偏低。提取液经人造沸石净化后，再衍生时维生素 B_1的回收率满足要求。故对于个别特殊样品，当回收率偏低时，样品提取液应净化后再衍生。

具体操作步骤：

装柱：根据待测样品的数量，取适量处理好的活性人造沸石，经滤纸过滤后，放在烧杯中。用少许脱脂棉铺于盐基交换管柱（或层析柱）的底部，加水将棉纤维中的气泡排出，关闭柱塞，加入约 20 mL 水，再加入约 8.0 g（以湿重计，相当于干重 1.0 ~ 1.2 g）经预先处理的活性人造沸石，要求保持盐基交换管中液面始终高过活性人造沸石。活性人造沸石柱床的高度对维生素 B_1测定结果有影响，高度不低于 45 mm。样品提取液的净化：准确加入 20 mL 上述提取液于上述盐基交换管柱（或层析柱）中，使通过活性人造沸石的硫胺素总量约为 2 ~ 5μg，流速约为 1 滴/秒。加入 10 mL 近沸腾的热水冲洗盐基交换柱，流速约为 1 滴/秒，弃去淋洗液，如此重复三次。于交换管下放置 25 mL 刻度试管用于收集洗脱液，分两次加入 20 mL 温度约为 90 ℃的酸性氯化钾溶液，每次 10 mL，流速为 1 滴/秒。待洗脱液凉至室温后，用 250 g/L 酸性氯化钾定容，摇匀，即为试样净化液。

标准溶液的处理：重复上述操作，取 20 mL 维生素 B_1标准使用液（0.1 μg/mL）代替试样提取液，同上用盐基交换管（或层析柱）净化，即得到标准净化液。

3. 仪器参考条件

（1）色谱柱：C_{18}反相色谱柱（粒径 5 μm，250 × 4.6mm）或相当者。

（2）流动相：0.05 mol/L 乙酸钠溶液—甲醇（65 + 35）。

（3）流速：0.8 mL/min。

（4）检测波长：激发波长 375 nm，发射波长 435 nm。

（5）进样量：20 μL。

4. 标准曲线的制作

将标准系列工作液衍生物注入高效液相色谱仪中，测定相应的维生素 B_1峰面积，以标准工作液的浓度（μg/mL）为横坐标，以峰面积为纵坐标，绘制标准曲线。

5. 试样溶液的测定

按照色谱条件，将试样衍生物溶液注入高效液相色谱仪中，得到维生素 B_1的峰面积，根据标准曲线计算得到待测液中维生素 B_1的浓度。

(六) 结果计算

试样中维生素 B_1（以硫胺素计）含量按公式 2－26 计算：

$$X = \frac{c \times V \times f}{m \times 1000} \times 100 \quad （公式 2－26）$$

在公式 2－26 中：

X：样品中维生素 B_1（以硫胺素）的含量，单位为毫克每百克（mg/100 g）；

c：从标准曲线计算得的样品溶液（提取液）中维生素 B_1的浓度，单位微克每毫升（μg/mL）。

V：样品溶液（提取液）的定容体积，单位为毫升（mL）；

f：样品溶液（上清液）衍生前的稀释倍数；

m：样品质量，单位为克（g）。

计算结果以重复性条件下获得的两次独立测定结果的算术平均值表示，结果保留三位有效数字。

注：样品中测定的硫胺素含量乘以换算系数 1.121，即得盐酸硫胺素的含量。

(七) 精密度

(1) 在重复性条件下获得的两次独立测定结果的绝对差值不得超过算术平均值的 10%。

(2) 当称样量为 10.0 g 时，按照本标准方法的定容体积，食品中维生素 B_1的检出限为 0.03 mg/100 g，定量限为 0.10 mg/100 g。

方法二　荧光分光光度法

(一) 原理

硫胺素在碱性铁氰化钾溶液中被氧化成噻嘧色素，在紫外线照射下，噻嘧色素发出荧光。在给定的条件下，以及没有其他荧光物质干扰时，此荧光之强度与噻嘧色素量成正比，即与溶液中硫胺素量成正比。如试样中含杂质过多，应经过离子交换剂处理，使硫胺素与杂质分离，然后以所得溶液用于测定。

(二) 试剂及配制

除非另有说明，本方法所用试剂均为分析纯，水为 GB/T 6682 规定的二级水。

1. 试剂

(1) 正丁醇（$C_4H_{10}O$）。

(2) 无水硫酸钠（Na_2SO_4）：560 ℃烘烤 6 h 后使用。

(3) 铁氰化钾［$K_3Fe(CN)_6$］。

(4) 氢氧化钠（NaOH）。

(5) 盐酸（HCl）。

(6) 三水乙酸钠（$CH_3COONa \cdot 3H_2O$）。

(7) 冰乙酸（CH3COOH）。

(8) 人造沸石。

（9）硝酸银（$AgNO_3$）。

（10）溴甲酚绿（$C_{21}H_{14}Br_4O_5S$）。

（11）五氧化二磷（P_2O_5）或者氯化钙（$CaCl_2$）。

（12）氯化钾（KCl）。

（13）淀粉酶：不含维生素 B_1，酶活力≥3700 U/g。

（14）木瓜蛋白酶：不含维生素 B_1，酶活力≥800 U（活力单位）/mg。

2. 试剂配制

（1）0.1 mol/L 盐酸溶液：移取 8.5 mL 盐酸，用水稀释并定容至 1000 mL，摇匀。0.01 mol/L 盐酸溶液：量取 0.1 mol/L 盐酸溶液 50 mL，用水稀释并定容至 500 mL，摇匀。

（2）2 mol/L 乙酸钠溶液：称取 272 g 乙酸钠，用水溶解并定容至 1000 mL，摇匀。混合酶液：称取 1.76 g 木瓜蛋白酶、1.27 g 淀粉酶，加水定容至 50 mL，涡旋，使呈混悬状液体，冷藏保存。临用前再次摇匀后使用。

（3）氯化钾溶液（250 g/L）：称取 250 g 氯化钾，用水溶解并定容至 1000 mL，摇匀。

（4）酸性氯化钾（250 g/L）：移取 8.5 mL 盐酸，用 250 g/L 氯化钾溶液稀释并定容至 1000 mL，摇匀。

（5）氢氧化钠溶液（150 g/L）：称取 150 g 氢氧化钠，用水溶解并定容至 1000 mL，摇匀。

（6）铁氰化钾溶液（10 g/L）：称取 1 g 铁氰化钾，用水溶解并定容至 100 mL，摇匀，于棕色瓶内保存。

（7）碱性铁氰化钾溶液：移取 4 mL10 g/L 铁氰化钾溶液，用 150 g/L 氢氧化钠溶液稀释至 60 mL，摇匀。用时现配，避光使用。

（8）乙酸溶液：量取 30 mL 冰乙酸，用水稀释并定容至 1000 mL，摇匀。

（9）0.01 mol/L 硝酸银溶液：称取 0.17 g 硝酸银，用 100 mL 水溶解后，于棕色瓶中保存。

（10）0.1 mol/L 氢氧化钠溶液：称取 0.4 g 氢氧化钠，用水溶解并定容至 100 mL，摇匀。

（11）溴甲酚绿溶液（0.4 g/L）：称取 0.1 g 溴甲酚绿，置于小研钵中，加入1.4 mL 0.1 mol/L氢氧化钠溶液研磨片刻，再加入少许水继续研磨至完全溶解，用水稀释至 250 mL。

（12）活性人造沸石：称取 200 g 0.25 mm（40 目）～0.42 mm（60 目）的人造沸石于 2000 mL 试剂瓶中，加入 10 倍于其体积的接近沸腾的热乙酸溶液，振荡 10 min，静置后，弃去上清液，再加入热乙酸溶液，重复一次；再加入 5 倍于其体积的接近沸腾的热 250 g/L 氯化钾溶液，振荡 15 min，倒出上清液；再加入乙酸溶液，振荡 10 min，倒出上清液；反复洗涤，最后用水洗直至不含氯离子。氯离子的定性鉴别方法：取 1 mL 上述上清液（洗涤液）于 5 mL 试管中，加入几滴 0.01 mol/L 硝酸银溶液，振荡，观察是否有浑浊产生，如果有浑浊说明还含有氯离子，继续用水洗涤，直至不含氯离子为止。将此活性人造沸石于水中冷藏保存备用。使用时，倒入适量于铺有滤纸的漏斗中，沥干水后称取约 8.0 g 倒入充满水的层析柱中。

3. 标准品

盐酸硫胺素（$C_{12}H_{17}ClN_4OS \cdot HCl$），CAS：67－03－8，纯度≥99.0%。

4. 标准溶液配制

（1）维生素 B_1 标准储备液（100 μg/mL）。

准确称取经氯化钙或者五氧化二磷干燥 24 h 的盐酸硫胺素 112.1 mg（精确至 0.1 mg），相当于硫胺素为 100 mg，用 0.01 mol/L 盐酸溶液溶解，并稀释至 1000 mL，摇匀。于 0～4 ℃冰箱避光保存，保存期为 3 个月。

（2）维生素 B_1 标准中间液（10.0 μg/mL）。

将标准储备液用 0.01 mol/L 盐酸溶液稀释 10 倍，摇匀，在冰箱中避光保存。

（3）维生素 B_1 标准使用液（0.100 μg/mL）。

准确移取维生素 B_1 标准中间液 1.00 mL，用水稀释、定容至 100 mL，摇匀。临用前配制。

（三）仪器和设备

（1）荧光分光光度计。

（2）离心机：转速≥4000 r/min。

（3）pH 计：精度 0.01。

（4）电热恒温箱。

（5）盐基交换管或层析柱（60 mL，300×10 mm 内径）。

（6）天平：感量为 0.01 g 和 0.01 mg。

（四）分析步骤

1. 试样制备

（1）试样预处理。

用匀浆机将样品均质成匀浆，于冰箱中冷冻保存，用时将其解冻混匀使用。干燥试样取不少于 150 g，将其全部充分粉碎后备用。

（2）提取。

准确称取适量试样（估计其硫胺素含量约为 10～30 μg，一般称取 2～10 g 试样），置于 100 mL 锥形瓶中，加入 50 mL 0.1 mol/L 盐酸溶液，使得样品分散开，将样品放入恒温箱中于 121 ℃水解 30 min，结束后，凉至室温后取出。用 2 mol/L 乙酸钠溶液调 pH 为 4.0～5.0 或者用 0.4 g/L 溴甲酚绿溶液为指示剂，滴定至溶液由黄色转变为蓝绿色。酶解：于水解液中加入 2 mL 混合酶液，于 45～50 ℃温箱中保温过夜（16 h）。待溶液凉至室温后，转移至 100 mL 容量瓶中，用水定容至刻度，混匀、过滤，即得提取液。

（3）净化。

装柱：根据待测样品的数量，取适量处理好的活性人造沸石，经滤纸过滤后，放在烧杯中。用少许脱脂棉铺于盐基交换管柱（或层析柱）的底部，加水将棉纤维中的气泡排出，关闭柱塞，加入约 20 mL 水，再加入约 8.0 g（以湿重计，相当于干重 1.0～1.2 g）经预先处理的活性人造沸石，要求保持盐基交换管中液面始终高过活性人造沸石。活性人造沸石柱床的高度对维生素 B_1 测定结果有影响，高度不低于 45 mm。样品提取液的净化：准确加入 20 mL 上述提取液于上述盐基交换管柱（或层析柱）中，使通过活性人造沸石的硫胺素总量约为2～5 μg，流速约为1滴/秒。加入10 mL近沸腾的热水冲洗盐基交换柱，流速约为1滴/秒，弃去淋洗液，如此重复三次。于交换管下放置25 mL刻度试管用于收集洗脱液，分两次加入20 mL温度约为90 ℃的酸性氯化钾溶液，每次10 mL，流速为1滴/秒。待洗脱液凉至室温后，用250 g/L酸性氯化钾定容，摇匀，即为试样净化液。

标准溶液的处理：重复上述操作，取20 mL维生素 B_1 标准使用液（0.1 μg/mL）代替试样提取液，同上用盐基交换管（或层析柱）净化，即得到标准净化液。

（4）氧化。

将5 mL试样净化液分别加入A、B两支已标记的50 mL离心管中。在避光条件下将3 mL 150 g/L氢氧化钠溶液加入离心管A，将3 mL碱性铁氰化钾溶液加入离心管B，涡旋15 s；然后各加入10 mL正丁醇，将A、B管同时涡旋90 s。静置分层后吸取上层有机相于另一套离心管中，加入2～3 g无水硫酸钠，涡旋20 s，使溶液充分脱水，待测定。

用标准的净化液代替试样净化液重复（4）的操作。

2. 测定

（1）荧光测定条件。

激发波长：365 nm；发射波长：435 nm；狭缝宽度：5 nm。

（2）依次测定下列荧光强度。

a. 试样空白荧光强度（试样反应管A）；

b. 标准空白荧光强度（标准反应管A）；

c. 试样荧光强度（试样反应管B）；

d. 标准荧光强度（标准反应管B）。

（五）结果计算

试样中维生素 B_1（以硫胺素计）的含量按公式2－27计算：

$$X = \frac{(U - U_b) \times c \times V}{(S - S_b)} \times \frac{V_1 \times f}{V_2 \times m} \times \frac{100}{1000} \quad （公式2－27）$$

在公式2－27中：

X：试样中维生素 B_1（以硫胺素计）的含量，单位为毫克每100克（mg/100 g）。

U：试样荧光强度；

U_b：试样空白荧光强度；

S：标准管荧光强度；

S_b：标准管空白荧光强度；

c：硫胺素标准使用液的浓度，单位为微克每毫升（μg/mL）；

V：用于净化的硫胺素标准使用液体积，单位为毫升（mL）；

V_1：试样水解后定容得到的提取液之体积，单位为毫升（mL）；

V_2：试样用于净化的提取液体积，单位为毫升（mL）；

f：试样提取液的稀释倍数；

m：试样质量，单位为克（g）。

注：试样中测定的硫胺素含量乘以换算系数1.121，即得盐酸硫胺素的含量。维生素 B_1 标准在0.2～10 μg之间呈线性关系，可以用单点法计算结果，否则用标准工作曲线法。

以重复性条件下获得的两次独立测定结果的算术平均值表示，结果保留三位有效数字。

（六）精密度

在重复性条件下获得的两次独立测定结果的绝对差值不得超过算术平均值的10%。

（七）其他

检出限为0.04 mg/100 g，定量限为0.12 mg/100 g。

实验六　食品中维生素B_2含量的测定

方法一　高效液相色谱法

（一）范围

维生素B_2含量的测定所采用的国家标准为GB 5009.85—2016，适用于各类食品中维生素B_2的测定。

（二）原理

试样在稀盐酸环境中恒温水解，调pH至6.0～6.5，用木瓜蛋白酶和高峰淀粉酶酶解，定容过滤后，滤液经反相色谱柱分离，高效液相色谱荧光检测器检测，外标法定量。

（三）试剂及配制

除非另有说明，本方法所用试剂均为分析纯，水为GB/T 6682规定的一级水。

1. 试剂

（1）盐酸（HCl）。

（2）冰乙酸（CH_3COOH）。

（3）氢氧化钠（NaOH）。

（4）三水乙酸钠（$CH_3COONa \cdot 3H_2O$）。

（5）甲醇（CH_3OH）：色谱纯。

（6）木瓜蛋白酶：活力单位≥10 U/mg。

（7）高峰淀粉酶：活力单位≥100 U/mg，或性能相当者。

2. 试剂配制

（1）盐酸溶液（0.1 mol/L）：吸取9 mL盐酸，用水稀释并定容至1000 mL。

（2）盐酸溶液（1+1）：量取100 mL盐酸，缓慢倒入100 mL水中，混匀。

（3）氢氧化钠溶液（1 mol/L）：准确称取4 g氢氧化钠，加90 mL水溶解，冷却后定容至100 mL。

（4）乙酸钠溶液（0.1 mol/L）：准确称取13.60 g三水乙酸钠，加900 mL水溶解，用水定容至1000 mL。

（5）乙酸钠溶液（0.05 mol/L）：准确称取6.80 g三水乙酸钠，加900 mL水溶解，用冰乙酸调pH至4.0～5.0，用水定容至1000 mL。

（6）混合酶溶液：准确称取2.345 g木瓜蛋白酶和1.175 g高峰淀粉酶，加水溶解后定容至50 mL。临用前配制。

（7）盐酸溶液（0.12 mol/L）：吸取1 mL盐酸，用水稀释并定容至100 mL。

3. 标准品

维生素 B_2（$C_{17}H_{20}N_4O_6$，CAS 号：83－88－5）：纯度≥98%。

4. 标准溶液配制

（1）维生素 B_2 标准储备液（100 μg/mL）：将维生素 B_2 标准品置于真空干燥器或装有五氧化二磷的干燥器中干燥处理 24h 后，准确称取 10 mg（精确至 0.1 mg）维生素 B_2 标准品，加入 2 mL 盐酸溶液（1＋1）超声溶解后，立即用水转移并定容至 100 mL。混匀后转移入棕色玻璃容器中，在 4 ℃冰箱中贮存，保存期为 2 个月。标准储备液在使用前需要进行浓度校正，校正方法参见 GB 5009.85—2016 食品中维生素 B_2 测定中附录 A。

（2）维生素 B_2 标准中间液（2.00 μg/mL）：准确吸取 2.00 mL 维生素 B_2 标准储备液，用水稀释并定容至 100 mL。临用前配制。

（3）维生素 B_2 标准系列工作液：分别吸取维生素 B_2 标准中间液 0.25 mL、0.50 mL、1.00 mL、2.50 mL、5.00 mL，用水定容至 10 mL，该标准系列浓度分别为 0.05 μg/mL、0.10 μg/mL、0.20 μg/mL、0.50 μg/mL、1.00 μg/mL。临用前配制。

（四）仪器和设备

（1）高效液相色谱仪：带荧光检测器。

（2）天平：感量为 1 mg 和 0.01 mg。

（3）高压灭菌锅。

（4）pH 计：精度 0.01。

（5）涡旋振荡器。

（6）组织捣碎机。

（7）恒温水浴锅。

（8）干燥器。

（9）分光光度计。

（五）分析步骤

1. 试样制备

取样品约 500 g，用组织捣碎机充分打匀均质，分装入洁净棕色磨口瓶中，密封，并做好标记，避光存放备用。称取 2～10 g（精确至 0.01 g）均质后的试样（试样中维生素 B_2 的含量大于 5μg）于 100 mL 具塞锥形瓶中，充分摇匀，塞好瓶塞。将锥形瓶放入高压灭菌锅内，在 121 ℃下保持 30 min，冷却至室温后取出。用 1 mol/L 氢氧化钠溶液调 pH 至 6.0～6.5，加入 2 mL 混合酶溶液，摇匀后，置于 37 ℃培养箱或恒温水浴锅中过夜酶解。将酶解液转移至 100 mL 容量瓶中，加水定容至刻度，用滤纸过滤或离心，取滤液或上清液，过 0.45 μm 水相滤膜作为待测液。

注：操作过程应避免强光照射。不加试样，按同一操作方法做空白试验。

2. 仪器参考条件

（1）色谱柱：C_{18} 柱，柱长 150mm，内径 4.6mm，填料粒径 5 μm，或相当者。

（2）流动相：乙酸钠溶液（0.05 mol/L）—甲醇（65∶35）。

（3）流速：1 mL/min。

（4）柱温：30 ℃。

（5）检测波长：激发波长 462 nm，发射波长 522 nm。

（6）进样体积：20 μL。

3. 标准曲线的制作

将标准系列工作液分别注入高效液相色谱仪中，测定相应的峰面积，以标准工作液的浓度为横坐标，以峰面积为纵坐标，绘制标准曲线。

4. 试样溶液的测定

将试样溶液注入高效液相色谱仪中，得到相应的峰面积，根据标准曲线得到待测液中维生素 B_2的浓度。

5. 空白试验要求

空白试验溶液色谱图中应不含待测组分峰或其他干扰峰。

（六）结果计算

试样中维生素 B_2的含量按公式 2－28 计算：

$$X = \frac{\rho \times V}{m} \times \frac{100}{1000} \qquad \text{（公式 2－28）}$$

在公式 2－28 中：

X：试样中维生素 B_2（以核黄素计）的含量，单位为毫克每百克（mg/100 g）；

ρ：根据标准曲线计算得到的试样中维生素 B_2的浓度，单位为微克每毫升（μg/mL）；

V：试样溶液的最终定容体积，单位为毫升（mL）；

m：试样质量，单位为克（g）；

100：换算为 100 克样品中含量的换算系数；

1000：将浓度单位 μg/mL 换算为 mg/mL 的换算系数。

结果保留三位有效数字。

（七）精密度

在重复性条件下获得的两次独立测定结果的绝对差值不得超过算术平均值的 10%。

（八）其他

当取样量为 10.00 g 时，方法检出限为 0.02 mg/100 g，定量限为 0.05 mg/100 g。

方法二　荧光分光光度法

（一）范围

维生素 B_2含量的测定所采用的国家标准为 GB 5009.85—2016，适用于各类食品中维生素 B_2的测定。

（二）原理

维生素 B_2在 440～500 nm 波长光照射下发生黄绿色荧光。在稀溶液中其荧光强度与维生素 B_2的浓度成正比。在波长 525 nm 下测定其荧光强度。再加入连二亚硫酸钠，将维生素 B_2还原为无荧光的物质，然后再测定试液中残余荧光杂质的荧光强度，两者之差即为试样中维生素 B_2所产生的荧光强度。

（三）试剂和材料

除非另有说明，本方法所用试剂均为分析纯，水为 GB/T 6682 规定的一级水。

1. 试剂

（1）盐酸（HCl）。

（2）冰乙酸（CH_3COOH）。

（3）氢氧化钠（NaOH）。

（4）三水乙酸钠（$CH_3COONa \cdot 3H_2O$）。

（5）木瓜蛋白酶：活力单位≥10 U/mg。

（6）高峰淀粉酶：活力单位≥100 U/mg，或性能相当者。

（7）硅镁吸附剂：50～150 μm。

（8）丙酮（CH_3COCH_3）。

（9）高锰酸钾（$KMnO_4$）。

（10）过氧化氢（H_2O_2）：30%。

（11）连二亚硫酸钠（$Na_2S_2O_4$）。

2. 试剂配制

（1）盐酸溶液（0.1 mol/L）：吸取 9 mL 盐酸，用水稀释并定容至 1000 mL。

（2）盐酸溶液（1+1）：量取 100 mL 盐酸，缓慢倒入 100 mL 水中，混匀。

（3）乙酸钠溶液（0.1 mol/L）：准确称取 13.60 g 三水乙酸钠，加 900 mL 水溶解，用水定容至 1000 mL。

（4）氢氧化钠溶液（1 mol/L）：准确称取 4 g 氢氧化钠，加 90 mL 水溶解，冷却后定容至 100 mL。

（5）混合酶溶液：准确称取 2.345 g 木瓜蛋白酶和 1.175 g 高峰淀粉酶，加水溶解后定容至 50 mL。临用前配制。

（6）洗脱液：丙酮—冰乙酸—水（5+2+9，体积比）。

（7）高锰酸钾溶液（30 g/L）：准确称取 3 g 高锰酸钾，用水溶解后定容至 100 mL。

（8）过氧化氢溶液（3%）：吸取 10 mL 30% 过氧化氢，用水稀释并定容至 100 mL。

（9）连二亚硫酸钠溶液（200 g/L）：准确称取 20 g 连二亚硫酸钠，用水溶解后定容至 100 mL。此溶液用前配制，保存在冰水浴中，4 h 内有效。

3. 标准品

维生素 B_2（$C_{17}H_{20}N_4O_6$，CAS 号：83-88-5）：纯度≥98%。

4. 标准溶液配制

（1）维生素 B_2 标准储备液（100 μg/mL）：将维生素 B_2 标准品置于真空干燥器或装有五氧化二磷的干燥器中干燥处理 24 h 后，准确称取 10 mg（精确至 0.1 mg）维生素 B_2 标准品，加入 2 mL 盐酸溶液（1+1）超声溶解后，立即用水转移并定容至 100 mL。混匀后转移入棕色玻璃容器中，在 4 ℃冰箱中贮存，保存期 2 个月。标准储备液在使用前需要进行浓度校正，校正方法参见 GB 5009.85—2016 食品中维生素 B_2 测定中附录 A。

（2）维生素 B_2 标准中间液（10 μg/mL）：准确吸取 10 mL 维生素 B_2 标准储备液，用水稀释并定容至 100 mL。在 4 ℃冰箱中避光贮存，保存期为 1 个月。

（3）维生素 B_2标准使用溶液（1 μg/mL）准确吸取 10 mL 维生素 B_2标准中间液，用水定容至 100 mL。此溶液每毫升相当于 1.00 μg 维生素 B_2。在 4 ℃冰箱中避光贮存，保存期为 1 周。

（四）仪器和设备

（1）荧光分光光度计。

（2）天平：感量为 1 mg 和 0.01 mg。

（3）高压灭菌锅。

（4）pH 计：精度 0.01。

（5）涡旋振荡器。

（6）组织捣碎机。

（7）恒温水浴锅。

（8）干燥器。

（9）维生素 B_2吸附柱。

（五）分析步骤

1. 试样制备

（1）试样的水解。

取样品约 500 g，用组织捣碎机充分打匀均质，分装入洁净棕色磨口瓶中，密封，并做好标记，避光存放备用。

称取 2 ～ 10 g（精确至 0.01 g，约含 10 ～ 200 μg 维生素 B_2）均质后的试样于 100 mL 具塞锥形瓶中，加入 60 mL 0.1 mol/L 的盐酸溶液，充分摇匀，塞好瓶塞。将锥形瓶放入高压灭菌锅内，在 121 ℃下保持 30 min，冷却至室温后取出。用氢氧化钠溶液调 pH 至 6.0 ～6.5。

（2）试样的酶解。

加入 2 mL 混合酶溶液，摇匀后，置于 37 ℃培养箱或恒温水浴锅中过夜酶解。

（3）过滤。

将上述酶解液转移至 100 mL 容量瓶中，加水定容至刻度，用干滤纸过滤备用。此提取液在 4 ℃冰箱中可保存一周。

注：操作过程应避免强光照射。

2. 氧化去杂质

视试样中核黄素的含量取一定体积的试样提取液（约含 1 ～ 10μg 维生素 B_2）及维生素 B_2标准使用溶液分别置于 20 mL 的带盖刻度试管中，加水至 15 mL。各管加 0.5 mL 冰乙酸，混匀。加 0.5 mL 30 g/L 高锰酸钾溶液，摇匀，放置 2 min，使氧化去杂质。滴加 3% 过氧化氢溶液数滴，直至高锰酸钾的颜色褪去。剧烈振摇试管，使多余的氧气逸出。

3. 维生素 B_2的吸附和洗脱

（1）维生素 B_2吸附柱。硅镁吸附剂约 1 g 用湿法装入柱，占柱长 1/2 ～ 2/3（约 5 cm）为宜（吸附柱下端用一小团脱脂棉垫上），勿使柱内产生气泡，调节流速约为 60 滴/分钟。

注：可使用等效商品柱。

（2）过柱与洗脱。将全部氧化后的样液及标准液通过吸附柱后，用约 20 mL 热水淋洗样液中的杂质。然后用 5 mL 洗脱液将试样中维生素 B_2洗脱至 10 mL 容量瓶中，再用 3～4 mL 水洗吸附柱，洗出液合并至容量瓶中，并用水定容至刻度，混匀后待测定。

4. 标准曲线的制备

分别精确吸取维生素 B_2标准使用液 0.3 mL、0.6 mL、0.9 mL、1.25 mL、2.5 mL、5.0 mL、10.0 mL、20.0 mL（相当于 0.3 μg、0.6μg、0.9 μg、1.25 μg、2.5 μg、5.0 μg、10.0 μg、20.0 μg 维生素 B_2）或取与试样含量相近的单点标准按 2 和 3 步骤操作。

5. 试样溶液的测定

于激发光波长 440 nm，发射光波长 525 nm，测量试样管及标准管的荧光值。待试样管及标准管的荧光值测量后，在各管的剩余液（约 5～7 mL）中加 0.1 mL 20% 连二亚硫酸钠溶液，立即混匀，在 20 s 内测出各管的荧光值，作各自的空白值。

（六）结果计算

试样中维生素 B_2的含量按公式式 2－29 计算：

$$X=\frac{(A-B)\times S}{(C-D)\times m}\times f\times\frac{100}{1000} \qquad \text{（公式 2－29）}$$

在公式 2－29 中：

X：试样中维生素 B_2（以核黄素计）的含量，单位为毫克每百克（mg/100 g）；

A：试样管的荧光值；

B：试样管空白荧光值；

S：标准管中维生素 B_2的质量，单位为微克（μg）；

C：标准管的荧光值；

D：标准管空白荧光值；

m：试样质量，单位为克（g）；

f：稀释倍数；

100：换算为 100 g 样品中含量的换算系数；

1000：将浓度单位 μg/100 g 换算为 mg/100 g 的换算系数。

计算结果保留至小数点后两位。

（七）精密度

（1）在重复性条件下获得的两次独立测定结果的绝对差值不得超过算术平均值的 10%。

（2）当取样量为 10.00 g 时，方法检出限为 0.006 mg/100 g，定量限为 0.02 mg/100 g。

附录 A　维生素 B_2标准溶液的浓度校正方法

一、标准校正溶液的配制

准确吸取 1.00 mL 维生素 B_2标准储备液，加 1.30 mL 0.1 mol/L 的乙酸钠溶液，用水定容到 10 mL，作为标准测试液。

二、对照溶液的配制

准确吸取 1.00 mL 0.12 mol/L 的盐酸溶液，加 1.30 mL 0.1 mol/L 的乙酸钠溶液，用水定容到 10 mL，作为对照溶液。

三、吸收值的测定

用 1 cm 比色杯于 444 nm 波长下，以对照溶液为空白对照，测定标准校正溶液的吸收值。

四、标准溶液的浓度计算

标准储备液的质量浓度按公式 2－30 计算：

$$\rho = \frac{A_{444} \times 10^4 \times 10}{328} \quad \text{（公式 2－30）}$$

在公式 2－30 中：

ρ：标准储备液的质量浓度，单位为微克每毫升（μg/mL）；

A_{444}：标准测试液在 444 nm 波长下的吸光度值；

10^4：将 1% 的标准溶液浓度单位换算为测定溶液浓度单位（μg/mL）的换算系数；

10：标准储备液的稀释因子；

328：维生素 B_2 在 444 nm 波长下的百分吸光系数 $E_{1\,cm}^{1\%}$，即在 444 nm 波长下，液层厚度为 1 cm 时，浓度为 1% 的维生素 B_2 溶液（盐酸—乙酸钠溶液，pH＝3.8）的吸光度。

（戴　华　冯棋琴）

第五节　食品中钙的测定

水产品可分为鱼类、甲壳类和软体类，水产品不仅是优质蛋白质、不饱和脂肪酸的良好来源，还富含磷、钙、钠、镁等矿物质。海南四面环海，全省海洋渔场面积近 30 万平方千米，可供养殖的沿海滩涂面积 2.57 万公顷。海洋水产有 800 种以上，其中鱼类就有 600 多种，主要的海洋经济鱼类 40 多种，且具有海洋渔场广、品种多、生长快和鱼汛期长等特点，是我国发展热带海洋渔业的理想之地。为了合理、有效地利用渔业资源，促进渔业经济的良性发展，水产品的营养素含量测定及营养价值的评价非常重要。

【问题 1】作为食品检验人员，你有什么方法可以获得海产品中钙的含量？

【问题 2】在钙的含量检测过程中我们需要注意哪些事项？

本实验参照食品安全国家标准《食品中钙的测定》（GB 5009.92—2016）。

方法一　火焰原子吸收光谱法

（一）实验目的

掌握火焰原子吸收光谱法测定食品中钙的原理、方法及步骤。

（二）实验原理

试样经消解处理后，加入镧溶液作为释放剂，经原子吸收火焰原子化，在 422.7 nm 处测定的吸光度值在一定浓度范围内与钙含量成正比，与标准系列比较定量。

（三）主要试剂与仪器

除非另有规定，本方法所用试剂均为优级纯，水为 GB/T 6682 规定的二级水。

1. 主要试剂

（1）硝酸（HNO_3）。

（2）高氯酸（$HClO_4$）。

（3）盐酸（HCl）。

（4）氧化镧（La_2O_3）。

（5）碳酸钙（$CaCO_3$，CAS 号 471 - 34 - 1）：纯度 > 99.99%，或经国家认证并授予标准物质证书的一定浓度的钙标准溶液。

2. 溶液配制

（1）硝酸溶液（5 + 95）：量取 50 mL 硝酸，加入 950 mL 水，混合均匀。

（2）硝酸溶液（1 + 1）：量取 500 mL 硝酸，与 500 mL 水，混合均匀。

（3）盐酸溶液（1 + 1）：量取 500 mL 盐酸，与 500 mL 水，混合均匀。

（4）镧溶液（20 g/L）：称取 23.45 g 氧化镧，先用少量水湿润后再加入 75 mL 盐酸溶液（1 + 1）溶解，转入 1000 mL 容量瓶中，加水定容至刻度，混匀。

（5）钙标准储备液（1000 mg/L）：准确称取 2.4963 g（精确至 0.0001 g）碳酸钙，加盐酸溶液（1 + 1）溶解，移入 1000 mL 容量瓶中，加水定容至刻度，混匀。

（6）钙标准中间液（100 mg/L）：准确吸取钙标准储备液（1000 mg/L）10 mL 于 100 mL 容量瓶中，加硝酸溶液（5 + 95）至刻度，混匀。

（7）钙标准系列溶液：分别吸取钙标准中间液（100 mg/L）0 mL，0.500 mL，1.00 mL，2.00 mL，4.00 mL，6.00 mL 于 100 mL 容量瓶中，另在各容量瓶中加入 5 mL 镧溶液（20 g/L），最后加硝酸溶液（5 + 95）定容至刻度，混匀。此钙标准系列溶液中钙的质量浓度分别为 0 mg/L、0.500 mg/L、1.00 mg/L、2.00 mg/L、4.00 mg/L 和 6.00 mg/L。

注：可根据仪器的灵敏度及样品中钙的实际含量确定标准溶液系列中元素的具体浓度。

3. 仪器和设备

注：所有玻璃器皿及聚四氟乙烯消解内罐均需硝酸溶液（1 + 5）浸泡过夜，用自来水反复冲洗，最后用水冲洗干净。

（1）原子吸收光谱仪：配火焰原子化器，钙空心阴极灯。

（2）分析天平：感量为 1 mg 和 0.1 mg。

（3）微波消解系统：配聚四氟乙烯消解内罐。

（4）可调式电热炉。

（5）可调式电热板。

（6）压力消解罐：配聚四氟乙烯消解内罐。

（7）恒温干燥箱。

（8）马弗炉。

（四）分析步骤

1. 试样制备

注：在采样和试样制备过程中，应避免试样污染。

（1）粮食、豆类样品：样品去除杂物后，粉碎，储于塑料瓶中。

（2）蔬菜、水果、鱼类、肉类等样品：样品用水洗净，晾干，取可食部分制成匀浆，储于塑料瓶中。

（3）饮料、酒、醋、酱油、食用植物油、液态乳等液体样品：将样品摇匀。

2. 试样消解

（1）湿法消解：准确称取固体试样0.2～3 g（精确至0.001 g）或准确移取液体试样0.500～5.00 mL于带刻度消化管中，加入10 mL硝酸、0.5 mL高氯酸，在可调式电热炉上消解（参考条件：120 ℃/0.5～120 ℃/1 h、升至180 ℃/2～180 ℃/4 h、升至200～220 ℃）。若消化液呈棕褐色，再加硝酸，消解至冒白烟，消化液呈无色透明或略带黄色。取出消化管，冷却后用水定容至25 mL，再根据实际测定需要稀释，并在稀释液中加入一定体积的镧溶液（20 g/L），使其在最终稀释液中的浓度为1 g/L，混匀备用，此为试样待测液。同时做试剂空白试验。亦可采用锥形瓶，于可调式电热板上，按上述操作方法进行湿法消解。

（2）微波消解：准确称取固体试样0.2～0.8 g（精确至0.001 g）或准确移取液体试样0.500～3.000 mL于微波消解罐中，加入5 mL硝酸，按照微波消解的操作步骤消解试样，消解条件参考表2－6。

表2－6　微波消解升温程序参考条件

步骤	设定温度（℃）	升温时间（min）	恒温时间（min）
1	120	5	5
2	160	5	10
3	180	5	10

冷却后取出消解罐，在电热板上于140～160 ℃赶酸至1 mL左右。消解罐放冷后，将消化液转移至25 mL容量瓶中，用少量水洗涤消解罐2～3次，合并洗涤液于容量瓶中并用水定容至刻度。根据实际测定需要稀释，并在稀释液中加入一定体积镧溶液（20 g/L）使其在最终稀释液中的浓度为1 g/L，混匀备用，此为试样待测液。同时做试剂空白试验。

（3）压力罐消解：准确称取固体试样0.2～1 g（精确至0.001 g）或准确移取液体试样0.500～5.000 mL于消解内罐中，加入5 mL硝酸。盖好内盖，旋紧不锈钢外套，放入恒温干燥箱，于140 ℃～160 ℃下保持4～5 h。冷却后缓慢旋松外罐，取出消解内罐，放在可调式电热板上于140～160 ℃赶酸至1 mL左右。冷却后将消化液转移至25 mL容量瓶中，用少量水洗涤内罐和内盖2～3次，合并洗涤液于容量瓶中并用水定容至刻度，混匀备用。根据实际测定需要稀释，并在稀释液中加入一定体积的镧溶液（20 g/L），使其在最终稀释液中的浓度为1 g/L，混匀备用，此为试样待测液。同时做试剂空白试验。

（4）干法灰化：准确称取固体试样0.5～5 g（精确至0.001 g）或准确移取液体试样0.500～10.000 mL于坩埚中，小火加热，炭化至无烟，转移至马弗炉中，于550 ℃灰化3～4 h。冷却，取出。对于灰化不彻底的试样，加数滴硝酸，小火加热，小心蒸干，再转入550 ℃马弗炉中，继续灰化1～2 h，至试样呈白灰状，冷却，取出，用适量硝酸溶液

(1+1) 溶解转移至刻度管中，用水定容至 25 mL。根据实际测定需要稀释，并在稀释液中加入一定体积的镧溶液，使其在最终稀释液中的浓度为 1 g/L，混匀备用，此为试样待测液。同时做试剂空白试验。

3. 仪器参考条件

仪器参考条件见表 2-7。

表 2-7 火焰原子吸收光谱法参考条件

元素	波长(nm)	狭缝(nm)	灯电流(mA)	燃烧头高度(mm)	空气流量(L/min)	乙炔流量(L/min)
钙	422.7	1.3	5～15	3	9	2

4. 标准曲线的制作

将钙标准系列溶液按浓度由低到高的顺序分别导入火焰原子化器，测定吸光度值，以标准系列溶液中钙的质量浓度为横坐标，相应的吸光度值为纵坐标，制作标准曲线。

5. 试样溶液的测定

在与测定标准溶液相同的实验条件下，将空白溶液和试样待测液分别导入原子化器，测定相应的吸光度值，与标准系列比较定量。

(五) 结果计算

试样中钙的含量按公式 2-31 计算：

$$X=\frac{(\rho-\rho_0)\times f\times V}{m} \qquad \text{(公式 2-31)}$$

在公式 2-31 中：

X：试样中钙的含量，单位为毫克每千克或毫克每升 (mg/kg 或 mg/L)；

ρ：试样待测液中钙的质量浓度，单位为毫克每升 (mg/L)；

ρ_0：空白溶液中钙的质量浓度，单位为毫克每升 (mg/L)；

f：试样消化液的稀释倍数；

V：试样消化液的定容体积，单位为毫升 (mL)；

m：试样质量或移取体积，单位为克或毫升 (g 或 mL)。

当钙含量≥10.0 mg/kg 或 10.0 mg/L 时，计算结果保留三位有效数字；当钙含量<10.0 mg/kg 或 10.0 mg/L 时，计算结果保留两位有效数字。

(六) 精密度

在重复性条件下获得的两次独立测定结果的绝对差值不得超过算术平均值的 10%。

(七) 其他

以称样量 0.5 g (或 0.5 mL)，定容至 25 mL 计算，方法检出限为 0.5 mg/kg (或 0.5 mg/L)，定量限为 1.5 mg/kg (或 1.5 mg/L)。

方法二　EDTA 滴定法

（一）实验目的

掌握 EDTA 滴定法测定食品中钙的原理、方法及步骤。

（二）实验原理

在适当的 pH 范围内，钙与 EDTA（乙二胺四乙酸二钠）形成金属络合物。以 EDTA 滴定，在达到当量点时，溶液呈现游离指示剂的颜色。根据 EDTA 用量，计算钙的含量。

（三）主要试剂与仪器

除非另有规定，本方法所用试剂均为分析纯，水为 GB/T 6682 规定的三级水。

1. 试剂

（1）氢氧化钾（KOH）。

（2）硫化钠（Na_2S）。

（3）二水合柠檬酸钠（$Na_3C_6H_5O_7 \cdot 2H_2O$）。

（4）乙二胺四乙酸二钠（EDTA，$C_{10}H_{14}N_2O_8Na_2 \cdot 2H_2O$）。

（5）盐酸（HCl）：优级纯。

（6）钙红指示剂（$C_{21}O_7N_2SH_{14}$）。

（7）硝酸（HNO_3）：优级纯。

（8）高氯酸（$HClO_4$）：优级纯。

（9）碳酸钙（$CaCO_3$，CAS 号 471－34－1）：纯度 >99.99%，或经国家认证并授予标准物质证书的一定浓度的钙标准溶液。

2. 溶液配制

（1）氢氧化钾溶液（1.25 mol/L）：称取 70.13 g 氢氧化钾，用水稀释至 1000 mL，混匀。

（2）硫化钠溶液（10 g/L）：称取 1 g 硫化钠，用水稀释至 100 mL，混匀。

（3）柠檬酸钠溶液（0.05 mol/L）：称取 14.7 g 柠檬酸钠，用水稀释至 1000 mL，混匀。

（4）EDTA 溶液：称取 4.5 g EDTA，用水稀释至 1000 mL，混匀，贮存于聚乙烯瓶中，4 ℃保存。使用时稀释 10 倍即可。

（5）钙红指示剂：称取 0.1 g 钙红指示剂，用水稀释至 100 mL，混匀。

（6）盐酸溶液（1＋1）：量取 500 mL 盐酸，与 500 mL 水混合均匀。

（7）钙标准储备液（100.0 mg/L）：准确称取 0.2496 g（精确至 0.0001 g）碳酸钙，加盐酸溶液（1＋1）溶解，移入 1000 mL 容量瓶中，加水定容至刻度，混匀。

3. 仪器

注：所有玻璃器皿均需硝酸溶液（1＋5）浸泡过夜，用自来水反复冲洗，最后用水冲洗干净。

（1）分析天平：感量为 1 mg 和 0.1 mg。

（2）可调式电热炉。

（3）可调式电热板。

（4）马弗炉。

（四）分析步骤

1. 试样制备

注：在采样和试样制备过程中，应避免试样污染。

（1）粮食、豆类样品：样品去除杂物后，粉碎，储于塑料瓶中。

（2）蔬菜、水果、鱼类、肉类等样品：样品用水洗净，晾干，取可食部分制成匀浆，储于塑料瓶中。

（3）饮料、酒、醋、酱油、食用植物油、液态乳等液体样品：将样品摇匀。

2. 试样消解

（1）湿法消解：准确称取固体试样0.2～3 g（精确至0.001 g）或准确移取液体试样0.500～5.000 mL于带刻度消化管中，加入10 mL硝酸、0.5 mL高氯酸，在可调式电热炉上消解（参考条件：120 ℃/0.5～120 ℃/1 h、升至180 ℃/2～180 ℃/4 h、升至200～220 ℃）。若消化液呈棕褐色，再加硝酸，消解至冒白烟，消化液呈无色透明或略带黄色。取出消化管，冷却后用水定容至25 mL，再根据实际测定需要稀释，并在稀释液中加入一定体积的镧溶液（20 g/L），使其在最终稀释液中的浓度为1 g/L，混匀备用，此为试样待测液。同时做试剂空白试验。亦可采用锥形瓶，于可调式电热板上，按上述操作方法进行湿法消解。

（2）干法灰化：准确称取固体试样0.5～5 g（精确至0.001 g）或准确移取液体试样0.500～10.000 mL于坩埚中，小火加热，炭化至无烟，转移至马弗炉中，于550 ℃灰化3～4 h。冷却，取出。对于灰化不彻底的试样，加数滴硝酸，小火加热，小心蒸干，再转入550 ℃马弗炉中，继续灰化1～2 h，至试样呈白灰状，冷却，取出，用适量硝酸溶液（1+1）溶解转移至刻度管中，用水定容至25 mL。根据实际测定需要稀释，并在稀释液中加入一定体积的镧溶液，使其在最终稀释液中的浓度为1 g/L，混匀备用，此为试样待测液。同时做试剂空白试验。

3. 滴定度（T）的测定

吸取0.500 mL钙标准储备液（100.0 mg/L）于试管中，加1滴硫化钠溶液（10 g/L）和0.1 mL柠檬酸钠溶液（0.05 mol/L），加1.5 mL氢氧化钾溶液（1.25 mol/L），加3滴钙红指示剂，立即以稀释10倍的EDTA溶液滴定，至指示剂由紫红色变蓝色为止，记录所消耗的稀释10倍的EDTA溶液的体积。根据滴定结果计算出每毫升稀释10倍的EDTA溶液相当于钙的毫克数，即滴定度（T）。

4. 试样及空白滴定

分别吸取0.100～1.000 mL（根据钙的含量而定）试样消化液及空白液于试管中，加1滴硫化钠溶液（10 g/L）和0.1 mL柠檬酸钠溶液（0.05 mol/L），加1.5 mL氢氧化钾溶液（1.25 mol/L），加3滴钙红指示剂，立即以稀释10倍的EDTA溶液滴定，至指示剂由紫红色变蓝色为止，记录所消耗的稀释10倍的EDTA溶液的体积。

（五）结果计算

试样中钙的含量按公式2－32计算：

$$X = \frac{T \times (V_1 - V_0) V_2 \times 1000}{m \times V_3} \quad \text{（公式 2－32）}$$

在公式 2－32 中：

X：试样中钙的含量，单位为毫克每千克或毫克每升（mg/kg 或 mg/L）；

T：EDTA 滴定度，单位为毫克每毫升（mg/mL）；

V_1：滴定试样溶液时所消耗的稀释 10 倍的 EDTA 溶液的体积，单位为毫升（mL）；

V_0：滴定空白溶液时所消耗的稀释 10 倍的 EDTA 溶液的体积，单位为毫升（mL）；

V_2：试样消化液的定容体积，单位为毫升（mL）；

1000：换算系数；

m：试样质量或移取体积，单位为克或毫升（g 或 mL）；

V_3：滴定用试样待测液的体积，单位为毫升（mL）。

计算结果保留三位有效数字。

（六）精密度

在重复性条件下获得的两次独立测定结果的绝对差值不得超过算术平均值的 10%。

（七）其他

以称样量 4 g（或 4 mL），定容至 25 mL，吸取 1.00 mL 试样消化液测定时，方法的定量限为 100 mg/kg（或 100 mg/L）。

方法三　电感耦合等离子体发射光谱法

（一）实验目的

掌握电感耦合等离子体质谱法测定食品中钙的原理、测定方法及步骤。

（二）实验原理

样品消解后，由电感耦合等离子体发射光谱仪测定，以元素的特征谱线波长定性；待测元素谱线信号强度与元素浓度成正比进行定量分析。

（三）主要试剂与仪器

除非另有规定，本方法所用试剂均为分析纯，水为 GB/T 6682 规定的三级水。

1. 试剂

（1）硝酸（HNO_3）：优级纯或更高纯度。

（2）高氯酸（$HClO_4$）：优级纯或更高纯度。

（3）氩气（Ar）：氩气（≥99.995%）或液氩。

2. 溶液配制

（1）硝酸溶液（5＋95）：取 50 mL 硝酸，缓慢加入 950 mL 水中，混匀。

（2）硝酸—高氯酸（10＋1）：取 10 mL 高氯酸，缓慢加入 100 mL 硝酸中，混匀。

（3）钙元素贮备液（1000 mg/L 或 10000 mg/L）：采用经国家认证并授予标准物质证书的标准贮备液。

（4）标准溶液配制：精确吸取适量钙元素标准贮备液，用硝酸溶液（5＋95）逐级稀释配成混合标准溶液系列，ICP－OES 方法的标准溶液系列质量浓度为 0 mg/L，5.00 mg/L，

20.0 mg/L，50.0 mg/L，80.0 mg/L，100.0 mg/L

注：依据样品溶液中元素质量浓度水平，可适当调整标准系列各元素质量浓度范围。

3. 仪器和设备

（1）电感耦合等离子体发射光谱仪。

（2）天平：感量为0.1 mg和1 mg。

（3）微波消解仪：配有聚四氟乙烯消解内罐。

（4）压力消解器：配有聚四氟乙烯消解内罐。

（5）恒温干燥箱。

（6）可调式控温电热板。

（7）马弗炉。

（8）可调式控温电热炉。

（9）样品粉碎设备：匀浆机、高速粉碎机。

（四）分析步骤

1. 试样制备

（1）干样：豆类、谷物、菌类、茶叶、干制水果、焙烤食品等低含水量样品，取可食部分，必要时经高速粉碎机粉碎均匀；对于固体乳制品、蛋白粉、面粉等呈均匀状的粉状样品，摇匀。

（2）鲜样：蔬菜、水果、水产品等高含水量样品必要时洗净，晾干，取可食部分匀浆均匀；对于肉类、蛋类等样品取可食部分匀浆均匀。

（3）速冻及罐头食品：经解冻的速冻食品及罐头样品，取可食部分匀浆均匀。

（4）液态样品：软饮料、调味品等样品摇匀。

（5）半固态样品：搅拌均匀。

2. 试样消解

注：可根据试样中目标元素的含量水平和检测水平要求选择相应的消解方法及消解容器。

（1）微波消解法：称取固体样品0.2～0.5 g（精确至0.001 g，含水分较多的样品可适当增加取样量至1 g）或准确移取液体试样1.00～3.00 mL于微波消解内罐中，含乙醇或二氧化碳的样品先在电热板上低温加热除去乙醇或二氧化碳，加入5～10 mL硝酸，加盖放置1 h或过夜，旋紧罐盖，按照微波消解仪标准操作步骤进行消解（消解参考条件见表2-8）。冷却后取出，缓慢打开罐盖排气，用少量水冲洗内盖，将消解罐放在控温电热板上或超声水浴箱中，于100 ℃加热30 min或超声脱气2～5 min，用水定容至25 mL或50 mL，混匀备用，同时做空白试验。

表2-8 微波消解参考条件

步骤	控制温度（℃）	升温时间（min）	恒温时间（min）
1	120	5	5

续表 2－8

步骤	控制温度（℃）	升温时间（min）	恒温时间（min）
2	150	5	10
3	190	5	20

（2）压力罐消解法：称取固体干样 0.2～1 g（精确至 0.001 g，含水分较多的样品可适当增加取样量至 2 g）或准确移取液体试样 1.00～5.00 mL 于消解内罐中，含乙醇或二氧化碳的样品先在电热板上低温加热除去乙醇或二氧化碳，加入 5 mL 硝酸，放置 1 h 或过夜，旋紧不锈钢外套，放入恒温干燥箱消解（消解参考条件见表 2－9），于 150～170 ℃消解 4 h，冷却后，缓慢旋松不锈钢外套，将消解内罐取出，在控温电热板上或超声水浴箱中，于 100 ℃加热 30 min 或超声脱气 2～5 min，用水定容至 25 mL 或 50 mL，混匀备用，同时做空白试验。

表 2－9　压力罐消解参考条件

步骤	控制温度（℃）	升温时间（min）	恒温时间（h）
1	80	—	2
2	120	—	2
3	160～170	—	4

（3）湿式消解法：准确称取 0.5～5 g（精确至 0.001 g）或准确移取 2.00～10.00 mL 试样于玻璃或聚四氟乙烯消解器皿中，含乙醇或二氧化碳的样品先在电热板上低温加热除去乙醇或二氧化碳，加 10 mL 硝酸—高氯酸（10＋1）混合溶液，于电热板上或石墨消解装置上消解，消解过程中消解液若变棕黑色，可适当补加少量混合酸，直至冒白烟，消化液呈无色透明或略带黄色，冷却，用水定容至 25 mL 或 50 mL，混匀备用；同时做空白试验。

（4）干式消解法：准确称取 1～5 g（精确至 0.01 g）或准确移取 10.00～15.00 mL 试样于坩埚中，置于 500～550 ℃的马弗炉中灰化 5～8 h，冷却。若灰化不彻底有黑色炭粒，则冷却后滴加少许硝酸湿润，在电热板上干燥后，移入马弗炉中继续灰化成白色灰烬，冷却取出，加入 10 mL 硝酸溶液溶解，并用水定容至 25 mL 或 50 mL，混匀备用；同时做空白试验。

3. 仪器参考条件

优化仪器操作条件，使待测元素的灵敏度等指标达到分析要求，编辑测定方法、选择各待测元素合适分析谱线。仪器操作参考条件如下：观测方式——垂直观测；功率——1150 W；等离子气流量——15 L/min；辅助气流量——0.5 L/min；雾化气气体流量——0.65 L/min；分析泵速——50 r/min。钙元素推荐分析谱线波长为 315.8/317.9。

4. 标准曲线的制作

将标准系列工作溶液注入电感耦合等离子体发射光谱仪中，测定待测元素分析谱线的强度信号响应值，以待测元素的浓度为横坐标，其分析谱线强度响应值为纵坐标，绘制标准曲线。

5. 试样溶液的测定

将空白溶液和试样溶液分别注入电感耦合等离子体发射光谱仪中，测定待测元素分析谱线强度的信号响应值，根据标准曲线得到消解液中待测元素的浓度。

（五）结果计算

试样中待测元素的含量按公式 2－33 计算：

$$X=\frac{(\rho-\rho_0)\times V\times f}{m} \qquad \text{（公式 2－33）}$$

在公式 2－33 中：

X：试样中待测元素含量，单位为毫克每千克或毫克每升（mg/kg 或 mg/L）；

ρ：试样溶液中被测元素质量浓度，单位为微克每升（μg/L）；

ρ_0：试样空白液中被测元素质量浓度，单位为微克每升（μg/L）；

V：试样消化液定容体积，单位为毫升（mL）；

f：试样稀释倍数；

m：试样称取质量或移取体积，单位为克或毫升（g 或 mL）。

计算结果保留三位有效数字。

（六）精密度

样品中各元素含量大于 1 mg/kg 时，在重复性条件下获得的两次独立测定结果的绝对差值不得超过算术平均值的 10%；小于或等于 1 mg/kg 且大于 0.1 mg/kg 时，在重复性条件下获得的两次独立测定结果的绝对差值不得超过算术平均值的 15%；小于或等于 0.1 mg/kg 时，在重复性条件下获得的两次独立测定结果的绝对差值不得超过算术平均值的 20%。

（七）其他

固体样品以 0.5 g 定容体积至 50 mL，液体样品以 2 mL 定容体积至 50 mL 计算。本方法钙元素的检出限和定量限如表 2－10 所示。

表 2－10　钙元素的检出限和定量限

元素	检出限 1（mg/kg）	检出限 2（mg/L）	定量限 1（mg/kg）	定量限 2（mg/L）
钙	5	2	20	5

方法四　电感耦合等离子体质谱法

(一) 实验目的

掌握电感耦合等离子体质谱法测定食品中钙的原理、测定方法及步骤。

(二) 实验原理

试样经消解后，由电感耦合等离子体质谱仪测定，以元素特定质量数（质荷比，m/z）定性，采用外标法，以待测元素质谱信号与内标元素质谱信号的强度比与待测元素的浓度成正比进行定量分析。

(三) 主要试剂与仪器

除非另有说明，本方法所用试剂均为优级纯，水为 GB/T 6682 规定的一级水。

1. 试剂

(1) 硝酸（HNO_3）：优级纯或更高纯度。

(2) 氩气（Ar）：氩气（≥99.995%）或液氩。

(3) 氦气（He）：氦气（≥99.995%）。

(4) 钙元素贮备液（1000 mg/L 或 100 mg/L）：采用经国家认证并授予标准物质证书的标准贮备液。

(5) 钪、锗内标元素贮备液（1000 mg/L）：采用经国家认证并授予标准物质证书的内标标准贮备液。

2. 溶液配制

(1) 硝酸溶液（5+95）：取 50 mL 硝酸，缓慢加入 950 mL 水中，混匀。

(2) 钙元素标准工作溶液：吸取适量钙元素标准贮备液，用硝酸溶液（5+95）逐级稀释配成混合标准工作溶液系列。ICP-MS 方法的标准溶液系列质量浓度为 0 mg/L，0.400 mg/L，2.00 mg/L，4.00 mg/L，12.0 mg/L，20.0 mg/L。

注：依据样品消解溶液中元素质量浓度水平，适当调整标准系列中元素质量浓度范围。

(3) 内标使用液：取适量内标钙元素标准贮备液，用硝酸溶液（5+95）配制合适浓度的内标使用液。ICP-OES 方法的标准溶液系列质量浓度为 0 mg/L，5 mg/L，20 mg/L，50 mg/L，80 mg/L，100 mg/L。

注：内标溶液既可在配制混合标准工作溶液和样品消化液中手动定量加入，亦可由仪器在线加入。

3. 仪器和设备

(1) 电感耦合等离子体质谱仪（ICP-MS）。

(2) 天平：感量为 0.1 mg 和 1 mg。

(3) 微波消解仪：配有聚四氟乙烯消解内罐。

(4) 压力消解罐：配有聚四氟乙烯消解内罐。

(5) 恒温干燥箱。

(6) 控温电热板。

（7）超声水浴箱。

（8）样品粉碎设备：匀浆机、高速粉碎机。

（四）分析步骤

1. 试样制备

（1）干样：对于豆类、谷物、菌类、茶叶、干制水果、焙烤食品等低含水量样品，取可食部分，必要时经高速粉碎机粉碎均匀；对于固体乳制品、蛋白粉、面粉等呈均匀状的粉状样品，摇匀。

（2）鲜样：蔬菜、水果、水产品等高含水量样品必要时洗净、晾干，取可食部分匀浆均匀；对于肉类、蛋类等样品取可食部分匀浆均匀。

（3）速冻及罐头食品：经解冻的速冻食品及罐头样品，取可食部分匀浆均匀。

（4）液态样品：软饮料、调味品等样品摇匀。

（5）半固态样品：搅拌均匀。

2. 试样消解

注：可根据试样中待测元素的含量水平和检测水平要求选择相应的消解方法及消解容器。

（1）微波消解法：称取固体样品 0.2 ～ 0.5 g（精确至 0.001 g，含水分较多的样品可适当增加取样量至 1 g）或准确移取液体试样 1.00 ～ 3.00 mL 于微波消解内罐中，含乙醇或二氧化碳的样品先在电热板上低温加热除去乙醇或二氧化碳，加入 5 ～ 10 mL 硝酸，加盖放置 1 h 或过夜，旋紧罐盖，按照微波消解仪标准操作步骤进行消解（消解参考条件见表 2－11）。冷却后取出，缓慢打开罐盖排气，用少量水冲洗内盖，将消解罐放在控温电热板上或超声水浴箱中，于 100 ℃加热 30 min 或超声脱气 2 ～ 5 min，用水定容至 25 mL 或 50 mL，混匀备用，同时做空白试验。

表 2－11　微波消解参考条件

步骤	控制温度（℃）	升温时间（min）	恒温时间（min）
1	120	5	5
2	150	5	10
3	190	5	20

（2）压力罐消解法：称取固体干样 0.2 ～ 1 g（精确至 0.001 g，含水分较多的样品可适当增加取样量至 2 g）或准确移取液体试样 1.00 ～ 5.00 mL 于消解内罐中，含乙醇或二氧化碳的样品先在电热板上低温加热除去乙醇或二氧化碳，加入 5 mL 硝酸，放置 1 h 或过夜，旋紧不锈钢外套，放入恒温干燥箱消解（消解参考条件见表 2－12），于 150 ～ 170 ℃消解 4 h，冷却后，缓慢旋松不锈钢外套，将消解内罐取出，在控温电热板上或超声水浴箱中，于 100 ℃加热 30 min 或超声脱气 2 ～ 5 min，用水定容至 25 mL 或 50 mL，混匀备用，同时做空白试验。

表 2－12　压力罐消解参考条件

步骤	控制温度（℃）	升温时间（min）	恒温时间（h）
1	80	—	2
2	120	—	2
3	160～170	—	4

3. 仪器参考条件

（1）仪器操作条件：仪器操作条件见表 2－13；元素分析模式为碰撞反应池。

表 2－13　电感耦合等离子体质谱仪操作参考条件

参数名称	参数	参数名称	参数
射频功率	1500 W	雾化器	高盐/同心雾化器
等离子体气流量	15 L/min	采样锥/截取锥	镍/铂锥
载气流量	0.80 L/min	采样深度	8～10 mm
辅助气流量	0.40 L/min	采集模式	跳峰（Spectrum）
氦气流量	4～5 mL/min	检测方式	自动
雾化室温度	2 ℃	每峰测定点数	1～3
样品提升速率	0.3 r/s	重复次数	2～3

（2）测定参考条件：在调谐仪器达到测定要求后，编辑测定方法，根据待测元素的性质选择相应的内标元素。钙元素和内标元素的 m/z 如表 2－14 所示：

表 2－14　钙元素和内标元素的 m/z

元素	m/z	内标
Ca	43	$^{45}Sc/^{72}Ge$

4. 标准曲线的制作

将混合标准溶液注入电感耦合等离子体质谱仪中，测定待测元素和内标元素的信号响应值，以待测元素的浓度为横坐标，待测元素与所选内标元素响应信号值的比值为纵坐标，绘制标准曲线。

5. 试样溶液的测定

将空白溶液和试样溶液分别注入电感耦合等离子体质谱仪中，测定待测元素和内标元素的信号响应值，根据标准曲线得到消解液中待测元素的浓度。

（五）结果计算

1. 低含量待测元素的计算

试样中低含量待测元素的含量按公式2－34计算：

$$X = \frac{(\rho - \rho_0) \times V \times f}{m \times 1000} \quad \text{（公式 2－34）}$$

在公式2－34中：

X：试样中待测元素含量，单位为毫克每千克或毫克每升（mg/kg 或 mg/L）；

ρ：试样溶液中被测元素质量浓度，单位为微克每升（μg/L）；

ρ_0：试样空白液中被测元素质量浓度，单位为微克每升（μg/L）；

V：试样消化液定容体积，单位为毫升（mL）；

f：试样稀释倍数；

m：试样称取质量或移取体积，单位为克或毫升（g 或 mL）；

1000：换算系数。

计算结果保留三位有效数字。

2. 高含量待测元素的计算

试样中高含量待测元素的含量按公式2－35计算：

$$X = \frac{(\rho - \rho_0) \times V \times f}{m} \quad \text{（公式 2－35）}$$

在公式2－35中：

X：试样中待测元素含量，单位为毫克每千克或毫克每升（mg/kg 或 mg/L）；

ρ：试样溶液中被测元素质量浓度，单位为微克每升（μg/L）；

ρ_0：试样空白液中被测元素质量浓度，单位为微克每升（μg/L）；

V：试样消化液定容体积，单位为毫升（mL）；

f：试样稀释倍数；

m：试样称取质量或移取体积，单位为克或毫升（g 或 mL）。

计算结果保留三位有效数字。

（六）精密度

样品中各元素含量大于1 mg/kg时，在重复性条件下获得的两次独立测定结果的绝对差值不得超过算术平均值的10%；小于或等于1 mg/kg且大于0.1 mg/kg时，在重复性条件下获得的两次独立测定结果的绝对差值不得超过算术平均值的15%；小于或等于0.1 mg/kg时，在重复性条件下获得的两次独立测定结果的绝对差值不得超过算术平均值的20%。

（七）其他

固体样品以0.5 g定容体积至50 mL，液体样品以2 mL定容体积至50 mL计算。本方法钙元素的检出限和定量限如表2－15所示：

表 2-15　钙元素的检出限和定量限

元素	检出限 1 (mg/kg)	检出限 2 (mg/L)	定量限 1 (mg/kg)	定量限 2 (mg/L)
钙	1	0.3	3	1

（李彦川　方桂红）

第六节　食品中总黄酮的测定

海南省植物物种资源丰富，是我国著名的“南药”基地。黄酮类化合物广泛分布于植物界中，具有抗菌、抗氧化、降血糖等多种药理活性。近年来，国内外学者陆续对海南各种属植物的化学成分和药理活性进行报道，而黄酮类化合物是海南植物有效成分进一步研究的重点。据文献报道，海南植物中提取分离的黄酮类化合物主要有芹菜素、木犀草素、槲皮素、山柰酚、飞机草素、芦丁及其苷类化合物等，分析分离方法主要为比色法和色谱分析法。

牛大力为豆科崖豆藤属植物美丽崖豆藤 *Millettia speciosa Champ.* 的干燥块根，药食两用，广泛分布于广东、广西、海南、福建、江西、湖北等地，海南万宁是其重要产地。牛大力的市场需求量大，传统中医认为其性平、味甘，具有补虚润肺、壮腰健肾、强筋活络之功效。而现代研究发现，牛大力含有黄酮类、皂苷类、生物碱类、多糖类等多种成分，可用于治疗肺虚咳嗽、腰肌劳损、风湿性关节炎等病症。

【问题 1】在检测食品总黄酮含量时，样品前处理有哪些注意事项？

【问题 2】在总黄酮的检测过程中我们需要注意哪些细节？

方法一　分光光度法

（一）实验目的

掌握分光光度法测定总黄酮的基本原理，熟悉分光光度计的基本操作。

（二）实验原理

黄酮类化合物是具有苯并吡喃环结构的一类天然化合物的总称，一般都具有 4 位羰基，且呈现黄色。黄酮类化合物的 3-羟基、4-羟基或 5-羟基、4-羰基或邻二位酚羟基，与铝盐进行络合反应，在碱性条件下生成红色的络合物。

本方法对样品中黄酮类化合物进行提取纯化后，用分光光度法于 510 nm 波长下测定其吸光度，与芦丁标准品比较，对待测样品中的总黄酮进行定量。

（三）主要试剂与仪器

1. 主要试剂

（1）芦丁标准品。

（2）亚硝酸钠（$NaNO_2$）。
（3）硝酸铝（$Al(NO_3)_3$）。
（4）氢氧化钠（NaOH）。
（5）四氯化碳（CCl_4）。
（6）无水乙醇（C_2H_6O）。
（7）甲醇（CH_3OH）。
（8）香草醛（$C_{10}H_{18}O$）。
（9）聚酰胺树脂。
（10）去离子水（H_2O）。

2. 溶液配制

（1）芦丁标准液：精确称取经105 ℃干燥恒重的芦丁标准品15.0 mg，加甲醇溶解并定容至100 mL，配成150 μg/mL的芦丁标准液。

（2）5%香草醛溶液：称取5 g香草醛，加冰乙酸溶解并定容至100 mL。

3. 仪器和设备

（1）722分光光度计。
（2）索氏提取器。
（3）真空泵。
（4）盐基交换管。
（5）恒温水浴锅。
（6）分液漏斗。

（四）分析步骤

1. 样品处理：

（1）固体样品：称取1～2 g干燥的固体样品，用滤纸包紧，置于索氏提取器中，加入50～100 mL 70%乙醇溶液浸润后，在80 ℃水浴下回流3 h，至提取液无色为止。粗提液冷却后，减压抽滤，并用少量25%乙醇溶液洗涤滤渣，合并滤液。在50 ℃下减压蒸馏，除去其中的乙醇，直至索氏提取器内溶液无醇味。倒出容器内溶液，用30 mL热水分3次洗涤，抽滤后，将滤液倒入分液漏斗中，以75 mL三氯甲烷分3次萃取脱脂，待完全分层后，收集各次下层水溶液并定容至50 mL。

称取1～2 g经预处理的聚酰胺树脂粉末，湿法装柱，用水饱和。吸取上述脱脂后的水溶液1～2 mL，沿层析柱慢慢滴入柱内，放置一定时间，待测液被充分吸附后，用70%乙醇或甲醇洗脱，流速为1.0 mL/min，至流出液基本无色，一般收集10 mL即可。上述洗出液用洗脱剂定容后即可用于测定。

（2）液体样品：准确吸取1.0 mL样品，定容至50 mL后，直接以75 mL四氯化碳分3次萃取脱脂，其余步骤同上。

2. 标准曲线的绘制

吸取芦丁标准液0、0.50、1.00、2.00、3.00、4.00 mL（相当于芦丁0、75、150、300、450、600 μg）移入10 mL刻度比色管中，加入30%乙醇溶液至5 mL，各加5%亚硝酸钠溶液0.3 mL，振摇后放置5 min，加入10%硝酸铝溶液0.3 mL摇匀后放置6 min，加

1.0 mol/L 氢氧化钠溶液 2 mL，用 30% 乙醇定容至刻度。摇匀，放置 15 min，于 510 nm 波长处测定吸光度，以零管为空白，以芦丁含量（μg）为横坐标，以吸光度为纵坐标绘制标准曲线，计算相关系数（r）。

3. 样品测定

根据样品中总黄酮含量高低，取适宜体积待测液，移入 10 mL 刻度比色管中，加入 30% 乙醇溶液至 5 mL，各加 5% 亚硝酸钠溶液 0.3 mL，振摇后放置 5 min，加入 10% 硝酸铝溶液 0.3 mL 摇匀后放置 6 min，加 1.0 mol/L 氢氧化钠溶液 2 mL，用 30% 乙醇定容至刻度。摇匀，放置 15 min，于 510 nm 波长处测定吸光度（样液如果有沉淀，应过滤后测定）。

（五）结果计算

样品中总黄酮的含量按公式 2－36 计算：

$$X = \frac{m_1 \times V_2 \times 100}{m \times V_1 \times 10^6} \quad \text{（公式 2－36）}$$

在公式 2－36 中：

X：样品中总黄酮含量，单位为克每百克或克每百毫升（g/100 g 或 g/100 mL）；

m_1：根据标准曲线计算出待测液中黄酮的量，单位为微克（μg）；

m：样品质量或样品体积，单位为克或毫升（g 或 mL）；

V_1：样品提取液测定用体积，单位为毫升（mL）；

V_2：样品提取液总体积，单位为毫升（mL）。

（六）注意事项

分光光度法随着显色时间的延长，吸光度将略有下降，因此应尽快进行测定。

方法二　高效液相色谱法

（一）实验目的

掌握高效液相色谱法测定总黄酮的基本原理，熟悉高效液相色谱仪的操作方法。

（二）实验原理

植物类样品用石油醚脱脂后，经甲醛加热回流提取，以高效液相色谱法分离，在紫外检测器 360 nm 条件下，以保留时间定性，峰面积定量。

（三）主要试剂与仪器

1. 主要试剂

（1）甲醇（色谱纯）（CH_3OH）。

（2）芦丁标准品。

（3）石油醚。

（4）盐酸（HCl）。

（5）磷酸（H_3PO_4）。

（6）去离子水（H_2O）。

2. 溶液配制

芦丁标准液：精确称取经 105 ℃干燥恒重的芦丁标准品 15.0 mg，加甲醇溶解并定容至100 mL，配成150 μg/mL的芦丁标准液。

3. 仪器和设备

（1）高效液相色谱仪。

（2）紫外检测器。

（3）层析柱。

（4）超声波清洗仪。

（5）索氏提取器。

（6）微孔过滤器（滤膜0.45 μm）。

（四）分析步骤

1. 样品处理

（1）固体样品：称取2.0 g干燥的固体样品，研细，置于索氏提取器中，用石油醚（60～90 ℃）提取脂肪等脂溶性成分，弃去石油醚提取液，剩余物挥去石油醚，加入甲醇50 mL和25% HCl 5 mL，在80 ℃水浴中回流水解1 h，取出后快速冷却至室温，转移至50 mL容量瓶中，甲醇定容，经0.45 μm滤膜过滤，供分析用。

（2）液体样品：准确吸取样品2.0 mL，直接以石油醚萃取脱脂，挥去石油醚后，以甲醇溶解并定容，经微孔滤膜（0.45 μm）滤过后供测定用。

2. 色谱分离条件

（1）色谱柱：CLC－ODS，6 ×150 mm，5 μm。

（2）流动相：0.3%磷酸水溶液：甲醇（V/V）=40：60，临用前用超声波脱气。

（3）流速：1 mL/min。

（4）柱温：40 ℃。

（5）检测波长：360 nm。

（6）灵敏度：0.02 AUFS。

（7）进样量：20 μL。

3. 样品测定

准确吸取样品处理液和标准液各10μL，注入高效液相色谱仪进行分离，以其标准溶液峰的保留时间定性，以其峰面积计算出样品中总黄酮的含量。

（五）结果计算

样品中总黄酮的含量按公式2－37计算：

$$X=\frac{S_1\times c\times V}{S_2\times m} \qquad \text{（公式2－37）}$$

在公式2－37中：

X：样品中总黄酮含量，单位为微克每克（μg/g）或微克每毫升（μg/mL）；

S_1：样品峰面积；

c：标准溶液浓度，单位为微克每毫升（μg/mL）；

S_2：标准溶液峰面积；

V：样品提取液总体积，单位为毫升（mL）；

m：样品质量或样品体积，单位为克（g）或毫升（mL）。

（六）注意事项

（1）与分光光度法比较，高效液相色谱法相对干扰少，重现性好，测定结果更为准确可靠；但操作较为烦琐，费用较高。分光光度法操作简便、快速、易行，所需费用不高；但是易受杂质干扰，稳定性稍差。

（2）样品水解后随着放置时间的延长，总黄酮的含量可能会发生变化，因此样品水解后应尽快测定。

（李彦川　方桂红）

第三章 食品卫生分析检测

第一节　各类食品的感官检验

小明同学6月份在北方刚刚参加完高考，来到海南度假。到了以后他就迫不及待地点了当地的四大名菜：文昌鸡、和乐蟹、东山羊、嘉积鸭，可是上菜之后他就后悔了，光顾着想品尝当地特色美食，却忘了只有自己一个人，吃不了这么多，在大快朵颐之后，他让服务员将剩下的食物打包带回宾馆，回宾馆的路上又看见地摊小贩售卖的水果捞，一时嘴馋买了一份打算拿回宾馆继续品尝。回到宾馆之后因为实在吃得太饱，打算留到第二天再吃。第二天品尝水果捞的时候他发现已经变酸了，犹豫是否还能继续吃其他剩下的食物。

【问题1】在日常生活中，我们如何通过感官评判食品是否能正常食用？

【问题2】对于已经制作烹饪的美食或是打开包装的即食食品如何进行保存？

【问题3】食物变质受到哪些因素影响？

食品的感官检验是根据人的感觉器官对食品的各种质量特征的“感觉”，如味觉、嗅觉、视觉、听觉等，并用语言、文字、符号或数据进行记录，再运用概率统计原理进行统计分析，从而得出结论，对食品的色、香、味、形、质地、口感等各项指标做出评价的方法。食品感官检验是与理化检验、微生物检验并行的重要检测手段，是利用人的感觉器官，对食品的感官性状进行评价的方法。食品检验过程中，检验人员必须掌握相关专业知识技能，充分掌握感官检验技术后才能准确判断食品质量，确保食品安全，避免劣质食品在市场中流通，避免劣质食品危害消费者身心健康。

一、粮食与食用油的感官检验

（一）粮食感官检验

参照中华人民共和国国家标准《食品安全国家标准　粮食》（GB 2715—2016）、《粮油检验粮食、油料的色泽、气味、口味鉴定》（GB/T 5492—2008）、《粮油检验稻谷、大米蒸煮食用品质感官评价方法》（GB/T 15682—2008）。

粮食感官要求见表3-1。

表3-1　粮食感官要求

项目	要求	检验方法
色泽、气味	具有正常粮食的色泽、气味	GB/T 5492
热损伤粒/% 小麦≤	0.5	按GB/T 5494中不完善粒检验的规定，挑拣出热损伤粒，进行称量、计算含量
霉变粒/% 大豆≤ 除大豆外的其他粮食≤	 1.0 2.0	按GB/T 5494中不完善粒检验的规定，挑拣出霉变粒，进行称量、计算含量

注：检测范围适用于供人食用的原粮和成品粮，包括谷物、豆类、薯类等。

1. 实验目的

检测粮食、油料的色泽、气味、口味是否正常。

2. 实验原理

取一定量的样品，去除其中的杂质，在规定条件下，按照规定方法借助感觉器官鉴定其色泽、气味和口味，以“正常”或“不正常”表示。

3. 实验用具

（1）天平：分度值1 g。

（2）谷物选筛。

（3）贴有黑纸的平板（20×40 cm）。

（4）广口瓶。

（5）水浴锅。

注：环境和实验室环境应符合GB/T 10220和GB/T 22505的规定，实验室应符合GB/T 13868的规定。

4. 实验步骤

（1）试样准备试样的扦样、分样按照GB5491执行。样品应去除杂质。

（2）色泽鉴定。

①分取20～50 g样品，放在手掌中均匀地摊平，在散射光线下仔细观察样品的整体颜色和光泽。

②对色泽不易鉴定的样品，根据不同的粮种，取100～150 g样品，在黑色平板（20×40 cm）上均匀地摊成15×20 cm的薄层，在散射光线下仔细观察样品的整体颜色和光泽。

③正常的粮食、油料应具有固有的颜色和光泽。

（3）气味鉴定。

①分取20～50 g样品，放在手掌中用哈气或摩擦的方法，提高样品的温度后，立即嗅其气味。

②对气味不易鉴定的样品，分取20 g样品，放入广口瓶，置于60～70 ℃的水浴锅中，盖上瓶塞，颗粒状样品保温8～10 min，粉末状样品保温3～5 min，开盖嗅辨气味。

③正常的粮食、油料应具有固有的气味。

（4）口味鉴定。

①稻谷、大米按GB/T 20569—2015中附录B执行。

②小麦按GB/T 20571—2006中附录A执行。

③玉米按GB/T 20570—2015中附录B执行。

5. 实验结果

粮食、油料的色泽、气味鉴定结果以“正常”或“不正常”表示，对“不正常”的应加以说明。稻谷、大米、小麦、玉米口味鉴定结果以“正常”或“不正常”表示。品尝评分值不低于60分的为“正常”，低于60分的为“不正常”。对“不正常”的应加以说明。

以米饭感官评价内容与描述为例，如表3－2所示。

表3-2　米饭感官评价内容与描述

评价内容		描述
气味	特有香气	香气浓郁；香气清淡；无香气
	有异味	陈米味和不愉快味
外观结构	颜色	颜色正常，米饭洁白；颜色不正常，发黄、发灰
	光泽	表面对光反射的程度：有光泽、无光泽
	完整性	保持整体的程度：结构紧密；部分结构紧密；部分饭粒爆花
适口性	黏性	黏附牙齿的程度：滑爽、黏性、有无粘牙
	软硬度	臼齿对米饭的压力：软硬适中；偏硬或偏软
	弹性	有嚼劲；无嚼劲；疏松；干燥、有渣
滋味	纯正性	咀嚼时的滋味：甜味、香味以及味道的纯正性、浓淡和持久性
	持久性	
冷饭质地	成团性	冷却后米饭的口感：黏弹性和回生性（成团性、硬度等）
	黏弹性	
	硬度	

（二）食用油感官检验

参照中华人民共和国国家标准《食品安全国家标准　植物油》（GB 2716—2018）、《食品安全国家标准　食用动物油脂》（GB 10146—2015）、《食品安全国家标准　食用油脂制品》（GB 15196—2015）、《植物油脂透明度、气味、滋味鉴定法》（GB/T 5525－2008）。

食用油感官要求见表3－3。

1. 实验目的

检测油脂的透明度、气味、滋味

2. 实验原理

取一定量的样品，在规定的条件下，按照规定方法借助感觉器官观察透明程度、嗅辨气味、品尝滋味。

3. 实验用具

（1）比色管：100 mL，直径25 mm。

（2）恒温水浴锅：0～100 ℃。

（3）乳白色灯泡。

（4）烧杯：100 mL。

（5）温度计：0～100 ℃。

（6）可调电炉：电压220 V，50 Hz，功率小于1000 W。

（7）酒精灯。

表3-3　食用油感官要求

品名	项目	要求	检验方法
植物油	色泽	具有产品应有的色泽	取适量试样置于50 mL烧杯，在自然光下观察色泽。将试样倒入150 mL烧杯中，水浴加热至50 ℃，用玻璃棒迅速搅拌，嗅其气味，用温开水漱口后，品其滋味
	滋味	具有产品应有的气味和滋味，无焦臭、酸败及其他异味	
	气味		
	状态	具有产品应有的状态，无正常视力可见的外来异物	
动物油脂	色泽	具有特有的色泽，呈白色或略带黄色、无霉斑	取适量试样置于白瓷盘中，在自然光下观察色泽和状态。将试样置于50 mL烧杯中，水浴加热至50 ℃，用玻璃棒迅速搅拌，嗅其气味，品其滋味
	滋味	具有特有的气味、滋味，无酸败及其他异味	
	气味		
	状态	无正常视力可见的外来异物	
油脂制品	色泽	具有产品应有的色泽	取适量试样置于白瓷盘中，在自然光下观察色泽和状态。将试样置于50 mL烧杯中，水浴加热至50 ℃，用玻璃棒迅速搅拌，嗅其气味，品其滋味
	滋味	具有产品应有的气味和滋味，无焦臭、无酸败及其他异味	
	气味		
	状态	具有产品应有的形态，质地均匀，无正常视力可见的外来异物	

注：动物油脂仅包括食用猪油、牛油、羊油、鸡油和鸭油；食用油脂制品包括食用氢化油、人造奶油（人造黄油）、起酥油、代可可脂（包括类可可脂）、植脂奶油、粉末油脂。

4. 实验步骤

（1）样品制备。按照GB/T 15687制备实验样品，且样品不需要过滤。

（2）当油脂样品在常温下为液态时，量取试样100 mL注入比色管中，在20 ℃下静置24 h（蓖麻油静置48 h），然后移置乳白色灯泡前（或在比色管后衬以白纸）。观察透明程度，记录观察结果。

（3）当油脂样品在常温下为固态或半固态时，根据该油脂熔点溶解样品，但温度不得高于熔点5 ℃。待样品溶化后，量取试样100 mL注入比色管中，设定恒温水浴温度为产品标准中“透明度”规定的温度，将盛有样品的比色管放入恒温水浴中，静置24 h，然后移置乳白色灯泡前（或在比色管后衬以白纸）。迅速观察透明程度，记录观察结果。

（4）取少量油脂样品注入烧杯中，均匀加温至50 ℃后，离开热源，用玻璃棒边搅边嗅气味。同时品尝样品的滋味。品评人员资格以及品评要求遵照GB/T 5525—2008执行。

5. 实验结果

（1）透明度观察结果用“透明”“微浊”“混浊”字样表示。

（2）气味表示。

①当样品具有油脂固有的气味时，结果用“具有某某油脂固有的气味”表示。

②当样品无味、无异味时，结果用“无味”“无异味”表示。

③当样品有异味时，结果用“有异常气味”表示，再具体说明异味为：哈喇味、酸败

味、溶剂味、汽油味、柴油味、热烟味、腐臭味等。

（3）滋味表示。

①当样品具有油脂固有的滋味时，结果用“具有某某油脂固有的滋味”表示。

②当样品无味、无异味时，结果用“无味”“无异味”表示。

③当样品有异味时，结果用“有异常滋味”表示，再具体说明异味为：哈喇味、酸败味、溶剂味、汽油味、柴油味、热烟味、腐臭味、土味、青草味等。

二、水果与蔬菜感官检验

（一）水果的感官要求与检测方法

参照中华人民共和国国家标准《蔬菜、水果卫生标准的分析方法》（GB/T 5009.38—2003）、中华人民共和国农业行业标准《绿色食品热带、亚热带水果》（NY/T 750—2020）。

热带、亚热带水果感官要求与检测方法见表3－4。

表3－4　热带、亚热带水果感官要求与检测方法

项目	要求	检测方法
果实外观	具有本品种成熟时固有的形状和色泽；果实完整，果形端正，新鲜，无裂果、变质、腐烂、可见异物和机械伤	把样品置于洁净的白瓷盘中，置于自然光线下，品种特征、色泽、新鲜度、机械伤、成熟度、病虫害等用目测法进行检验；气味和滋味采用鼻嗅和口尝方法进行检验
病虫害	无果肉变、病果、虫果、病斑	
气味和滋味	具有该品种正常的气味和滋味，无异味	
成熟度	发育正常，具有适于鲜食或加工要求的成熟度	

（二）蔬菜的感官要求与检测方法

参照中华人民共和国农业行业标准《绿色食品绿叶类蔬菜》（NY/T 743—2020），《绿色食品白菜类蔬菜》（NY/T 654—2020），《绿色食品甘蓝类蔬菜》（NY/T 746—2020），《绿色食品茄果类蔬菜》（NY/T 655—2020），《绿色食品葱蒜类蔬菜》（NY/T 744—2020），《绿色食品豆类蔬菜》（NY/T 748—2020），《绿色食品薯芋类蔬菜》（NY/T 1049—2015），《绿色食品水生蔬菜》（NY/T 1405—2015），《绿色食品笋及笋制品》（NY/T 1048—2012），《绿色食品食用菌》（NY/T 749—2018），《绿色食品食用花卉》（NY/T 1506—2015）。不同蔬菜感官要求与检测方法见表3－5。

表3-5　不同蔬菜感官要求与检测方法

蔬菜类别	要求	检测方法
绿叶类蔬菜	同一品种，具有该品种特有的外形和颜色特征。新鲜、清洁，整齐，紧实（适用时），鲜嫩，切口整齐（如有），无糠心、分蘖、褐茎、抽薹和黄叶。无腐烂、异味、冷害、冻害、病虫害及机械伤。无异常外来水分	品种特征、成热度、新鲜、清洁、腐烂、畸形、开裂、黄叶、抽薹、冷害、冻害、灼伤、病虫害及机械伤害等外观特征用目测法鉴定；病虫害症状不明显面有怀疑者，应剖开检测；异味用嗅的方法鉴定
白菜类蔬菜	同一品种，色泽正常，新鲜，清洁，植株完好，结球较紧实、修整良好；无异味、无异常外来水分；无腐烂、烧心、老帮、焦边、凋萎叶、胀裂、侧芽萌发、抽薹、冻害、病虫害及机械伤。菜薹类蔬菜允许少量花蕾开放，薹茎长度较一致，粗细较均匀，茎叶嫩绿，叶形完整	品种特征、色泽、新鲜、清洁、腐烂、冻害、病虫害及机械伤等外观特征，用目测法鉴定；异味用嗅的方法鉴定；烧心、病虫害症状不明显而有怀疑者，应剖开检测
甘蓝类蔬菜	同一品种，具有品种固有的性状，外观一致；新鲜，清洁；甘蓝结球紧实，整修良好；花椰菜花球圆整，完好，各小花球肉质花茎短缩，花球紧实；色泽一致；无腐烂、畸形、异味、开裂、灼伤、冻害、病虫害及机械伤；无异常外来水分	品种特征、成熟度、新鲜、清洁、腐烂、开裂、冻害、散花、畸形、抽薹、灼伤、病虫害及机械伤害等外观特征用目测法鉴定；病虫害症状不明显面有怀疑者，应剖开检测；异味用嗅的方法鉴定
茄果类蔬菜	同一品种或相似品种；具有本品种应有的形状，成熟适度；果腔充实，果坚实，富有弹性；同一包装大小基本整齐一致。色泽一致，具有本品应有的颜色。具有本产品应有的风味，无异味。果面新鲜、清洁，无肉眼可见杂质。无病虫害伤、机械损伤、腐烂、揉烂、冷害、冻害、畸形、裂果、空洞果、疤痕、色斑等	品种特征、色泽、新鲜、清洁、腐烂、冻害、病虫害及机械伤等外观特征，用目测法鉴定；异味用嗅的方法鉴定；病虫害症状不明显但疑似者，应用刀剖开目测
葱蒜类蔬菜	同一品种，具有本品种应有的形状、色泽和特征，整齐规则，大小均匀，清洁，整齐。具有本品种应有的滋味和气味，无异味。成熟适度，具有适于市场销售或储存要求的成熟度。无机械伤、霉变、腐烂、虫蚀、病斑点、畸形	外观、成熟度及缺陷等感官项目，用目测的方法鉴定；气味用鼻嗅的方法鉴定；滋味用口尝的方法鉴定

续表 3-5

蔬菜类别	要求	检验方法
豆类蔬菜	同一品种或相似品种；不含任何可见杂物外观新鲜、清洁；无失水、皱缩；成熟适度；无异常外来水分；食荚豆类蔬菜要求豆荚鲜嫩，豆荚大小一致、长短均匀；食豆豆类蔬菜籽粒饱满，大小均匀。色泽一致，具有本品种应有的颜色；无病虫害、机械损伤、腐烂、冷害、冻害、畸形色斑等；具有本品种应有的气味，无异味	外观、色泽、缺陷等特征用目测法进行鉴定；气味用嗅觉的方法进行鉴定；缺陷症状不明显而疑似者，应用刀剖开鉴定
薯芋类蔬菜	同一品种或相似品种；薯（芋）形完整，表面清洁无污物；滋味正常，无异味；无裂痕，无腐烂，不干皱；无机械损伤和硬伤；无病虫害造成的损伤；无畸形、冻害、黑心；无明显斑痕；无异常的外来水分	品种特性、外观特征，用目测法鉴定；气味用嗅的方法鉴定；黑心、黑斑、空腔、坏死以及病虫害症状不明显而有怀疑者，应用刀剖开目测
水生蔬菜	同一品种或相似品种；成熟适度；具有产品正常色泽；大小（长短、粗细）基本一致，形态均匀完整；茭白表皮鲜嫩洁白，形丰满，中间膨大部分均匀，茭肉横切面洁白，无脱水有光泽，无色差，茭壳包紧。荸荠形状为圆形或近圆形，饱满圆整；芽群紧凑，无侧芽膨大，表皮为红褐色或深褐色，色泽一致，新鲜，有光泽；无病虫害造成的损伤及机械伤；无黑心、黑斑、腐烂、杂质、霉变	品种特性、成熟度、色泽、新鲜度清洁度、腐烂、畸形、开裂、冻害、病虫害及机械伤害等外观特征，用目测法鉴定；异味用嗅的方法鉴定；黑心、黑斑、坏死以及病虫害症状不明显而有怀疑者，应用刀剖开目测
鲜竹笋	具有同一品种固有色泽；笋形完整、大小基本一致；外壳完整、整洁，无机械损伤、无病虫害腐烂、畸形；笋体切面光滑，肉质脆嫩；具有鲜竹笋正常的气味；无泥土及其他外来杂质	将样品平摊于白色洁净瓷盘内，目视法观察色泽、洁净度、形状、整齐度、组织状态、汤汁、整齐度、缺陷、霉点；鼻闻气味；口尝滋味
食用花卉	同一品种，花朵基本完整，大小均匀，花蕾成熟，新鲜，饱满，无腐烂，无明显病虫害；具有该品种固有的颜色，色泽基本一致；具有该品种固有的香味，无异味；清洁，无外来异物；每批样品中缺陷花的质量不应超过5%	外观、色泽、杂质用目测法；气味用鼻嗅法；随机抽取样品 500 g（精确至 0.1 g），拣出缺陷花，用台秤称量，计算其质量百分比，判定缺陷度

续表 3－5

蔬菜类别	要求	检验方法
食用菌	菇形正常，饱满有弹性，大小一致；具有该食用菌的固有色泽和香味，无酸、臭、霉变、焦煳等异味；无肉眼可见外来异物（包括杂菌）；破损菇≤5%，无虫蛀菇，无霉烂菇	目测法观察菇的形状、大小、菌颗粒和菌粉粗细均匀程度，以及压缩食用菌块形是否规整，手捏法判断菇的弹性；色泽、气味通过目测法和鼻嗅法判定；杂质检测参照 GB/T 12533；随机取样 500 g（精确至 0.1 g），分别拣出破损菇、虫蛀菇、霉烂菇、压缩品残缺块，用台秤称量，分别计算其质量百分比

1. 实验目的

水果和蔬菜可溶性固形物含量的测定。

2. 实验原理

用折射仪测定样液的折射率，从显示器或刻度尺上读出样液的可溶性固形物含量，以蔗糖的质量百分数表示。

3. 实验用具

（1）折射仪：糖度（Brix）刻度为 0.1%；

（2）高速组织捣碎机：转速 10000～12000 r/min；

（3）天平：感量 0.01 g。

4. 实验步骤

（1）样液制备。水果和蔬菜洗净、擦干，取可食部分切碎、混匀，称取适量试样（含水量高的试样一般称取 250 g；含水量低的试样一般称取 125 g 加入适量蒸馏水），放入高速组织捣碎机中捣碎，用两层擦镜纸或四层纱布挤出匀浆汁液测定。

（2）仪器校准。在 20 ℃条件下，用蒸馏水校准折射仪将可溶性固形物含量读数调整至 0。环境温度不在 20 ℃时，按 NY/T 2637—2014 附录 A 中的校正值进行校准。

（3）样液测定。保持测定温度稳定，变幅不超过 ±0.5 ℃。用柔软绒布擦净棱镜表面，滴加 2～3 滴待测样液，使样液均匀分布于整个棱镜表面，对准光源（非数显折射仪应转动消色调节旋钮，使视野分成明暗两部分，再转动棱镜旋钮，使明暗分界线适在物镜的十字交叉点上），记录折射仪读数。无温度自动补偿功能的折射仪，记录测定温度。用蒸馏水和柔软绒布将棱镜表面擦净。测定时应避开强光干扰。

5. 实验结果

（1）有温度自动补偿功能的折射仪。未经稀释的试样，折射仪读数即为试样可溶性固形物含量。加蒸馏水稀释过的试样，其可溶性固形物含量按公式 3－1 计算：

$$X = P \times \frac{m_0 + m_1}{m_0} \qquad \text{（公式 3－1）}$$

在公式 3－1 中：

X：样品可溶性固形物含量，单位为百分率（%）；

P：样液可溶性固形物含量，单位为百分率（%）；

m_0：试样质量，单位为克（g）；

m_1：试样中加入蒸馏水的质量，单位为克（g）。

注：常温下蒸馏水的质量按 1 g/mL 计。

（2）无温度自动补偿功能的折射仪。根据记录的测定温度，从 NY/T 2637—2014 的附录 A 查出校正值。未经稀释过的试样，测定温度低于 20 ℃时，折射仪读数减去校正值即为试样可溶性固形物含量；测定温度高于 20 ℃时，折射仪读数加上校正值即为试性固形物含量。加蒸馏水稀释过的试样，其可溶性固形物含量按公式 3－1 计算。

（3）结果表示。以两次平行测定结果的算术平均值表示，保留一位小数。

（4）允许差。同一试样两次平行测定结果的最大允许绝对差，未经稀释的试样为 0.5%，稀释过的试样为 0.5% 乘以稀释倍数（即试样和所加蒸馏水的总质量与试样质量的比值）。

三、动物性食物的感官检验

（一）畜禽肉的感官检验

参照中华人民共和国国家标准《食品安全国家标准　鲜（冻）畜、禽产品》（GB 2707—2016）。对畜禽肉进行感官鉴别时，一般是按照如下顺序进行：首先是眼看其外观、色泽，特别应注意肉的表面和切口处的颜色与光泽，有无色泽灰暗，是否存在淤血、水肿、囊肿和污染等情况；其次是嗅肉品的气味，不仅要了解肉表面上的气味，还应感知其切开时和试煮后的气味，注意是否有腥臭味；最后用手指按压，触摸以感知其弹性和黏度，结合脂肪以及试煮后肉汤的情况，才能对肉进行综合性的感官评价和鉴别。

1. 实验目的

通过感官检验，掌握新鲜肉、次鲜肉和变质肉的基本判别方法。

2. 实验原理

利用人的感觉器官，通过嗅觉、视觉、味觉、触觉、听觉等，进行检查。

3. 实验材料

购买新鲜猪肉、牛肉、羊肉、鸡肉或鸭肉，在 4 ℃下存放，观察新鲜度的变化情况。准备新鲜肉、次鲜肉、变质肉、刀、剪子、镊子等。

4. 实验方法

（1）外观和色泽的判定。在自然光下观察。注意肉的外部状态、色泽，留心有无干膜、血块、真菌和蝇蛆，并确定肉深层组织的状态和发黏的程度。

（2）气味的判定。这是具有代表性的一项指标。首先判定肉的外部气味，再判定肉深部的气味，要特别注意骨骼周围肌层的气味，因为这些部位最早腐败。新鲜肉具有各种牲畜所特有的气味。当肉腐败变质时，则失去正常的气味，并发出酸臭、霉臭或腐烂的臭味。

气味的判定宜在 15～20 ℃的温度下进行。在较低的温度下，气味不易挥发，判定有一定的困难。在检查大批量肉样时，为了不发生误判，要先检查腐败程度较轻的肉样。为

了比较全面确切地判定肉的气味，必要时还要进行煮沸试验。

（3）弹性的判定。用手指压肉的表面，观察指压凹复平的速度。

（4）煮沸试验。通过煮沸实验观察肉汤的透明度。向烧瓶中装入20～30块（每块重2～3 g）无可见脂肪的肉块，加水浸没，瓶口用玻璃盖盖起，将内容物加热至沸。待肉汤煮沸后，拿去玻璃盖，迅速判定蒸汽的气味。进行本试验时要注意2个辅助指标——肉汤的透明度和肉汤表面浮游脂肪的状态。

根据检查结果，判定为次鲜的肉，必须经过有效的高温处理后才能食用，并迅速用完，不能再储存，不允许用来制作香肠和罐头。品质低劣的变质肉应该作为工业使用或者销毁。

各类肉感官性状特征如表3－6～3－9所示。

表 3－6　鲜猪肉感官性状特征

品名	项目	新鲜肉	次鲜肉	变质肉
鲜猪肉	外观	表面有一层微干或微湿的外膜，呈暗灰色，有光泽，切断面稍湿、不粘手，肉汁透明	表面有一层风干或潮湿的外膜，呈暗灰色，无光泽，切断面的色泽比新鲜的肉暗，有黏性，肉汁混浊	表面外膜极度干燥或粘手，呈灰色或淡绿色、发黏并有霉变现象，切断面也呈暗灰或淡绿色、很黏，肉汁严重浑浊
	气味	具有鲜猪肉正常的气味	在肉的表层能嗅到轻微的氨味、酸味或酸霉味，但在肉的深层却没有这些气味	腐败变质的肉，不论在肉的表层还是深层均有腐臭气味
	弹性	新鲜猪肉质地紧密却富有弹性，用手指按压凹陷后会立即复原	肉质比新鲜肉柔软、弹性小，用指头按压凹陷后不能完全复原	腐败变质肉由于自身被分解严重，组织失去原有的弹性而出现不同程度的腐烂，用指头按压后凹陷，不但不能复原，有时手指还可以把肉刺穿
	脂肪	脂肪呈白色，具有光泽，有时呈肌肉红色，柔软而富于弹性	脂肪呈灰色，无光泽，容易粘手，有时略带油脂酸败味和哈喇味	脂肪表面污秽、有黏液，霉变呈淡绿色，脂肪组织很软，具有油脂酸败气味
	肉汤	肉汤透明、芳香，汤表面聚集大量油滴，油脂的气味和滋味鲜美	肉汤混浊；汤表面浮油滴较少，没有鲜香的滋味，常略有轻微的油脂酸败的气味及味道	肉汤极混浊，汤内漂浮着有如絮状的烂肉片，汤表面几乎无油滴，具有浓厚的油脂酸败或显著的腐败臭味

表 3－7　鲜牛、羊肉感官性状特征

品名	项目	新鲜肉	次鲜肉
鲜牛肉	外观	肌肉有光泽，红色均匀，脂肪洁白或淡黄色	肌肉色稍暗，用刀切开截面尚有光泽，脂肪缺乏光泽
	气味	具有牛肉的正常气味	牛肉稍有氨味或酸味
	黏度	外表微干或有风干的膜，不粘手	外表干燥或粘手，用刀切开的截面上有湿润现象
	弹性	用手指按压后的凹陷能完全恢复	用手指按压后的凹陷恢复慢，且不能完全恢复到原状
	肉汤	牛肉汤，透明澄清，脂肪团聚于肉汤表面，具有牛肉特有的香味和鲜味	稍有混浊，脂肪呈小滴状浮于肉汤表面，香味差或无鲜味

续表 3－7

品名	项目	新鲜肉	次鲜肉
鲜羊肉	外观	肌肉有光泽，红色均匀，脂肪洁白或淡黄色，质坚硬而脆	肌肉色稍暗淡，用刀切开的截面尚有光泽，脂肪缺乏光泽
	气味	有明显的羊肉膻味	羊肉稍有氨味或酸味
	黏度	外表微干或有风干的膜，不粘手	外表干燥或粘手，用刀切开的截面上有湿润现象
	弹性	用手指按压后的凹陷，能立即恢复原状	用手指按压后凹陷恢复慢，且不能完全恢复到原状
	肉汤	肉汤透明澄清，脂肪团聚于肉汤表面，具有羊肉特有的香味和鲜味	肉汤稍有浑浊，脂肪呈小滴状浮于肉汤表面，香味差或无鲜味

表 3－8　鲜光鸡感官性状特征

品名	项目	新鲜肉	次鲜肉	变质肉
鲜光鸡	外观	眼球饱满。皮肤有光泽，因品种不同可呈淡黄、淡红和灰白等颜色，肌肉切面具有光泽	眼球皱缩凹陷，晶体稍显混浊。皮肤色泽转暗，但肌肉切面有光泽	眼球干缩凹陷，晶体混浊。体表无光泽，头颈部常带有暗褐色
	气味	具有鲜鸡肉的正常气味	仅在腹腔内可嗅到轻度不快味，无其他异味	体表和腹腔均有不快味甚至臭味
	黏度	外表微干或微湿润，不粘手	外表干燥或粘手，新切面湿润	外表干燥或粘手腻滑，新切面发黏
	弹性	指压后的凹陷能立即恢复	指压后的凹陷恢复较慢，且不完全恢复	指压后的凹陷不能恢复，且留有明显的痕迹
	肉汤	肉汤澄清透明，脂肪团聚于表面，具有香味	肉汤稍有浑浊，脂肪呈小滴浮于表面，香味差或无褐色	肉汤浑浊，有白色或黄色絮状物，脂肪浮于表面者很少，甚至能嗅到腥臭味

表 3－9　鲜光鸭感官性状特征

品名	项目	老光鸭	嫩光鸭
鲜光鸭	体表	鸭身表面干净光滑，无小毛	鸭身表面不光滑，有小毛存在
	色泽	皮色淡黄	皮色雪白光润
	嘴筒	手感坚硬，呈灰色	手感较软，呈灰白色
	气管	手摸气管是粗的，即大于竹筷直径	手摸气管是细的，即小于竹筷直径
	质量	光鸭质量在 1.5 kg 左右	光鸭质量在 1 kg 左右

（二）水产品感官检验

参照中华人民共和国国家标准《食品安全国家标准　鲜、冻动物性水产品》（GB 2733—2015）、《水产品感官评价指南》（GB/T 37062—2018）。感官鉴别水产品及其制品的质量优劣时，主要是通过体表形态、鲜活程度、色泽、气味、肉质的弹性和洁净程度等感官指标来进行综合评价的。对于水产品来讲，首先是观察其鲜活程度如何，是否具备一定的生命活力；其次是看外观形体的完整性，注意有无伤痕、鳞爪脱落、骨肉分离等现象；再次是观察其体表卫生洁净程度，即有无污秽物和杂质等；最后才是看其色泽，嗅其气味，有必要的话还要品尝其滋味。综上所述再进行感官评价。对于水产制品而言，感官鉴别也主要是外观、色泽、气味和滋味几项内容。其中是否具有该类制品的特有的正常气味与风味，对于做出正确判断有着重要意义。

1. 鲜鱼的感官鉴别

在进行鱼的感官鉴别时，先观察其眼睛和鳃部，然后检查其全身和鳞片，并同时用一块洁净的吸水纸漫吸鳞片上的黏液来观察和嗅闻，鉴别黏液的质量。必要时用竹签刺入鱼肉中，拔出后立即嗅其气味，或者切割小块鱼肉，煮沸后测定鱼汤的气味与滋味。

鲜鱼感官性状特征见表 3－10。

表 3－10　鲜鱼感官性状特征

品名	项目	新鲜鱼	次鲜鱼	变质鱼
鲜鱼	眼球	眼球饱满突出，角膜透明清亮，有弹性，虹膜无血液浸润	眼球不突出，眼角膜起皱，稍变混浊，有时限内溢血发红	眼球塌陷或干瘪，角膜皱缩或有破裂，虹膜红染
	鱼鳃	鳃丝清晰呈鲜红色，黏液透明，具有海水鱼的咸腥味或淡水鱼的土腥味，无异臭味	鳃色变暗呈灰红或灰紫色，黏液轻度腥臭，气味不佳	鳃呈褐色或灰白色，有污秽的黏液，带有不愉快的腐臭气味

续表3-10

品名	项目	新鲜鱼	次鲜鱼	变质鱼
鲜鱼	体表	有透明的黏液，鳞片有光泽且与鱼体贴附紧密，不易脱落（鲳鱼、大黄鱼、小黄鱼除外）	黏液多不透明，鳞片光泽度差且较易脱落，黏液粘腻而混浊	体表暗淡无光，表面附有污秽黏液，鳞片与鱼皮脱离殆尽，具有腐臭味
	肌肉	肌肉坚实有弹性，指压后凹陷立即消失，无异味，肌肉切面有光泽	肌肉稍呈松散，指压后凹陷消失得较慢，稍有腥臭味，肌肉切面有光泽	肌肉松散，易与鱼骨分离，指压时形成的凹陷不能恢复或手指可将鱼肉刺穿
	内脏	内脏体积适中，色泽鲜亮，脊柱界限清晰，无胆汁印染和脊柱红染现象	内脏有轻度胆汁印染，呈黄绿色，有轻度脊柱红染现象	内脏变形、腐败、发臭、呈灰黄色，脊柱周围有重度红染现象

2. 对虾的感官鉴别

对虾的质量优劣，是从色泽、体表、肌肉、气味等方面进行鉴别。

（1）色泽：质量好的对虾，色泽正常，卵黄按不同产期呈现出自然的光泽；质量差的对虾色泽发红，卵黄呈现出不同的暗灰色。

（2）体表：质量好的对虾，虾体清洁而完整，甲壳和尾肢无脱落现象，虾尾未变色或有极轻微的变色；质量差的对虾，虾体不完整，全身黑斑多，甲壳和尾肢脱落，虾尾变色面大。

（3）肌肉：质量好的对虾，肌肉组织坚实紧密，手触弹性好；质量差的对虾，肌肉组织很松弛，手触弹性差。

（4）气味：质量好的对虾，气味正常，无异味感觉；质量差的对虾，气味不正常，一般有异臭味感觉。

3. 海蟹的感官鉴别

（1）体表鉴别。

新鲜海蟹——体表色泽鲜艳，背壳纹理清晰而有光泽。腹部甲壳和中央沟部位的色泽洁白且有光泽，脐上部无胃印。

次鲜海蟹——体表色泽微暗，光泽度差，腹脐部可出现轻微的“印迹”，腹面中央沟色泽变暗。

腐败海蟹——体表及腹部甲壳色暗，无光泽，腹部中沟出现灰褐色斑纹或斑块，或能见到黄色颗粒状滚动物质。

（2）蟹鳃鉴别。

新鲜海蟹——鳃丝清晰，白色或稍带微褐色。

次鲜海蟹——鳃丝尚清晰，色变暗，无异味。

腐败海蟹——鳃丝污秽模糊，呈暗褐色或暗灰色。

（3）肢体和鲜活度鉴别。

新鲜海蟹——刚捕获不久的活蟹，肢体连接紧密，提起蟹体时，不松弛也不下垂。活蟹反应机敏，动作快速有力。

次鲜海蟹——生命力明显衰减的活蟹，反应迟钝，动作缓慢而软弱无力。肢体连接程度较差，提起蟹体时，蟹足轻度下垂或挠动。

腐败海蟹——全无生命的死蟹，已不能活动。肢体连接程度很差，在提起蟹体时蟹足与蟹背呈垂直状态，蟹足残缺不全。

（三）乳与蛋的感官检验

1. 乳的感官检验

对于乳而言，应注意其色泽是否正常、质地是否均匀细腻、滋味是否纯正以及乳香味如何。同时应留意杂质、沉淀、异味等情况，以便作出综合性的评价。评价标准参照中华人民共和国国家标准《食品安全国家标准 生乳》（GB 19301—2010）。

新鲜全脂牛乳呈不透明的白色或略带黄色，脱脂乳和掺水乳呈清白色，乳清呈半透明的黄绿色。白色是由于酪蛋白酸钙及磷酸钙复合物的微粒子和微细的脂肪球对光线的不规则反射和折射所产生。淡黄色来源于饲料中的胡萝卜素、叶黄素和维生素 B_2。鲜乳具有乳香味，微甜。乳香味来自挥发性脂肪酸（乙酸、甲酸较多），加热香味变浓，冷却后减弱，长时间加热则失去香味。甜味来自乳糖。生乳的感官检查是生乳检验首先进行的检验指标，也是日常生活中人们判定生乳能否食用的最常用方法。

（1）采样。根据检验目的可直接采取瓶装成品生乳；也可从牛舍的奶桶中采样，这时应注意先将牛乳混匀，采样器应事先消毒。一般采样量在 200 ～ 250 mL。

（2）检查。取适量试样置于 50 mL 烧杯中，在自然光下观察色泽和组织状态，闻其气味，用温开水漱口，品尝滋味。

（3）评价。依据《食品安全国家标准 生乳》（GB 19301—2010），鲜乳的感官性状特征见表 3 – 11。

表 3 – 11　鲜乳感官性状特征

品名	项目	良质鲜乳	次质鲜乳	劣质鲜乳
鲜乳	色泽	为乳白色或稍带微黄色	色泽较良质鲜乳为差，白色中稍带青色	呈浅粉色或显著的黄绿色，或是色泽灰暗
	组织形态	呈均匀的流体，无沉淀、凝块和机械杂质，无黏稠和浓厚现象	呈均匀的流体，无凝块，但可见少量微小的颗粒，脂肪聚粘表层呈液化状态	呈稠而不匀的溶液状，有乳凝结成的致密凝块或絮状物
	气味	具有乳特有的乳香味，无其他任何异味	乳中固有的香味稍许或有异味	有明显的异味，如酸臭味、牛粪味、金属味、鱼腥味、汽油味等
	滋味	具有鲜乳独具的纯香味，滋味可口而稍甜，无其他任何异常滋味	有微酸味（表明乳已开始酸败），或有其他轻微的异味	有酸味、咸味、苦味等

2. 蛋的感官检验

鲜蛋的感官鉴别分为蛋壳鉴别和打开鉴别。蛋壳鉴别包括眼看、手摸、耳听、鼻嗅等方法，也可借助于灯光透视进行鉴别。打开鉴别是将鲜蛋打开，观察其内容物的颜色、稠度、性状、有无血液、胚胎是否发育、有无异味和臭味等。参照中华人民共和国国家标准《食品安全国家标准 蛋与蛋制品》（GB 2749—2015），鲜蛋的感官性状特征见表3－12。

（1）蛋壳的感官鉴别。

①眼看：即用眼睛观察蛋的外观形状、色泽、清洁程度等。

②手摸：即用手摸素蛋的表面是否粗糙，掂量蛋的轻重，把蛋放在手掌心上翻转等。

③耳听：就是把蛋拿在手上，轻轻抖动使蛋与蛋相互碰击，细听其声，或是手握蛋摇动，听其声音。

④鼻嗅：用嘴向蛋壳上轻轻哈一口热气，然后用鼻子嗅其气味。

（2）鲜蛋的灯光透视鉴别。

灯光透视是指在暗室中用手握住蛋体紧贴在照蛋器的光线洞口上，前后上下左右来回轻轻转动，靠光线的帮助看蛋壳有无裂纹、气室大小、蛋黄移动的影子、内容物的澄明度、蛋内异物，以及蛋壳内表面的霉斑、胚的发育等情况。在市场上无暗室和照蛋设备时，可用手电筒围上暗色纸筒（照蛋端直径稍小于蛋）进行鉴别。如有阳光，也可以用纸筒对着阳光直接观察。

（3）鲜蛋打开鉴别。

将鲜蛋打开，将其内容物置于玻璃平皿或瓷碟上，观察蛋黄与蛋清的颜色、稠度、性状，有无血液，胚胎是否发育，有无异味，等等。

表3－12　鲜蛋感官性状特征

项目	方法	良质鲜蛋	次质鲜蛋	劣质鲜蛋
蛋壳	眼看	蛋壳清洁、完整、无光泽，壳上有一层白霜，色泽鲜明	一类次质鲜蛋：蛋壳有裂纹，格窝现象，蛋壳破损、蛋清外溢或壳外有轻度霉斑等。 二类次质鲜蛋：蛋壳发暗，壳表破碎且破口较大，蛋清大部分流出	蛋壳表面的粉霜脱落，壳色油亮，呈乌灰色或暗黑色，有油样漫出，有较多或较大的霉斑
	手摸	蛋壳粗糙，重量适当	一类次质鲜蛋：蛋壳有裂纹、格窝或破损，手摸有光滑感。 二类次质鲜蛋：蛋壳破碎，蛋白流出。手掂重量轻，蛋拿在手掌上自转时总是一面向下（贴壳蛋）	手摸有光滑感，掂量时过轻或过重

续表 3－12

项目	方法	良质鲜蛋	次质鲜蛋	劣质鲜蛋
蛋壳	耳听	蛋与蛋相互碰击声音清脆，手握蛋摇动无声	蛋与蛋碰击发出哑声（裂纹蛋），手摇动时内容物有流动感	蛋与蛋相互碰击发出嘎嘎声（孵化蛋）、空空声（水花蛋）。手握蛋摇动时内容物有晃动声
	鼻嗅	有轻微的生石灰味	有轻微的生石灰味或轻度霉味	有霉味、酸味、臭味等不良气味
鲜蛋	灯光透视	气室直径小于11毫米，整个蛋呈微红色，蛋黄略见阴影或无阴影，且位于中央，不移动，蛋壳无裂纹	一类次质鲜蛋：蛋壳有裂纹，蛋黄部呈现鲜红色小血圈。 二类次质鲜蛋：透视时可见蛋黄上呈现血环，环中及边缘呈现少许血丝，蛋黄透光度增强而蛋黄周围有阴影，气室大于11毫米，蛋壳某一部位呈绿色或黑色，蛋黄部完整，散如云状，蛋壳膜内壁有霉点，蛋内有活动的阴影	透视时黄，白混杂不清，呈均匀灰黄色，蛋全部或大部不透光，呈灰黑色，蛋壳及内部均有黑色或粉红色毫点，蛋壳某一部分呈黑色且占蛋黄面积的二分之一以上，有圆形黑影（胚胎）
蛋液	颜色	蛋黄、蛋清色泽分明，无异常颜色	一类次质鲜蛋：颜色正常，蛋黄有圆形或网状血红色，蛋清颜色发绿，其他部分正常。 二类次质鲜蛋：蛋黄颜色变浅，色泽分布不均匀，有较大的环状或网状血红色，蛋壳内壁有黄中带黑的粘痕或霉点，蛋清与蛋黄混杂	蛋内液态流体呈灰黄色、灰绿色或暗黄色，内杂有黑色霉斑
	性状	蛋黄呈圆形凸起而完整，并带有韧性，蛋清浓厚、稀稠分明，系带粗白而有韧性，并紧贴蛋黄的两端	一类次质鲜蛋：性状正常或蛋黄呈红色的小血圈或网状直丝。 二类次质鲜蛋：蛋黄扩大，扁平，蛋黄膜增厚发白，蛋黄中呈现大血环，环中或周围可见少许血丝，蛋清变得稀薄，蛋壳内壁有蛋黄的粘连痕迹，蛋清与蛋黄相混杂（蛋无异味），蛋内有小的虫体	蛋清和蛋黄全部变得稀薄浑浊，蛋膜和蛋液中都有霉斑或蛋清呈胶冻样霉变，胚胎形成长大
	气味	具有鲜蛋的正常气味，无异味	具有鲜蛋的正常气味，无异味	有臭味、霉变味或其他不良气味

第二节　食品中有机磷农药的测定

2010年年初，海南豇豆被爆水胺硫磷农药残留超标，全国各地加大了对海南豇豆的检测力度，又在广州、深圳、杭州等地发现海南豇豆残留高毒禁用农药。武汉市农业局规定三个月内暂时禁止任何地区生产的豇豆流入武汉市场。海南各级农业主管部门为此展开了专项调查，尚未发现违规销售高毒农药案例，但事实上，水胺硫磷、甲胺磷等高毒农药在海南仍有销售。

湖北、广东、杭州、合肥等地都发现海南一些地方生产的豇豆农药残留超标，农业部下发了紧急通知，要求各地加强产品生产环节的监督。武汉共销毁有毒豇豆3.6 t，阻止近25 t海南豇豆进入武汉市场。豇豆事件让海南当地的农民、代购商和外省货商蒙受了不小的损失。海南豇豆滞销，价格下滑跌破1元，当地农民因此遭受巨大损失。

【问题1】吃了被农药污染的蔬菜、水果会给身体造成哪些伤害呢?

长期食用被污染的食品，会造成慢性中毒和急性中毒。慢性中毒是指在体内长期积累的微量农药，会对人的肝、肾造成损害，引起贫血、脱皮，甚至可怕的白血病；急性中毒的症状表现更明显，轻则头痛、恶心、呕吐，重则痉挛、昏迷，甚至死亡。

【问题2】消费者应如何学会保护自己，去除一般蔬菜水果上面的残留农药?

一般都要求做到四步措施：一洗、二浸、三烫、四炒。一洗指反复清洗；二浸指将蔬菜放在清水中浸泡30～60 min；三烫指用开水将蔬菜快速烫后捞起；四炒指将烫过捞起的蔬菜根据饮食习惯进行烹调。经过这四个步骤制作出来的蔬菜，可保证残留农药去除95%以上。

方法一　速测卡法（纸片法）

参照中华人民共和国国家标准《蔬菜中有机磷和氨基甲酸酯类农药残留量的快速检测》(GB/T 5009.199—2003)。

(一) 实验目的

掌握酶抑制法测定蔬菜中有机磷和氨基甲酸酯类农药残留量的快速检验方法。

(二) 实验原理

胆碱酯酶可催化靛酚乙酸酯（红色）水解为乙酸与靛酚（蓝色），有机磷或氨基甲酸酯类农药对胆碱酯酶有抑制作用，使催化、水解、变色的过程发生改变，由此可判断出样品中是否有高剂量有机磷或氨基甲酸酯类农药的存在。

(三) 主要试剂与仪器

1. 主要试剂

(1) 固化有胆碱酯酶和靛酚乙酸酯试剂的纸片（速测卡）。

(2) pH为7.5缓冲溶液：分别取15.0 g十二水磷酸氢二钠 [$Na_2HPO_4 \cdot 12H_2O$] 与1.59 g无水磷酸二氢钾 [KH_2PO_4]，用500 mL蒸馏水溶解。

2. 主要仪器

（1）常量天平。

（2）恒温装置（37 ±2）℃。

（四）实验步骤

1. 整体测定法

（1）选取有代表性的蔬菜样品，擦去表面泥土，剪成 1 cm 左右见方碎片，取 5 g 放入带盖瓶中，加入 10 mL 缓冲溶液，振摇 50 次，静置 2 min 以上。

（2）取一片速测卡，用白色药片蘸取提取液，放置 10 min 以上进行预反应，有条件时在 37 ℃恒温装置中放置 10 min。预反应后的药片表面必须保持湿润。

（3）将速测卡对折，用手捏 3 min 或用恒温装置恒温 3 min，使红色药片与白色药片叠合发生反应。

（4）每批测定应设一个缓冲液的空白对照卡。

2. 表面测定法（粗筛法）

（1）擦去蔬菜表面泥土滴 2～3 滴缓冲溶液在蔬菜表面，用另一片蔬菜在滴液处轻轻摩擦。

（2）取一片速测卡，将蔬菜上的液滴滴在白色药片上。

（3）放置 10 min 以上进行预反应，有条件时在 37 ℃恒温装置中放置 10 min。预反应后的药片表面必须保持湿润。

（4）将速测卡对折，用手捏 3 min 或用恒温装置恒温 3 min，使红色药片与白色药片叠合发生反应。

（5）每批测定应设一个缓冲液的空白对照卡。

（五）结果判定

结果以酶被有机磷或氨基甲酸酯类农药抑制（为阳性）、未抑制（为阴性）表示。

与空白对照卡比较，白色药片不变色或略有浅蓝色均为阳性结果。白色药片变为天蓝色或与空白对照卡相同，为阴性结果。

对阳性结果的样品，可用其他分析方法进一步确定具体农药品种和含量。

（六）结果说明

（1）葱、蒜、萝卜、韭菜、芹菜、香菜、茭白、蘑菇及番茄汁液中，含有对酶有影响的植物次生物质，容易产生假阳性。处理这类样品时，可采取整株（体）蔬菜浸提或采用表面测定法。对一些含叶绿素较高的蔬菜，也可采取整株（体）蔬菜浸提的方法，减少色素的干扰。

（2）当温度低于 37 ℃时，酶反应的速度随之放慢，药片加液后放置反应的时间应相对延长，延长时间的确定，应以空白对照卡用手指（体温）捏 3 min 时可以变蓝为准，即可往下操作。注意样品放置的时间应与空白对照卡放置的时间一致才有可比性。空白对照卡不变色的原因有：一是药片表面缓冲溶液加的少，预反应后的药片表面不够湿润；二是温度太低。

（3）红色药片与白色药片叠合反应的时间以 3 min 为准，3 min 后的蓝色会逐渐加深，24 h 后颜色会逐渐褪去。

方法二　酶抑制法

参照中华人民共和国国家标准《蔬菜中有机磷及氨基甲酸酯农药残留量的简易检验方法（酶抑制法）》（GB/T 18630—2002）。

（一）实验目的

掌握酶抑制法测定蔬菜中有机磷和氨基甲酸酯类农药残留量的简易检验方法。

（二）实验原理

有机磷农药及氨基甲酸酯类农药对胆碱酯酶的活性有抑制作用，在一定条件下，其抑制率取决于农药种类及其含量。在 pH 为 7 ～ 8 的溶液中，碘化硫代乙酰胆碱被胆碱酯酶水解，生成硫代胆碱。硫代胆碱具有还原性，能使蓝色的 2，6 - 二氯靛酚褪色，褪色程度与胆碱酯酶活性正相关，可在 600 nm 比色测定，酶活性愈高时，吸光度值愈低。

当样品提取液中有一定量的有机磷农药或氨基甲酸酯类农药存在时，酶活性受到抑制，吸光度值则较高。据此，可判断样品中有机磷农药或氨基甲酸酯类农药的残留情况。样品提取液用氧化剂氧化，可提高某些有机磷农药的抑制率，因而可提高其测定灵敏度，过量的氧化剂要再用还原剂还原，以免干扰测定。

（三）主要试剂与仪器

1. 主要试剂

（1）底物溶液：2% 碘化硫代乙酰胆碱水溶液，1 g 碘化硫代乙酰胆碱，加缓冲液溶解并定容至 50 mL。

（2）缓冲液。

pH 为 7. 71 磷酸盐缓冲液：

A 液：1/15 mol/L 磷酸氢二钠溶液：称取十二水磷酸氢二钠（$Na_2HPO_4 \cdot 12H_2O$）2. 3876 g 加水定容至 100 mL。

B 液：1/15 mol/L 磷酸二氢钾溶液：称取磷酸二氢钾（KH_2PO_4）0. 9078 g 加水定容至 100 mL。

取 A 液 90 mL、B 液 10 mL 混合，即得 pH 为 7. 71 磷酸盐缓冲液。

（3）显色剂：0. 04% 2，6 - 二氯靛酚水溶液。

（4）氧化剂：0. 5% 次氯酸钙水溶液。

（5）还原剂：10% 亚硝酸钠水溶液。

（6）胆碱酯酶液，0. 2 g 酶粉加 10 mL 缓冲液溶解。

（7）脱色剂：活性炭。

（8）丙酮：分析纯。

（9）碳酸钙：分析纯。

2. 主要仪器

分光光度计。

（四）实验步骤

实验步骤以下操作可在 15 ～ 30 ℃温度下进行。

1. 试样的制备

蔬菜样品擦去表面泥水，取代表性食部，剪碎，取2 g置于10 mL烧杯中，加5 mL丙酮浸泡5 min，不时振摇，加0.2 g碳酸钙（对于番茄等酸性较强的样品可加0.3～0.4 g）。若颜色较深，可加0.2 g活性炭，摇匀，过滤。

2. 氧化

取0.5 mL丙酮滤液于5 mL烧杯中，吹干丙酮后，加0.3 mL缓冲液溶解。加入氧化剂0.1 mL，摇匀后放置10 min。再加入还原剂0.3 mL，摇匀。

3. 酶解

加入酶液0.2 mL，摇匀，放置10 min，再加入底物溶液0.2 mL，显色剂0.1 mL，放置5 min后测定。

4. 测定

分光光度计波长调至600 nm，其他按常规操作，读取测定值。

（五）结果判定

1. 测定结果的使用

（1）当测定值在0.7以下时，为未检出。

（2）当测定值在0.7～0.9之间时，为可能检出，但残留量较低。

（3）当测定值为0.9以上时，为检出。

测定值与农药残留量正相关，测定值越高时，说明农药残留量越高。

2. 本方法最低检出浓度

本方法最低检出浓度见表3－13。

表3－13　最低检出浓度

农药	西红柿	黄瓜	茼蒿	生菜	甘蓝
抗蚜威	0.1	0.2	0.1	0.1	0.3
伏杀磷	0.3	0.6	0.2	0.5	0.5
敌敌畏	1.0	0.8	0.8	1.0	1.3
内吸磷	0.5	1.0	0.5	1.0	1.0
辛硫磷	0.5	0.4	0.4	0.5	1.0
西维因	1.0	1.0	0.5	0.5	0.5
甲拌磷	1.0	1.0	0.5	0.2	0.5
敌百虫	0.3	0.8	0.3	0.4	1.0
乐果	0.5	0.5	0.4	0.4	1.5
甲基对硫磷	0.5	0.3	0.3	0.1	0.1
乙酰甲胺磷	0.5	1.0	0.2	0.1	0.5
对硫磷	2.1	1.0	5.0	4.5	4.5
氧化乐果	0.1	0.3	0.1	0.1	0.1

续表 3－13

农药	西红柿	黄瓜	茼蒿	生菜	甘蓝
呋喃丹	3.0	3.0	2.0	2.0	3.0
甲胺磷	10	15	12	15	15
二嗪磷	1.0	3.5	3.0	2.0	3.0

方法三　气相色谱法

参照中华人民共和国国家标准《食品中有机磷农药残留量的测定》（GB/T 5009.20—2003）。

（一）实验目的

掌握果蔬、粮谷中有机磷农药的测定方法，检测市售蔬菜水果有机磷农药残留水平，以了解目前市场销售的果蔬农药的施用情况。

（二）实验原理

含有机磷的试样在富氢焰上燃烧，以 HPO 碎片的形式，放射出波长 526 nm 的特性光。这种光通过滤光片选择后，由光电倍增管接收，转换成电信号，经微电流放大器放大后被记录下来。试样的峰面积或峰高与标准品的峰面积或峰高进行比较定量。

（三）主要试剂与仪器

1. 主要试剂

（1）丙酮（C_3H_6O）。

（2）二氯甲烷（CH_2Cl_2）。

（3）氯化钠（NaCl）。

（4）无水硫酸钠（Na_2SO_4）。

（5）助滤剂（Celite545）。

（6）农药标准品如下。

①敌敌畏（DDVP）：纯度≥99%；

②速灭磷（mevinphos）：顺式纯度≥60%，反式纯度≥40%；

③久效磷（monocrotophos）：纯度≥99%；

④甲拌磷（phorate）：纯度≥98%；

⑤巴胺磷（propetumphos）：纯度≥99%；

⑥二嗪磷（diazinon）：纯度≥98%；

⑦乙嘧硫磷（etrimfos）：纯度≥97%；

⑧甲基嘧啶磷（pirimiphos－methyl）：纯度≥99%；

⑨甲基对硫磷（parathion－methyl）：纯度≥99%；

⑩稻瘟净（kitazine）：纯度≥99%；

⑪水胺硫磷（isocarbophos）：纯度≥99%；

⑫氧化喹硫磷（po-quinalphos）：纯度≥99%；
⑬稻丰散（phenthoate）：纯度≥99.6%；
⑭甲喹硫磷（methidathion）：纯度≥99.6%；
⑮克线磷（phenamiphos）：纯度≥99.9%；
⑯乙硫磷（ethion）：纯度≥95%；
⑰乐果（dimethoate）：纯度≥99.0%；
⑱喹硫磷（quinalphos）：纯度≥98.2%；
⑲对硫磷（parathion）：纯度≥99.0%；
⑳杀螟硫磷（fenitrothion）：纯度≥98.5%。

（7）农药标准溶液的配制：分别准确称取（6）中的①～⑳的标准品，用二氯甲烷为溶剂，分别配制成1.0 mg/mL的标准储备液，贮于冰箱（4 ℃）中，使用时根据各农药品种的仪器响应情况，吸取不同量的标准储备液，用二氯甲烷稀释成混合标准使用液。

2. 主要仪器

（1）组织捣碎机。

（2）粉碎机。

（3）旋转蒸发仪。

（4）气相色谱仪：附有火焰光度检测器（FPD）。

（四）实验步骤

1. 试样的制备

取粮食试样经粉碎机粉碎，过20目筛制成粮食试样；水果、蔬菜试样去掉非可食部分后制成待分析试样。

2. 样品提取

称取25.00 g谷物试样，置于300 mL烧杯中，加入50 mL水和100 mL丙酮，用组织捣碎机提取1～2 min。匀浆液经铺有两层滤纸和约10 g Celite545的布氏漏斗减压抽滤。取滤液100 mL移至500 mL分液漏斗中。

称取50.00 g水果、蔬菜试样，置于300 mL烧杯中，加入50 mL水和100 mL丙酮（提取液总体积为150 mL），用组织捣碎机提取1～2 min。匀浆液经铺有两层滤纸和约10 g Celite545的布氏漏斗减压抽滤。取滤液100 mL移至500 mL分液漏斗中。

3. 样品净化

向2中的滤液分别加入10～15 g氯化钠使溶液处于饱和状态。猛烈振摇2～3 min，静置10 min，使丙酮与水相分层，水相用50 mL二氯甲烷振摇2 min，再静置分层。

将丙酮与二氯甲烷提取液合并经装有20～30 g无水硫酸钠的玻璃漏斗脱水滤入250 mL圆底烧瓶中，再以约40 mL二氯甲烷分数次洗涤容器和无水硫酸钠。洗涤液也并入烧瓶中，用旋转蒸发器浓缩至约2 mL，浓缩液定量转移至5～25 mL容量瓶中，加二氯甲烷定容至刻度。

4. 仪器参考条件

（1）色谱柱。

①玻璃柱2.6 ×3 mm（i. d），填装涂有4.5% DC－200＋2.5% OV－17的Chromosorb

W A W DMCS（80～100 目）的担体。

②玻璃柱 2.6 ×3mm（i. d），填装涂有质量分数为 1.5% 的 QF－1 的 Chromosorb W A W DMCS（60～80 目）的担体。

（2）气体速度：氮气 50 mL/min、氢气 100 mL/min、空气 50 mL/min。

（3）温度：柱箱 240 ℃、汽化室 260 ℃、检测器 270 ℃。

5. 样品测定

吸取 2～5 μL 混合标准液及试样净化液注入色谱仪中，以保留时间定性。以试样的峰高或峰面积与标准比较定量。

（五）结果计算

i 组分有机磷农药的含量按公式 3－2 进行计算。

$$X_i = \frac{A_i \times V_1 \times V_3 \times E_n \times 1000}{A_n \times V_2 \times V_4 \times m \times 1000} \qquad \text{（公式 3－2）}$$

在公式 3－2 中：

X_i：i 组分有机磷农药的含量，单位为毫克每千克（mg/kg）；

A_i：试样中 i 组分的峰面积，积分单位；

A_n：混合标准液中 i 组分的峰面积，积分单位；

V_1：试样提取液的总体积，单位为毫升（mL）；

V_2：净化用提取液的总体积，单位为毫升（mL）；

V_3：浓缩后的定容体积，单位为毫升（mL）；

V_4：进样体积，单位为微升（μL）；

E_n：注入色谱仪中的 i 标准组分的质量，单位为纳克（ng）；

m：试样的质量，单位为克（g）。

计算结果保留两位有效数字。

（六）精密度

在重复性条件下获得的两次独立测定结果的绝对差值不得超过算术平均值的 15%。

方法四　气相色谱双柱法

参照中华人民共和国国家标准《食品安全国家标准 植物源性食品中 90 种有机磷类农药及其代谢物残留量的测定 气相色谱法》（GB 23200.116—2019）。

（一）实验目的

掌握气相色谱双柱法测定植物源性食品中的有机磷类农药及其代谢物残留量，检测市售蔬菜水果有机磷农药残留水平，以了解目前市场销售的果蔬农药的施用情况。

（二）实验原理

试样用乙腈提取，提取液经固相萃取或分散固相萃取净化，使用带火焰光度检测器的气相色谱仪检测，根据双柱色谱峰的保留时间定性，外标法定量。

（三）主要试剂与仪器

1. 主要试剂

（1）乙腈（CH_3CN，CAS 号：75－05－8）。

（2）丙酮（C_3H_6O，CAS 号：67－64－1）：色谱纯。

（3）甲苯（C_7H_8，CAS 号：108－88－3）：色谱纯。

（4）无水硫酸镁（$MgSO_4$，CAS 号：7487－88－9）。

（5）氯化钠（NaCl，CAS 号：7647－14－5）。

（6）乙酸钠（CH_3COONa，CAS 号：127－09－3）。

2. 溶液配制

乙腈－甲苯溶液（3＋1，体积比）：量取 100 mL 甲苯加入 300 mL 乙腈中，混匀。

3. 标准品

90 种有机磷类农药及其代谢物标准品：参见 GB 23200.116—2019 附录 A，纯度≥96%。

4. 标准溶液配制

（1）标准储备溶液（1000 mg/L）：准确称取 10 mg（精确至 0.1 mg）有机磷类农药及其代谢物各标准品，用丙酮溶解并分别定容到 10 mL。标准储备溶液避光且低于－18 ℃保存，有效期一年。

（2）混合标准溶液（Ⅰ、Ⅱ、Ⅲ、Ⅳ、Ⅴ和Ⅵ）：详见 GB 23200.116—2019 附录 A，将 90 种有机磷类农药及其代谢物分成 6 个组，分别准确吸取一定量的单个农药储备溶液于 50 mL 容量瓶中，用丙酮定容至刻度。混合标准溶液，避光 0～4 ℃保存，有效期一个月。

5. 材料

（1）固相萃取柱：石墨化炭黑填料（GCB）500 mg/氨基填料（NH_2）500 mg，6 mL。

（2）乙二胺－N－丙基硅烷硅胶（PSA）：40～60 μm。

（3）十八烷基甲硅烷改性硅胶（C18）：40～60 μm。

（4）陶瓷均质子：2 cm（长）×1 cm（外径）。

（5）微孔滤膜（有机相）：0.22 μm×25 mm。

6. 主要仪器

（1）气相色谱仪：配有双火焰光度检测器（FPD 磷滤光片）。

（2）分析天平：感量 0.1 mg 和 0.01 g。

（3）高速匀浆机：转速不低于 15000 r/min。

（4）离心机：转速不低于 4200 r/min。

（5）组织捣碎机。

（6）旋转蒸发仪。

（7）氮吹仪，可控温。

（8）涡旋振荡器。

（四）实验步骤

1. 试样制备

蔬菜和水果的取样量按照相关标准规定执行，食用菌样品随机取样 1 kg。样品取样部位按 GB 2763 的规定执行。对于个体较小的样品，取样后全部处理；对于个体较大的基本均匀样品，可在对称轴或对称面上分割或切成小块后处理；对于细长扁平或组分含量在各部分有差异的样品，可在不同部位切取或截成小段后处理；将取好的样品切碎，充分混匀，用四分法取样或直接放入组织捣碎机中捣碎成匀浆，放人聚乙烯瓶中。

取谷类样品 500 g，粉碎后使其全部可通过 425 μm 的标准网筛，放入聚乙烯瓶或袋中。

取油料作物、茶叶、坚果和调味料各 500 g，粉碎后充分混匀，放入聚乙烯瓶或袋中。

植物油类搅拌均匀，放入聚乙烯瓶中。

将试样按照测试和备用分别存放，于 -20 ～ -16 ℃条件下保存。

2. 提取净化

（1）蔬菜、水果和食用菌。

称取 20 g（精确到 0.01 g）试样于 150 mL 烧杯中，加入 40 mL 乙腈，用高速匀浆机 15000 r/min 匀浆 2 min，提取液过滤至装有 5 ～ 7 g 氯化钠的 100 mL 具塞量筒中，盖上塞子，剧烈振荡 1 min，在室温下静置 30 min。

准确吸取 10 mL 上清液于 100 mL 烧杯中，80 ℃水浴中氮吹蒸发近干，加入 2 mL 丙酮溶解残余物，盖上铝箔，备用。

将上述备用液完全转移至 15 mL 刻度离心管中，再用约 3 mL 丙酮分 3 次冲洗烧杯，并转移至离心管，最后定容至 5.0 mL，涡旋 0.5 min，用微孔滤膜过滤，待测。

（2）油料作物和坚果。

称取 10 g（精确到 0.01 g）试样于 150 mL 烧杯中，加入 20 mL 水，混匀后，静置 30 min，再加入 50 mL 乙腈，用高速匀浆机 15000 r/min 匀浆 2 min，提取液过滤至装有 5 ～ 7 g氯化钠的 100 mL 具塞量筒中，盖上塞子，剧烈振荡 1 min，在室温下静置 30 min。

准确吸取 8 mL 上清液于 15 mL 刻度离心管中，加入 900 mg 无水硫酸镁、150 mg PSA、150 mg C_{18}，涡旋 0.5 min，4200 r/min 离心 5 min，准确吸取 5 mL 上清液加入 10 mL 刻度离心管中，80 ℃水浴中氮吹蒸发近干，准确加入 1.00 mL 丙酮，涡旋 0.5 min，用微孔滤膜过滤，待测。

（3）谷物。

称取 10 g（精确到 0.01 g）试样于 150 mL 具塞锥形瓶中，加入 20 mL 水浸润 30 min，加入 50 mL 乙腈，在振荡器上以转速为 200 r/min 振荡 30 min，提取液过滤至装有 5 ～ 7 g 氯化钠的 100 mL 具塞量筒中，盖上塞子，剧烈振荡 1 min，在室温下静置 30 min。

准确吸取 10 mL 上清液于 100 mL 烧杯中，80 ℃水浴中氮吹蒸发近干，加入 2 mL 丙酮溶解残余物，盖上铝箔，备用。

将上述溶液完全转移至 10.0 mL 刻度试管中，再用 5 mL 丙酮分 3 次冲洗烧杯，收集淋洗液于刻度试管中，50 ℃水浴氮吹蒸发近干，准确加入 2.00 mL 丙酮，涡旋 0.5 min，用微孔滤膜过滤，待测。

（4）茶叶和调味料。

称取5 g（精确到0.01 g）试样于150 mL具塞锥形瓶中，加入20 mL水浸润30 min，加入50 mL乙腈，用高速匀浆机15000 r/min匀浆2 min，提取液过滤至装有5～7 g氯化钠的100 mL具塞量筒中，盖上塞子，剧烈振荡1 min，在室温下静置30 min。

准确吸取10 mL上清液于100 mL烧杯中，80 ℃水浴中氮吹蒸发近干，加入2 mL乙腈—甲苯溶液（3+1，体积比）溶解残余物，待净化。

将固相萃取柱用5 mL乙腈—甲苯溶液预淋洗。当液面到达柱筛板顶部时，立即加入上述待净化溶液，用100 mL茄形瓶收集洗脱液，用2 mL乙腈—甲苯溶液刷洗烧杯后过柱，并重复一次。再用15 mL乙腈—甲苯溶液洗脱柱子，收集的洗脱液于40 ℃水浴中旋转蒸发近干，用5 mL丙酮冲洗茄型瓶并转移到10 mL离心管中，50 ℃水浴中氮吹蒸发近干，准确加入1.0 mL丙酮，涡旋0.5 min，用微孔滤膜过滤，待测。

（5）植物油。

称取3 g（精确到0.01 g）试样于50 mL塑料离心管中，加入5 mL水、15 mL乙腈，并加入6 g无水硫酸镁、1.5 g醋酸钠及1颗陶瓷均质子，剧烈振荡1 min，4200 r/min离心15 min。

准确吸取8 mL上清液到内有900 mg无水硫酸镁、150 mg PSA、150 mg C18的15 mL离心管中，涡旋0.5 min，4200 r/min离心15 min，准确吸取5 mL上清液放入10 mL刻度离心管中，80 ℃水浴中氮吹蒸发近干，准确加入1.00 mL丙酮，涡旋0.5 min，用微孔滤膜过滤，待测。

3. 测定条件

（1）仪器参考条件。

①色谱柱。

A柱：50%聚苯基甲基硅氧烷石英毛细管柱，30×0.53 mm（内径）×1.0 μm，或条件相当者。

B柱：100%聚苯基甲基硅氧烷石英毛细管柱，30×0.53 mm（内径）×1.5 μm，或条件相当者。

②色谱柱温度：150 ℃保持2 min，然后以8 ℃/min程序升温至210 ℃，再以5 ℃/min升温至250 ℃，保持15 min。

③载气：氮气，纯度≥99.999%，流速为8.4 mL/min。

④进样口温度：250 ℃；

⑤检测器温度：300 ℃；

⑥进样量：1 μL。

⑦进样方式：不分流进样。

⑧燃气：氢气，纯度≥99.999%，流速为80 mL/min。

⑨助燃气：空气，流速为110 mL/min。

（2）标准曲线。

将混合标准中间溶液用丙酮稀释成质量浓度为0.005 mg/L、0.01 mg/L、0.05 mg/L、0.1 mg/L和1 mg/L的系列标准溶液，参考色谱条件测定。以农药质量浓度为横坐标，色

谱的峰面积积分值为纵坐标，绘制标准曲线。

（3）定性及定量。

①定性测定。

以目标农药的保留时间定性。被测试样中目标农药双柱上色谱峰的保留时间与相应标准色谱峰的保留时间相比较，相差应在 ±0.05 min 之内。

②定量测定。

以外标法定量。

4. 试样溶液测定

将混合标准工作溶液和试样溶液依次注入气相色谱仪中，保留时间定性，测得目标农药色谱峰面积，根据公式 3－3，得到各农药组分含量。待测样液中农药的响应值应在仪器检测的定量测定线性范围之内，超过线性范围时，应根据测定浓度进行适当倍数稀释后再进行分析。

平行试验：按 1～3 的步骤对同一试样进行平行试验测定。

空白试验：除不加试料外，按 1～4 的步骤进行平行操作。

（五）结果计算

试样中被测农药残留量以质量分数 ω 计，单位以毫克每千克（mg/kg）表示，按公式 3－3 计算。

$$\omega = \frac{V_1 \times A \times V_3}{V_2 \times A_s \times m} \times \rho \qquad （公式 3－3）$$

在公式 3－3 中：

ω：样品中被测组分含量，单位为毫克每千克（mg/kg）；

V_1：提取溶剂总体积，单位为毫升（mL）；

V_2：提取液分取体积，单位为毫升（mL）；

V_3：待测溶液定容体积，单位为毫升（mL）；

A：待测溶液中被测组分峰面积；

A_s：标准溶液中被测组分峰面积；

m：试样质量，单位为克（g）；

ρ：标准溶液中被测组分质量浓度，单位为毫克每升（mg/L）。

计算结果应扣除空白值，计算结果以重复性条件下获得的 2 次独立测定结果的算术平均值表示，保留 2 位有效数字。当结果超过 1 mg/kg 时，保留 3 位有效数字。

（六）精密度

在重复性条件下，获得的 2 次独立测试结果的绝对差值不得超过重复性限（r），参见 GB 23200.116—2019 附录 B；

在再现性条件下，获得的 2 次独立测试结果的绝对差值不得超过再现性限（R），参见 GB 23200.116—2019 附录 B。

（张志宏）

第三节　食品中亚硝酸盐和硝酸盐的测定

海南酸笋是利用野生的刺笋或人工种植的麻笋、玉兰笋切成笋片后，置于容器中，经过天然醋酸菌的发酵，便形成具有独特的笋香味的“酸笋”，是一道风味独特的海南名菜。过去，人们普遍认为酸笋是没有营养的，且价格低廉，是穷人的家常便菜；如今人们对酸笋的营养价值有了新的认识，酸笋总糖含量较低，膳食纤维、矿物质营养价值较高。酸笋因其发酵过程中产生酚类、醇类、酸类及其醛类等挥发性物质，产生的有机酸可以促进食欲及肠道环境改善，因此越来越受到人们的喜爱，但因其在发酵过程中，还原菌也会将竹笋中的硝酸盐转化成亚硝酸盐，因此，关注酸笋中的亚硝酸盐含量显得尤为重要。

【问题1】作为食品卫生监督人员，你将采用什么方法可以获得酸笋中的亚硝酸盐和硝酸盐的含量？

【问题2】在硝酸盐和亚硝酸盐的检测过程中我们需要注意哪些事项？

【问题3】请设计一个实验方案，以了解海南地区酸笋中的亚硝酸及硝酸盐的分布情况以及其影响因素。

方法一　离子色谱法

参照食品安全国家标准《食品中亚硝酸盐和硝酸盐的测定》（GB 5009. 33—2016）

（一）实验目的

掌握食品中硝酸盐和亚硝酸盐的测定原理及样品预处理方法、样品测定方法及步骤。

（二）原理

试样经沉淀蛋白质、除去脂肪后，采用相应的方法提取和净化，以氢氧化钾溶液为淋洗液，阴离子交换柱分离，电导检测器或紫外检测器检测。以保留时间定性，外标法定量。

（三）主要试剂与仪器

除非另有说明，本方法所用试剂均为分析纯，水为 GB/T 6682 规定的一级水。

1. 主要试剂

（1）乙酸（CH_3COOH）。

（2）氢氧化钾（KOH）。

（3）乙酸溶液（3%）：量取乙酸 3 mL 于 100 mL 容量瓶中，以水稀释至刻度，混匀。

（4）氢氧化钾溶液（1 mol/L）：称取 6 g 氢氧化钾，加入新煮沸过的冷水溶解，并稀释至 100 mL，混匀。

（5）亚硝酸钠（$NaNO_2$）：基准试剂，或采用具有标准物质证书的亚硝酸盐标准溶液。

（6）硝酸钠（$NaNO_3$）：基准试剂，或采用具有标准物质证书的硝酸盐标准溶液。

2. 溶液配制

（1）亚硝酸盐标准储备液（100 mg/L，以 NO_2^- 计，下同）：准确称取 0. 1500 g 于 110～

120 ℃干燥至恒重的亚硝酸钠，用水溶解并转移至 1000 mL 容量瓶中，加水稀释至刻度，混匀。

（2）硝酸盐标准储备液（1000 mg/L，以 NO_3^-计，下同）：准确称取 1.3710 g 于 110～120 ℃干燥至恒重的硝酸钠，用水溶解并转移至 1000 mL 容量瓶中，加水稀释至刻度，混匀。

（3）亚硝酸盐和硝酸盐混合标准中间液：准确移取亚硝酸根离子（NO_2^-）和硝酸根离子（NO_3^-）的标准储备液各 1.0 mL 于 100 mL 容量瓶中，用水稀释至刻度，此溶液每升含亚硝酸根离子 1.0 mg 和硝酸根离子 10.0 mg。

（4）亚硝酸盐和硝酸盐混合标准使用液：移取亚硝酸盐和硝酸盐混合标准中间液，加水逐级稀释，制成系列混合标准使用液，亚硝酸根离子浓度分别为 0.02 mg/L、0.04 mg/L、0.06 mg/L、0.08 mg/L、0.10 mg/L、0.15 mg/L、0.20mg/L；硝酸根离子浓度分别为 0.2mg/L、0.4 mg/L、0.6 mg/L、0.8 mg/L、1.0 mg/L、1.5 mg/L、2.0 mg/L。

3. 仪器和设备

（1）离子色谱仪：配电导检测器及抑制器或紫外检测器，高容量阴离子交换柱，50 μL定量环。

（2）食物粉碎机。

（3）超声波清洗器。

（4）分析天平：感量为 0.1 mg 和 1 mg。

（5）离心机：转速≥10000 r/min，配 50 mL 离心管。

（6）0.22 μm 水性滤膜针头滤器。

（7）净化柱：包括 C18 柱、Ag 柱和 Na 柱或等效柱。

（8）注射器：1.0 mL 和 2.5 mL。

注：所有玻璃器皿使用前均需依次用 2 mol/L 氢氧化钾和水分别浸泡 4 h，然后用水冲洗 3～5 次，晾干备用。

（四）实验步骤

1. 试样预处理

（1）蔬菜、水果：将新鲜蔬菜、水果试样用自来水洗净、晾干后，取可食部切碎混匀。将切碎的样品用四分法取适量，用食物粉碎机制成匀浆，备用。如需加水应记录加水量。

（2）粮食及其他植物样品：除去可见杂质后，取有代表性试样 50～100 g，粉碎后，过 0.30 mm 孔筛，混匀，备用。

（3）肉类、蛋、水产及其制品：用四分法取适量或取全部试样，用食物粉碎机制成匀浆，备用。

（4）乳粉、豆奶粉、婴儿配方粉等固态乳制品（不包括干酪）：将试样装入能够容纳 2 倍试样体积的带盖容器中，通过反复摇晃和颠倒容器使样品充分混匀直到使试样均一化。

（5）发酵乳、乳、炼乳及其他液体乳制品：通过搅拌或反复摇晃和颠倒容器使试样充分混匀。

（6）干酪：取适量的样品研磨成均匀的泥浆状。为避免水分损失，研磨过程中应避免产生过多的热量。

2. 样品提取

（1）蔬菜、水果等植物性试样：称取试样5 g（精确至0.001 g，可适当调整试样的取样量，以下相同），置于150 mL具塞锥形瓶中，加入80 mL水，1 mL 1 mol/L KOH溶液，超声提取30 min，每隔5 min振摇1次，保持固相完全分散。于75 ℃水浴中放置5 min，取出放置至室温，定量转移至100 mL容量瓶中，加水稀释至刻度，混匀。溶液经滤纸过滤后，取部分溶液于10000 r/min离心15 min，上清液备用。

（2）肉类、蛋类、鱼类及其制品等：称取试样匀浆5 g（精确至0.001 g），置于150 mL具塞锥形瓶中，加入80 mL水，超声提取30 min，每隔5 min振摇1次，保持固相完全分散。于75 ℃水浴中放置5 min，取出放置至室温，定量转移至100 mL容量瓶中，加水稀释至刻度，混匀。溶液经滤纸过滤后，取部分溶液于10000 r/min离心15 min，上清液备用。

（3）腌鱼类、腌肉类及其他腌制品：称取试样匀浆2 g（精确至0.001 g），置于150 mL具塞锥形瓶中，加入80 mL水，超声提取30 min，每隔5 min振摇1次，保持固相完全分散。于75 ℃水浴中放置5 min，取出放置至室温，定量转移至100 mL容量瓶中，加水稀释至刻度，混匀。溶液经滤纸过滤后，取部分溶液于10000 r/min离心15 min，上清液备用。

（4）乳：称取试样10 g（精确至0.01 g），置于100 mL具塞锥形瓶中，加水80 mL，摇匀，超声30 min，加入3%乙酸溶液2 mL，于4 ℃放置20 min，取出放置至室温，加水稀释至刻度。溶液经滤纸过滤，滤液备用。

（5）乳粉及干酪：称取试样2.5 g（精确至0.01 g），置于100 mL具塞锥形瓶中，加水80 mL，摇匀，超声30 min，取出放置至室温，定量转移至100 mL容量瓶中，加入3%乙酸溶液2 mL，加水稀释至刻度，混匀。于4 ℃放置20 min，取出放置至室温，溶液经滤纸过滤，滤液备用。

（6）取上述备用溶液约15 mL，通过0.22 μm水性滤膜针头滤器、C18柱，弃去前面3 mL（如果氯离子大于100 mg/L，则需要依次通过针头滤器、C18柱、Ag柱和Na柱，弃去前面7 mL），收集后面洗脱液待测。固相萃取柱使用前需进行活化，C18柱（1.0 mL）、Ag柱（1.0 mL）和Na柱（1.0 mL），其活化过程为：C18柱（1.0 mL）使用前依次用10 mL甲醇、15 mL水通过，静置活化30 min；Ag柱（1.0 mL）和Na柱（1.0 mL）用10 mL水通过，静置活化30 min。

3. 仪器参考条件

（1）色谱柱：氢氧化物选择性，可兼容梯度洗脱的二乙烯基苯-乙基苯乙烯共聚物基质，烷醇基季铵盐功能团的高容量阴离子交换柱，4×250 mm（带保护柱4×50 mm），或性能相当的离子色谱柱。

（2）淋洗液。

A. KOH溶液，浓度为6～7 mmol/L洗脱梯度为6 mmol/L 30 min，70 mmol/L 5 min，6 mmol/L 5 min；流速1.0 mL/min。

B. 粉状婴幼儿配方食品：氢氧化钾溶液，浓度为5～50 mmol/L；洗脱梯度为5 mmol/L 30 min，50 mmol/L 5min，5 mmol/L 5 min；流速1.3 mL/min。

（3）抑制器。

（4）检测器：电导检测器，检测池温度为 35 ℃，或紫外检测器，检测波长为 226 nm。

（5）进样体积：50 μL（可根据试样中被测离子含量进行调整）。

4. 样品测定

（1）标准曲线的制作：将标准系列工作液分别注入离子色谱仪中，得到各浓度标准工作液色谱图，测定相应的峰高（BS）或峰面积，以标准工作液的浓度为横坐标，以峰高（BS）或峰面积为纵坐标，绘制标准曲线。

（2）试样溶液的测定：将空白和试样溶液注入离子色谱仪中，得到空白和试样溶液的峰高（BS）或峰面积，根据标准曲线得到待测液中亚硝酸根离子或硝酸根离子的浓度。

（五）结果计算

试样中亚硝酸离子或硝酸根离子的含量按公式 3 -4 计算。

$$X = \frac{(\rho - \rho_0) \times V \times f \times 1000}{m \times 1000} \quad \text{（公式 3 -4）}$$

在公式 3 -4 中：

X：试样中亚硝酸根离子或硝酸根离子的含量，单位为毫克每千克（mg/kg）；

ρ：测定用试样溶液中的亚硝酸根离子或硝酸根离子浓度，单位为毫克每升（mg/L）；

ρ_0：试剂空白液中亚硝酸根离子或硝酸根离子的浓度，单位为毫克每升（mg/L）；

v：试样溶液体积，单位为毫升（mL）；

f：试样溶液稀释倍数；

1000：换算系数；

m：试样取样量，单位为克（g）。

试样中测得的亚硝酸根离子含量乘以换算系数 1.5 即得亚硝酸盐（按亚硝酸钠计）含量；试样中测得的硝酸根离子含量乘以换算系数 1.37，即得硝酸盐（按硝酸钠计）含量。结果保留 2 位有效数字。

（六）精密度

在重复性条件下获得的两次独立测定结果的绝对差值不得超过算术平均值的 10%。本方法中亚硝酸盐和硝酸盐检出限分别为 0.2 mg/kg 和 0.4 mg/kg。

方法二 分光光度法

（一）实验目的

掌握分光光度法测定食品中的亚硝酸盐原理，掌握分光光度法测定食品中的亚硝酸盐的方法及步骤。

掌握镉柱还原法测定硝酸盐的原理及实验方法。

（二）实验原理

试样经沉淀蛋白质、除去脂肪后，在弱酸条件下，亚硝酸盐与对氨基苯磺酸重氮化后，再与盐酸萘乙二胺偶合形成紫红色染料，外标法测得亚硝酸盐含量。采用镉柱将硝酸盐还原成亚硝酸盐，测得亚硝酸盐总量，由测得的亚硝酸盐总量减去试样中亚硝酸盐含量，即得试样中硝酸盐含量。

（三）试剂材料和仪器

除非另有说明，本方法所用试剂均为分析纯，水为 GB/T 6682 规定的一级水。

1. 试剂

（1）三水亚铁氰化钾［$K_4Fe(CN)_6 \cdot 3H_2O$］。

（2）二水乙酸锌［$Zn(CH_3COO)_2 \cdot 2H_2O$］。

（3）冰乙酸（CH_3COOH）。

（4）硼酸钠（$Na_2B_4O_7 \cdot 10H_2O$）

（5）盐酸（HCl，ρ =1. 19 g/L）。

（6）氨水（$NH_3 \cdot H_2O$）。

（7）对氨基苯磺酸（$C_6H_7NO_3S$）。

（8）盐酸萘乙二胺（$C_{12}H_{14}N_2 \cdot 2HCl$）。

（9）锌皮或锌棒。

（10）八水硫酸镉（$CdSO_4 \cdot 8H_2O$）。

（11）五水硫酸铜（$CuSO_4 \cdot 5H_2O$）。

2. 溶液配制

（1）亚铁氰化钾溶液（106 g/L）：称取 106. 0 g 亚铁氰化钾，用水溶解，并稀释至 1000 mL。

（2）乙酸锌溶液（220 g/L）：称取 220. 0 g 乙酸锌，先加 30 L 冰乙酸溶解，用水稀释至 1000 mL。

（3）饱和硼砂溶液（50 g/L）：称取 5. 0 g 硼酸钠，溶于 100 mL 热水中，冷却后备用。

（4）氨缓冲溶液（pH 为 9. 6 ～ 9. 7）：量取 30 mL 盐酸，加 100 mL 水，混匀后加 65 mL氨水，再加水稀释至 1000 mL，混匀。调节 pH 至 9. 6 ～ 9. 7。

（5）氨缓冲液的稀释液：量取 50 mL pH 为 9. 6 ～ 9. 7 氨缓冲溶液，加水稀释至 500 mL，混匀。

（6）盐酸（0. 1 mol/L）：量取 8. 3 mL 盐酸，用水稀释至 1000 mL。

（7）盐酸（2 mol/L）：量取 167 mL 盐酸，用水稀释至 1000 mL。

（8）盐酸（20%）：量取 20 mL 盐酸，用水稀释至 100 mL。

（9）对氨基苯磺酸溶液（4 g/L）：称取 0. 4 g 对氨基苯磺酸，溶于 100 mL 20% 盐酸中，混匀，置棕色瓶中，避光保存。

（10）盐酸萘乙二胺溶液（2 g/L）：称取 0. 2 g 盐酸萘乙二胺，溶于 100 mL 水中，混匀，置棕色瓶中，避光保存。

（11）硫酸铜溶液（20 g/L）：称取 20 g 硫酸铜，加水溶解，并稀释至 1000 mL。

（12）硫酸镉溶液（40 g/L）：称取 40 g 硫酸镉，加水溶解，并稀释至 1000 mL。

（13）乙酸溶液（3%）：量取冰乙酸 3 mL 于 100 mL 容量瓶中，以水稀释至刻度，混匀。

（14）亚硝酸钠（$NaNO_2$）：基准试剂，或采用具有标准物质证书的亚硝酸盐标准溶液。

（15）硝酸钠（$NaNO_3$）：基准试剂，或采用具有标准物质证书的硝酸盐标准溶液。

（16）亚硝酸钠标准溶液（200 μg/mL，以亚硝酸钠计）：准确称取 0. 1000 g 于 110 ～120 ℃干燥恒重的亚硝酸钠，加水溶解，移入 500 mL 容量瓶中，加水稀释至刻度，混匀。

（17）硝酸钠标准溶液（200 μg/mL，以亚硝酸钠计）：准确称取 0. 1232 g 于 110 ～120 ℃干燥恒重的硝酸钠，加水溶解，移入 500 mL 容量瓶中，并稀释至刻度。

（18）亚硝酸钠标准使用液（5. 0 μg/mL）：临用前，吸取 2. 50 mL 亚硝酸钠标准溶液，置于 100 mL 容量瓶中，加水稀释至刻度。

（19）硝酸钠标准使用液（5. 0 μg/mL，以亚硝酸钠计）：临用前，吸取 2. 50 mL 硝酸钠标准溶液，置于 100 mL 容量瓶中，加水稀释至刻度。

3. 仪器和设备

（1）天平：感量为 0. 1 mg 和 1 mg。

（2）组织捣碎机。

（3）超声波清洗器。

（4）恒温干燥箱。

（5）分光光度计。

（6）镉柱或镀铜镉柱。

①海绵状镉的制备：镉粒直径 0. 3 ～0. 8 mm。

将适量的锌棒放入烧杯中，用 40 g/L 硫酸镉溶液浸没锌棒。在 24 h 之内，不断将锌棒上的海绵状镉轻轻刮下。取出残余锌棒，使镉沉底，倾去上层溶液。用水冲洗海绵状镉 2 ～3 次后，将镉转移至搅拌器中，加 400 mL 盐酸（0. 1 mol/L），搅拌数秒，以得到所需粒径的镉颗粒。将制得的海绵状镉倒回烧杯中，静置 3 ～4 h，期间搅拌数次，以除去气泡。倾去海绵状镉中的溶液，并可按下述方法进行镉粒镀铜。

②镉粒镀铜。

将制得的镉粒置锥形瓶中（所用镉粒的量以达到要求的镉柱高度为准），加足量的盐酸（2 mol/L）浸没镉粒，振荡 5 min，静置分层，倾去上层溶液，用水多次冲洗镉粒。在镉粒中加入 20 g/L 硫酸铜溶液（每克镉粒约需 2. 5 mL），振荡 1 min，静置分层，倾去上层溶液后，立即用水冲洗镀铜镉粒（注意镉粒要始终用水浸没），直至冲洗的水中不再有铜沉淀。

③镉柱的装填。

如图 3 -1 所示，用水装满镉柱玻璃柱，并装入约 2 cm 高的玻璃棉做垫，将玻璃棉压向柱底时，应将其中所包含的空气全部排出，在轻轻敲击下，加入海绵状镉至 8 ～10 cm（见图 3 -1 装置 a）或 15 ～20 cm（见图 3 -1 装置 b），上面用 1 cm 高的玻璃棉覆盖。若使用装置 b，则上置一贮液漏斗，末端要穿过橡皮塞与镉柱玻璃管紧密连接。

如无上述镉柱玻璃管时，可以 25 mL 酸式滴定管代用，但过柱时要注意始终保持液面在镉层之上。当镉柱填装好后，先用 25 mL 盐酸（0. 1 mol/L）洗涤，再以水洗 2 次，每次 25 mL，镉柱不用时用水封盖，随时都要保持水平面在镉层之上，不得使镉层夹有气泡。

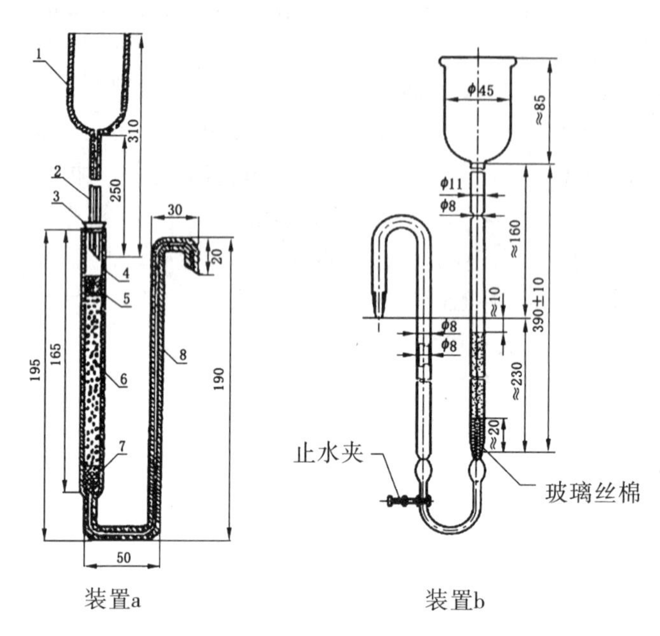

图 3 - 1　镉柱示意

说明：

1. 贮液漏斗，内径 35 mm，外径 37 mm；
2. 进液毛细管，内径 0.4 mm，外径 6 mm；
3. 橡皮塞；
4. 镉柱玻璃管，内径 12 mm，外径 16 mm；

5、7. 玻璃棉；

6. 海面状镉；
8. 出液毛细管，内径 2 mm，外径 8 mm。

④镉柱每次使用完毕后，应先以 25 mL 盐酸（0.1 mol/L）洗涤，再以水洗 2 次，每次 25 mL，最后用水覆盖镉柱。

⑤镉柱还原效率的测定。

吸取 20 mL 硝酸钠标准使用液，加入 5 mL 氨缓冲液的稀释液，混匀后注入贮液漏斗，使流经镉柱还原，用一个 100 mL 的容量瓶收集洗提液。洗提液的流量不应超过 6 mL/min，在贮液杯将要排空时，用约 15 mL 水冲洗杯壁。冲洗水流尽后，再用 15 mL 水重复冲洗，第 2 次冲洗水也流尽后，将贮液杯灌满水，并使其以最大流量流过柱子。当容量瓶中的洗提液接近 100 mL 时，从柱子下取出容量瓶，用水定容至刻度，混匀。取 10.0 mL 还原后的溶液（相当 10μg 亚硝酸钠）于 50 mL 比色管中，以下按亚硝酸盐测定方法自“吸取 0.00 mL、0.20 mL、0.40 mL、0.60 mL、0.80 mL、1.00 mL……”起操作，根据标准曲线计算测得结果，与加入量一致，还原效率应大于 95% 为符合要求。

还原效率计算按公式 3 - 5 计算：

$$X = \frac{m_1}{10} \times 100\% \qquad \text{（公式 3－5）}$$

在公式 3－5 中：

X：还原率（%）；

m_1：测得亚硝酸钠的含量，单位为微克（μg）；

10：测定用溶液相当亚硝酸钠的含量，单位为微克（μg）；

如果还原率小于 95% 时，将镉柱中的镉粒倒入锥形瓶中，加入足量的盐酸（2 moL/L）中，振荡数分钟再用水反复冲洗。

（四）实验步骤

1. 样品的预处理

同方法一离子色谱法中的试样预处理。

2. 样品的提取

（1）干酪：称取试样 2.5 g（精确至 0.001 g），置于 150 mL 具塞锥形瓶中，加水 80 mL，摇匀，超声 30 min 取出放置至室温，定量转移至 100 mL 容量瓶中，加入 3% 乙酸溶液 2 mL，加水稀释至刻度，混匀。于 4 ℃放置 20 min，取出放置至室温，溶液经滤纸过滤，滤液备用。

（2）液体乳样品：称取试样 90 g（精确至 0.001 g），置于 250 mL 具塞锥形瓶中，加 12.5 mL 饱和硼砂溶液，加入 70 ℃左右的水约 60 mL，混匀，于沸水浴中加热 15 min，取出置冷水浴中冷却，并放置至室温。定量转移上述提取液至 200 mL 容量瓶中，加入 5 mL 106 g/L 亚铁氰化钾溶液，摇匀，再加入 5 mL 220 g/L 乙酸锌溶液，以沉淀蛋白质。加水至刻度，摇匀，放置 30 min，除去上层脂肪，上清液用滤纸过滤，滤液备用。

（3）乳粉：称取试样 10 g（精确至 0.001 g），置于 150 mL 具塞锥形瓶中，加12.5 mL 50 g/L 饱和硼砂溶液，加入 70 ℃左右的水约 150 mL，混匀，于沸水浴中加热 15 min，取出置冷水浴中冷却，并放置至室温。定量转移上述提取液至 200 mL 容量瓶中，加入 5 mL 106 g/L 亚铁氰化钾溶液，摇匀，再加入 5 mL 220 g/L 乙酸锌溶液，以沉淀蛋白质。加水至刻度，摇匀，放置 30 min，除去上层脂肪，上清液用滤纸过滤，弃去初滤液 30 mL，滤液备用。

（4）其他样品：称取 5 g（精确至 0.001 g）匀浆试样（如制备过程中加水，应按加水量折算），置于 250 mL 具塞锥形瓶中，加 12.5 mL 50 g/L 饱和硼砂溶液，加入 70 ℃左右的水约 150 mL，混匀，于沸水浴中加热 15 min，取出置冷水浴中冷却，并放置至室温。定量转移上述提取液至 200 mL 容量瓶中，加入 5 mL 106 g/L 亚铁氰化钾溶液，摇匀，再加入 5 mL 220 g/L 乙酸锌溶液，以沉淀蛋白质。加水至刻度，摇匀，放置 30 min，除去上层脂肪，上清液用滤纸过滤，弃去初滤液 30 mL，滤液备用。

3. 样品中亚硝酸盐的测定

吸取 40.0 mL 上述滤液于 50 mL 带塞比色管中，另吸取 0.00 mL、0.20 mL、0.40 mL、0.60 mL、0.80 mL、1.00 mL、1.50 mL、2.00 mL、2.50 mL 亚硝酸钠标准使用液（相当于 0.0μg、1.0μg、2.0μg、3.0μg、4.0μg、5.0μg、7.5μg、10.0μg、12.5μg 亚硝酸钠），分别置于 50 mL 带塞比色管中。于标准管与试样管中分别加入 2 mL 4 g/L 对氨基苯磺酸溶

液，混匀，静置 3 ～ 5 min 后各加入 1 mL 2 g/L 盐酸萘乙二胺溶液，加水至刻度，混匀，静置 15 min，用 1 cm 比色杯，以零管调节零点，于波长 538 nm 处测吸光度，绘制标准曲线比较。同时做试剂空白对照实验。

4. 样品中硝酸盐的测定

（1）镉柱还原。

①先以 25 mL 氨缓冲液的稀释液冲洗镉柱，流速控制在 3 ～ 5 mL/min（以滴定管代替的可控制在 2 ～ 3 mL/min）。

②吸取 20 mL 滤液于 50 mL 烧杯中，加 5 mL，pH 为 9.6 ～ 9.7，混合注入贮液漏斗，使流经镉柱还原，当贮液杯中的样液流尽后，加 15 mL 水冲洗烧杯，再倒入贮液杯中。冲洗水流完后，再用 15 mL 水重复 1 次。当第 2 次冲洗水快流尽时，将贮液杯装满水，以最大流速过柱。当容量瓶中的洗提液接近 100 mL 时，取出容量瓶，用水定容刻度，混匀。

（2）亚硝酸钠总量的测定。

吸取 10 ～ 20 mL 还原后的样液于 50 mL 比色管中。以下按样品中的亚硝酸盐测定中的自“吸取 0.00 mL、0.20 mL、0.40 mL、0.60 mL、0.80 mL、1.0 mL……”起操作。

（五）结果计算

1. 亚硝酸盐含量计算

亚硝酸盐（以亚硝酸钠计）的含量按公式 3 - 6 计算：

$$X = \frac{m_2 \times 1000}{m_3 \times \frac{V_1}{V_2} \times 1000} \qquad \text{（公式 3 - 6）}$$

在公式 3 - 6 中：

X_1：试样中亚硝酸钠的含量，单位以毫克每千克（mg/kg）；

m_2：测定用样液中亚硝酸钠的质量，单位为微克（μg）；

1000：转换系数；

m_3：试样质量，单位为克（g）；

V_1：测定用样液体积，单位为毫升（mL）；

V_0：试样处理液总体积，单位为毫升（mL）。

结果保留 2 位有效数字。

2. 硝酸盐含量的计算

硝酸盐（以硝酸钠计）的含量按公式 3 - 7 计算：

$$X_2 = \left[\frac{m_4 \times 1000}{m_5 \times 1000 \times \frac{V_3}{V_2} \times \frac{V_5}{V_4}} - X_1 \right] \times 1.232 \qquad \text{（公式 3 - 7）}$$

在公式 3 - 7 中：

X_2：试样中硝酸钠的含量，单位为毫克每千克（mg/kg）；

m_4：经镉粉还原后测得总亚硝酸钠的质量，单位为微克（μg）；

1000：转换系数；

m_5：试样的质量，单位为克（g）；

V_3：测总亚硝酸钠的测定用样液体积，单位为毫升（mL）；

V_2：试样处理液总体积，单位为毫升（mL）；

V_5：经镉柱还原后样液的测定用体积，单位为毫升（mL）；

V_4：经镉柱还原后样液总体积，单位为毫升（mL）；

X_1：由公式3－7计算出的试样中亚硝酸钠的含量，单位为毫克每千克（mg/kg）；

1.232：亚硝酸钠换算成硝酸钠的系数。

结果保留2位有效数字。

（六）精密度

在重复性条件下获得的两次独立测定结果的绝对差值不得超过算术平均值的10%。

方法二中亚硝酸盐检出限：液体乳0.06 mg/kg，乳粉0.5 mg/kg，干酪及其他1 mg/kg；硝酸盐检出限：液体乳0.6 mg/kg，乳粉5 kg/mg，干酪及其他10 mg/kg。

方法三　蔬菜、水果中硝酸盐的测定紫外分光光度法

（一）实验目的

掌握蔬菜水果中硝酸盐的测定原理、方法及步骤。

（二）实验原理

用pH为9.6～9.7的氨缓冲液提取样品中硝酸根离子，同时加活性炭去除色素类，加沉淀剂去除蛋白质及其他干扰物质，利用硝酸根离子和亚硝酸根离子在紫外区219 nm处具有等吸收波长的特性，测定提取液的吸光度，其测得结果为硝酸盐和亚硝酸盐吸光度的总和，鉴于新鲜蔬菜、水果中亚硝酸盐含量甚微，可忽略不计。测定结果为硝酸盐的吸光度，可从工作曲线上查得相应的质量浓度，计算样品中硝酸盐的含量。

（三）试剂材料和仪器

除非另有说明，本方法所用试剂均为分析纯，水为GB/T 6682规定的一级水。

1. 试剂

（1）盐酸（HC1，ρ=1.19 g/mL）。

（2）氨水（$NH_3 \cdot H_2O$，25%）。

（3）三水亚铁氰化钾［$K_4Fe(CN)_6 \cdot 3H_2O$］。

（4）七水硫酸锌（$ZnSO_4 \cdot 7H_2O$）。

（5）正辛醇（$C_8H_{18}O$）。

（6）活性炭（粉状）。

2. 溶液配制

（1）氨缓冲溶液（pH＝9.6～9.7）：量取20 mL盐酸，加入500 mL水中，混合后加入50 mL氨水，用水定容至1000 mL。调pH至9.6～9.7。

（2）亚铁氰化钾溶液（150 g/L）：称取150 g亚铁氰化钾溶于水，定容至1000 mL。

（3）硫酸锌溶液（300 g/L）：称取300 g硫酸锌溶于水，定容至1000 mL。

（4）标准品：硝酸钾（KNO_3）基准试剂，或采用具有标准物质证书的硝酸盐标准溶液。

（5）硝酸盐标准储备液（500 mg/L，以硝酸根计）：称取 0.2039 g 于 110 ～ 120 ℃干燥至恒重的硝酸钾，用水溶解并转移至 250 mL 容量瓶中，加水稀释至刻度，混匀。此溶液硝酸根质量浓度为 500 mg/L，于冰箱内保存。

（6）硝酸盐标准曲线工作液：分别吸取 0 mL、0.2 mL、0.4 mL、0.6 mL、0.8 mL、1.0 mL 和 1.2 mL 硝酸盐标准储备液于 50 mL 容量瓶中，加水定容至刻度，混匀。此标准系列溶液硝酸根质量浓度分别为 0 mg/L、2.0 mg/L、4.0 mg/L、6.0 mg/L、8.0 mg/L、10.0 mg/L 和 12.0 mg/L。

3. 仪器和设备

（1）紫外分光光度计。

（2）分析天平：感量 0.01 g 和 0.0001 g。

（3）组织捣碎机。

（4）可调式往返振荡机。

（5）pH 计：精度为 0.01。

（四）实验步骤

1. 试样制备

选取一定数量有代表性的样品，先用自来水冲洗，再用水清洗干净，晾干表面水分，用四分法取样，切碎，充分混匀，于组织捣碎机中匀浆（部分少汁样品可按一定质量比例加入等量水），在匀浆中加 1 滴正辛醇消除泡沫。

2. 样品提取

称取 10 g（精确至 0.01 g）匀浆试样（如制备过程中加水，应按加水量折算）于 250 mL锥形瓶中，加水 100 mL，加入 5 mL 氨缓冲溶液（pH = 9.6 ～ 9.7），2 g 粉末状活性炭。振荡（往复速度为 200 次/分钟）30 min。定量 250 mL 转移至容量瓶中，加入2 mL 150 g/L 亚铁氰化钾溶液和 2 mL 300 g/L 硫酸锌溶液，充分混匀，加水定容至刻度，摇匀，放置 5 min 上清液用定量滤纸过滤，滤液备用。同时做空白实验。

3. 样品测定

根据试样中硝酸盐含量的高低，吸取上述滤液 2 ～ 10 mL 于 50 mL 容量瓶中，加水定容至刻度，混匀。用 1 cm 石英比色管，于 219 nm 处测定吸光度。

4. 标准曲线的制作

将标准曲线工作液用 1 cm 石英比色管，于 219 nm 处测定吸光度。以标准溶液质量浓度为横坐标绘制标准曲线。

（五）结果计算

硝酸盐（以硝酸根计）的含量按公式 3 - 8 计算：

$$X = \frac{\rho \times V_6 \times V_8}{m_6 \times V_7} \qquad \text{（公式 3 - 8）}$$

在公式 3 - 8 中：

X：试样中硝酸盐的含量，单位为毫克每千克（mg/kg）；

ρ：由工作曲线获得的试样溶液中硝酸盐的质量浓度，单位为毫克每升（mg/L）；

V_6：提取液定容体积，单位为毫升（mL）；

V_8：待测液定容体积，单位为毫升（mL）；

m_6：试样的质量，单位为克（g）；

V_7：吸取的滤液体积，单位为毫升（mL）。

结果保留 2 位有效数字。

（六）精密度

在重复性条件下获得的两次独立测定结果的绝对差值不得超过算术平均值的 10%.

其他：方法三中硝酸盐检出限为 12 mg/kg。

（方桂红）

第四节　白酒中杂醇油和甲醇含量的测定

最香不过山兰酒，最美不过三月三
对对伴侣月下坐　求情相爱心里甜
声声口弦吹醉万泉河　支支情歌唱醒五指山
幸福的节日　甜蜜的爱情
黎家的三月三比山兰酒还甜咧

一首优美的黎族三月三歌曲，唱出了一眼山泉、一捧新稻、一把炙火、一段岁月，唱出了海南黎族酐（音 biang）酒的金黄与醇香。山兰酒又被称为酐酒，这种来自黎族的酒，香气四溢，往往是一家开坛举寨飘香。

山兰酒选用上等新鲜山兰稻脱壳、蒸熟，揉散成粒备用。再从山上采集扁叶刺、山橘叶、南椰树心等树叶，把它们捣烂，又用米粉混水黏合成球饼做酵母。把碾至粉状的球饼和熟山兰稻料混合在一起，装入缸里。一日后往缸中沁入定量清水，然后封缸口后埋在芭蕉树下。一年后，米、糟、叶均稀化为浆液，酒呈黄褐色，数载则显红色甚至黑色。

【问题 1】作为家庭作坊的自酿白酒可能存在哪些有害物质？

（1）农药。酿酒所用原料，如谷物和薯类作物等，在生长过程中如遇过多地施用农药，毒物会残留在种子或块根中。

（2）甲醇。用果胶质多的原料来酿制白酒，酒中会含有多量的甲醇，甲醇对人体的毒性作用较大，4～10 g 即可引起严重中毒。

（3）杂醇油。杂醇油是酒的芳香成分之一，但含量过高会对人们有毒害作用，它的中毒和麻醉作用比乙醇强，能使神经系统充血，使人头痛，其毒性随分子量增大而加剧。

（4）铅。白酒中的铅主要来自酿酒设备、盛酒容器、销售酒具。

（5）氰化物。白酒中的氰化物主要来自原料，如木薯、野生植物等，在制酒过程中经水解产生氢氰酸。

【问题 2】如何避免饮用白酒对肝脏带来的伤害？

在喝酒之前一定要先吃饭，空腹喝酒非常伤胃，而且还伤肝。喝酒的时候不要喝得太急太猛。不要喝浓度太高的酒。

方法一　白酒中杂醇油含量测定

参照中华人民共和国国家标准《蒸馏酒与配制酒卫生标准的分析方法》（GB/T 5009.48—2003）。

（一）实验目的

掌握测定白酒中杂醇油的原理、步骤，通过检测判定受检样品中杂醇油是否达到国家标准的要求。

（二）实验原理

杂醇油成分复杂，其中有正乙醇，正、异戊醇，正、异丁醇，丙醇等。本法测定标准以异戊醇和异丁醇表示，异戊醇和异丁醇在硫酸作用下生成戊烯和丁烯，再与对二甲氨基苯甲醛作用显橙黄色，与标准系列比较定量。

（三）主要试剂与仪器

1. 主要试剂

（1）对二甲氨基苯甲醛—硫酸溶液（5 g/L）：取0.5 g对二甲氨基苯甲醛，加硫酸溶解至100 mL。

（2）无杂醇油的乙醇：取0.1 mL分析纯无水乙醇，按分析步骤检测，不得显色。如显色取分析纯无水乙醇200 mL，加0.25 g盐酸间苯二胺，加热回流2 h，用分馏柱控制沸点进行蒸馏，收集中间馏出液100 mL。再取0.1 mL按分析步骤测定不显色即可。

（3）杂醇油标准溶液：准确称取0.080 g异戊醇和0.020 g异丁醇于100 mL容量瓶中，加无杂醇油乙醇50 mL，再加水稀释至刻度。此溶液每毫升相当于1 mg杂醇油，置低温保存。

（4）杂醇油标准使用液：吸取杂醇油标准溶液5.0 mL于50 mL容量瓶中，加水稀释至刻度。此溶液每毫升相当于0.10 mg杂醇油。

2. 主要仪器

分光光度计。

（四）实验步骤

（1）吸取1.0 mL试样于10 mL容量瓶中，加水至刻度，混匀后，吸取0.30 mL，置于10 mL比色管中。

（2）含糖着色、沉淀、混浊的蒸馏酒和配制酒应吸取100 mL试样于250 mL或500 mL全玻璃蒸馏器中，加50 mL水，再加入玻璃珠数粒，蒸馏，用100 mL容量瓶收集馏出液100 mL。取其蒸馏液作为试样参照步骤（1）进行。

（3）吸取0.00 mL、0.10 mL、0.20 mL、0.30 mL、0.40 mL、0.50 mL杂醇油标准使用液（相当0.00 mg、0.010 mg、0.020 mg、0.030 mg、0.040 mg、0.050 mg杂醇油），置于10 mL比色管中。

（4）于试样管及标准管中各准确加水至1 mL，摇匀，放入冷水中冷却。

（5）沿管壁加入2 mL对二甲氨基苯甲醛硫酸溶液（5 g/L），使其沉至管底，再将各管同时摇匀。

(6) 各管同时放入沸水浴中加热 15 min 后取出，立即放入冰浴中冷却，并立即各加 2 mL水，混匀，冷却 10 min。

(7) 用 1 cm 比色杯以零管调节零点，于波长 520 nm 处测吸光度，绘制标准曲线比较，或与标准色列目测比较定量。

(五) 结果判定

试样中杂醇油的含量按公式 3－9 进行计算。

$$X=\frac{m}{V_2\times\frac{V_1}{10}\times1000}\times100 \qquad (公式 3-9)$$

在公式 3－9 中：

X：试样中杂醇油的含量，单位为克每百毫升（g/100 mL）；

m：测定试样稀释液中杂醇油的质量，单位为毫克（mg）；

V_2：试样体积，单位为毫升（mL）；

V_1：测定用试样稀释体积，单位为毫升（mL）；

计算结果保留两位有效数字。

(六) 精密度

在重复性条件下获得的两次独立测定结果的绝对差值不得超过算术平均值的 10%。

杂醇油的检出限（以异戊醇和异丁醇计）为 0.03 g/100 mL。

方法二　白酒中甲醇含量测定

参照中华人民共和国国家标准《食品安全国家标准　食品中甲醇的测定》(GB 5009.266—2016)。

(一) 实验目的

掌握测定白酒中甲醇的原理、步骤，通过检测判定受检样品中甲醇是否达到国家标准的要求。

(二) 实验原理

蒸馏除去发酵酒及其配制酒中不挥发性物质，加入内标（酒精、蒸馏酒及其配制酒直接加入内标），经气相色谱分离，氢火焰离子化检测器检测，以保留时间定性，内标法定量。

(三) 主要试剂与仪器

除非另有说明，本方法所用试剂均为分析纯，水为 GB/T 6682 规定的二级水。

1. 主要试剂

(1) 乙醇（C_2H_6O）：色谱纯。

(2) 甲醇（CH_4O，CAS 号：67－56－1）：纯度≥99%。或经国家认证并授予标准物质证书的标准物质。

(3) 叔戊醇（$C_5H_{12}O$，CAS 号：75－85－4）：纯度≥99%。

2. 溶液配制

(1) 乙醇溶液（40%，体积分数）：量取 40 mL 乙醇，用水定容至 100 mL，混匀。

（2）甲醇标准储备液（5000 mg/L）：准确称取 0.5 g（精确至 0.001 g）甲醇至 100 mL容量瓶中，用乙醇溶液定容至刻度，混匀，0～4 ℃低温冰箱密封保存。

（3）叔戊醇标准溶液（20000 mg/L）：准确称取 2.0 g（精确至 0.001 g）叔戊醇至 100 mL 容量瓶中，用乙醇溶液定容至 100 mL，混匀，0～4 ℃低温冰箱密封保存。

（4）甲醇系列标准工作液：分别吸取 0.5 mL、1.0 mL、2.0 mL、4.0 mL、5.0 mL 甲醇标准储备液，于 5 个 25 mL 容量瓶中，用乙醇溶液定容至刻度，依次配制成甲醇含量为 100 mg/L、200 mg/L、400 mg/L、800 mg/L、1000 mg/L 系列标准溶液，现配现用。

3. 主要仪器

（1）气相色谱仪，配氢火焰离子化检测器（FID）。

（2）分析天平：感量为 0.1 mg。

（四）实验步骤

1. 试样预处理

（1）发酵酒及其配制酒。

吸取 100 mL 试样于 500 mL 蒸馏瓶中，并加入 100 mL 水，加几颗沸石（或玻璃珠），连接冷凝管，用 100 mL 容量瓶作为接收器（外加冰浴），并开启冷却水，缓慢加热蒸馏，收集馏出液，当接近刻度时，取下容量瓶，待溶液冷却到室温后，用水定容至刻度，混匀。吸取 10.0 mL 蒸馏后的溶液于试管中，加入 0.10 mL 叔戊醇标准溶液，混匀，备用。

（2）酒精、蒸馏酒及其配制酒。

吸取试样 10.0 mL 于试管中，加入 0.10 mL 叔戊醇标准溶液，混匀，备用；当试样颜色较深时，继续按照（1）操作。

2. 仪器参考条件

（1）色谱柱：聚乙二醇石英毛细管柱，柱长 60 nm，内径 0.25 nm，膜厚 0.25 μm，或等效柱。

（2）色谱柱温度：初温 40 ℃，保持 1 min，以 4.0 ℃/min 升到 130 ℃，以 20 ℃/min 升到 200 ℃，保持 5 min。

（3）检测器温度：250 ℃。

（4）进样口温度：250 ℃。

（5）载气流量：1.0 mL/min。

（6）进样量：1.0 μL。

（7）分流比：20：1。

3. 标准曲线的制作

分别吸取 10 mL 甲醇系列标准工作液于 5 个试管中，然后加入 0.10 mL 叔戊醇标准溶液，混匀，测定甲醇和内标叔戊醇色谱峰面积，以甲醇系列标准工作液的浓度为横坐标，以甲醇和叔戊醇色谱峰面积的比值为纵坐标，绘制标准曲线。

4. 试样溶液的测定

将制备的试样溶液注入气相色谱仪中，以保留时间定性，同时记录甲醇和叔戊醇色谱峰面积的比值，根据标准曲线得到待测液中甲醇的浓度。

（五）结果计算

1. 试样中甲醇的含量按公式3－10计算

$$X = \rho \quad \text{（公式3－10）}$$

在公式3－10中：

X：试样中甲醇的含量，单位为毫克每升（mg/L）；

ρ：从标准曲线得到的试样溶液中甲醇的浓度，单位为毫克每升（mg/L）。

计算结果保留三位有效数字。

2. 试样中甲醇含量（测定结果需要按100%酒精度折算时）按公式3－11计算

$$X = \frac{\rho \times 100}{C \times 1000} \quad \text{（公式3－11）}$$

在公式3－11中：

X：试样中甲醇的含量，单位为克每升（g/L）；

ρ：从标准曲线得到的试样溶液中甲醇的浓度，单位为毫克每升（mg/L）；

C：试样的酒精度；

1000：换算系数。

计算结果保留三位有效数字。

注：试样的酒精度按照GB 5009.225测定。

（六）精密度

在重复性测定条件下获得的两次独立测定结果的绝对差值不超过其算术平均值的10%。

方法检出限为7.5 mg/L，定量限为25 mg/L。

方法三　白酒中甲醇快速检测——变色酸法

参照国家市场监督管理总局 其他国内标准《白酒中甲醇的快速检测》（KJ 201912）。

（一）实验目的

了解变色酸法实验原理，掌握白酒中甲醇的快速检测方法。

（二）实验原理

样品中的甲醇在磷酸溶液中，被高锰酸钾氧化为甲醛，用偏重亚硫酸钠除去过量的高锰酸钾。甲醛在硫酸条件下与变色酸反应生成蓝紫色化合物。通过与甲醇对照液比较，对样品中甲醇含量进行判定。

（三）主要试剂与仪器

方法中所用试剂，除另有规定外，均为分析纯，水为GB/T 6682规定的三级水。

1. 主要试剂

（1）高锰酸钾（$KMnO_4$）。

（2）磷酸（H_3PO_4）。

（3）偏重亚硫酸钠（$Na_2S_2O_5$）。

（4）硫酸（H_2SO_4）。

（5）变色酸钠（$C_{10}H_6Na_2O_8S_2$）。

（6）乙醇（C_2H_6O）。

（7）5%乙醇（体积分数）：吸取乙醇5 mL，置于100 mL容量瓶，加水稀释至刻度。

（8）高锰酸钾—磷酸溶液（30 g/L）：称取3.0 g高锰酸钾，溶于100 mL磷酸—水（15+85）溶液。

（9）偏重亚硫酸钠溶液（100 g/L）：称取10.0 g偏重亚硫酸钠，溶于100 mL水。

（10）变色酸显色剂：称取0.1 g变色酸钠溶于25 mL水中，缓慢加入75 mL硫酸，并用玻璃棒不断搅拌，放冷至室温。

（11）标准品：甲醇（CH_4O，CAS号：67-56-1）：纯度≥99%。

甲醇标准溶液（1 g/L）：称取0.1 g（精确至0.001 g）甲醇标准品于100 mL容量瓶中，用5%乙醇稀释至刻度，混匀。

（12）甲醇快速检测试剂盒：适用基质为白酒（酒精度18～68% vol），需在阴凉、干燥、避光条件下保存。

2. 主要仪器

（1）电子天平：感量0.001 g。

（2）量筒：50 mL，100 mL。

（3）移液器：1 mL，5 mL。

（4）酒精计：分度值为1% vol。

（5）涡旋振荡器。

（6）水浴锅。

（四）实验步骤

环境温度：10～30 ℃。

1. 待测液制备

（1）酒精度的测定：取洁净、干燥的100 mL量筒，注入100 mL样品，静置数分钟，待酒中气泡消失后，放入洁净、擦干的酒精计，轻轻按一下，不应接触量筒，平衡约5 min，水平观测，读取与弯月面相切处的刻度示值。

（2）样品稀释：根据酒精计示值吸取对应体积的样品，置于10 mL比色管中，补水至10 mL（见表3-14），混匀。

表3-14　不同酒精度样品吸取体积

酒精计示值（% vol）	样品吸取体积（mL）	补水体积（mL）
18～22	2.5	7.5
23～27	2.0	8.0
28～32	1.7	8.3
33～36	1.5	8.5
37～41	1.3	8.7
42～45	1.2	8.8

续表 3－14

酒精计示值（% vol）	样品吸取体积（mL）	补水体积（mL）
46～53	1.0	9.0
54～60	0.9	9.1
61～68	0.8	9.2

（3）显色：吸取稀释后的样品溶液 1.0 mL，置于 10 mL 比色管中，加入高锰酸钾—磷酸溶液 0.5 mL，混匀，密塞，静置 15 min。加入 0.3 mL 偏重亚硫酸钠溶液，混匀，使试液完全褪色。沿比色管壁缓慢加入 5 mL 变色酸显色剂，密塞，混匀，置于 70 ℃水浴中，显色 20 min 后取出，迅速冷却至室温，即得待测液。

（4）每批测试应吸取 1 mL 5% 乙醇同步骤(3)“加入高锰酸钾—磷酸溶液 0.5 mL”起操作，随行全试剂空白试验。

2. 甲醇对照液制备

根据待测样品的分类（粮谷类或其他类），吸取对应体积（粮谷类，0.3 mL；其他类，1.0 mL）的甲醇标准溶液，置于 10 mL 比色管中，补 5% 乙醇至 10 mL，混匀。吸取上述溶液 1.0 mL，置于 10 mL 比色管中，同步骤(3)“加入高锰酸钾—磷酸溶液 0.5 mL”起操作，制得甲醇对照液。

（五）结果判定

1. 判读

将待测液与甲醇对照液进行目视比色，10 min 内判读结果。应进行平行试验，且两次判读结果应一致。

2. 结果判定要求

观察待测液颜色，与甲醇对照液比较判读样品中甲醇的含量。颜色深于对照液者为阳性，浅于对照液者为阴性。为尽量避免出现假阴性结果，判读时遵循“就高不就低”的原则。

3. 性能指标

（1）检测限：0.4 g/L（以 100% 酒精度计）。

（2）判定限：粮谷类，0.6 g/L（以 100% 酒精度计）；其他类，2.0 g/L（以 100% 酒精度计）。

（3）灵敏度：≥95%。

（4）特异性：≥85%。

（5）假阴性率：≤5%。

（6）假阳性率：≤15%。

（六）注意事项

为减少乙醇量对显色的干扰，本方法中待测液和对照液的乙醇量为 5%。

本方法中采用的高锰酸钾—磷酸溶液、变色酸显色剂久置会变色失效，建议方法使用者考察稳定性或临用新配。

采用本方法测得酒精度为非整数的样品，为避免出现假阴性结果，建议参照表 3－15

吸取酒精度整数部分对应体积。

当目视不能判定颜色深浅时，可采用分光光度计测定待测液与甲醇对照液 570 nm 处的吸光度进行比较判定。

（张志宏）

第五节　食品中重金属含量的测定

海产品味道鲜美，并富含不饱和脂肪酸、蛋白质、维生素及矿物质等营养成分，是人类健康膳食的优质食品。然而，当前近海区域因受城市发展和工业污水排放等的影响，其环境质量逐年下降，重金属已然成为海洋环境及其生物体内较常见的一类污染物。与其他环境污染物所不同，重金属无法通过微生物分解等作用而自然净化。此外，海洋生物对铅、汞、镉等具有较强的亲和力，导致这些有害重金属物质发生不同程度的富集，并通过生物链而放大。如果人经常食用重金属超标的鱼、贝、虾等海产品，有可能出现神经功能障碍、生殖异常、免疫功能障碍等健康损害情况，例如人类历史上的公害疾病“痛痛病”“水俣病”。因此，海产品重金属污染问题值得关注。

【问题 1】作为食品卫生监督人员，你可采用什么方法获得海产品中汞、砷、镉、铬或铅的含量？

【问题 2】在汞、砷、镉、铬或铅的检测过程中我们需要注意哪些事项？

【问题 3】请设计一个实验方案了解海南地区市售常见海产品中汞、砷、镉、铬和（或）铅的分布情况以及其影响因素。

一、食品中总汞及有机汞含量的测定

参照食品安全国家标准《食品安全国家标准 食品中总汞及有机汞的测定》（GB 5009.17—2021），食品中总汞及有机汞的测定方法包括适用于测总汞的原子荧光光谱法（AFS）、直接进样测汞法、电感耦合等离子体质谱法（ICP - MS）和冷原子吸收光谱法（CV - AAS），以及适用于测甲基汞的液相色谱—原子荧光光谱联用法（LC - AFS）和液相色谱—电感耦合等离子体质谱联用法（LC - ICP/MS）。其中，由于 ICP - MS 检测法费用较昂贵，一般不推荐用此法单独测定总汞，故此部分内容不作单独介绍。若有需要，建议采用“食品中多元素的测定”中 ICP - MS 法同时测定汞、砷、镉、铬、铅等多种元素。

方法一　原子荧光光谱法测定食品中的总汞

（一）实验目的

掌握原子荧光光谱法测定食品中总汞含量的原理及其卫生评价。

熟悉食品中总汞的测定样品预处理和消解方法及步骤。

（二）原理

试样经酸加热消解后，在酸性介质中，试样中汞被硼氢化钾还原成原子态汞，由载气（氩气）带入原子化器中，在汞空心阴极灯照射下，基态汞原子被激发至高能态，再由高能态回到基态时，发射出特征波长的荧光，其荧光强度与汞含量成正比，外标法定量。

（三）主要试剂与仪器

除非另有说明，本方法所用试剂均为优级纯，水为 GB/T 6682 规定的一级水。

1. 主要试剂

（1）硝酸（HNO_3）。

（2）硫酸（H_2SO_4）。

（3）氢氧化钾（KOH）。

（4）硼氢化钾（KBH_4）：分析纯。

（5）重铬酸钾（$K_2Cr_2O_7$）。

（6）氯化汞（$HgCl_2$，CAS 号：7487 -94 -7）：纯度≥99%。或购买经国家认证并授予标准物质证书的汞标准溶液。

2. 溶液配制

（1）硝酸溶液（1 +4）：量取 500 mL 硝酸，缓缓加入 2000 mL 水中。

（2）硝酸溶液（1 +9）：量取 50 mL 硝酸，缓缓加入 450 mL 水中。

（3）硝酸溶液（5 +95）：量取 50 mL 硝酸，缓缓加入 950 mL 水中。

（4）氢氧化钾溶液（5 g/L）：称取 5.0 g 氢氧化钾，以水溶解并定容至 1000 mL，混匀备用。

（5）硼氢化钾溶液（5 g/L）：称取 5.0 g 硼氢化钾，用 5 g/L 的氢氧化钾溶液溶解并定容至 1000 mL，混匀。现用现配。

（6）重铬酸钾的硝酸溶液（0.5 g/L）：称取 0.5 g 重铬酸钾，以硝酸溶液（5 +95）溶解并定容至 1000 mL，混匀。

（7）汞标准储备液（1.0 mg/mL）：准确称取 0.1354 g 氯化汞，用重铬酸钾的硝酸溶液（0.5 g/L）溶解并转移至 100 mL 容量瓶中，稀释至刻度，混匀，于 4 ℃冰箱中避光保存，可保存 2 年。

（8）汞标准中间液（10.0 μg/mL）：吸取 1.00 mL 汞标准储备液（1.00 mg/mL）于 100 mL 容量瓶中，用重铬酸钾的硝酸溶液（0.5 g/L）稀释至刻度，混匀，于 4 ℃冰箱中避光保存，可保存 1 年。

（9）汞标准使用液（50.0 μg/L）：吸取 0.50 mL 汞标准中间液（10 μg/mL）于 100 mL 容量瓶中，用重铬酸钾的硝酸溶液（0.5 g/L）稀释至刻度，混匀，现用现配。

（10）汞标准系列溶液：分别吸取 50 μg/L 汞标准使用液 0.00 mL、0.20 mL、0.50 mL、1.00 mL、1.50 mL、2.00 mL、2.50 mL 于 50 mL 容量瓶中，用硝酸溶液（1 +9）稀释至刻度，混匀制成汞浓度为 0.00 μg/L、0.20 μg/L、0.50 μg/L、1.00 μg/L、1.50 μg/L、2.00 μg/L、2.50 μg/L 的标准系列工作液。现用现配。

3. 仪器和设备

（1）原子荧光光谱仪：配汞空心阴极灯。

（2）样品粉碎设备：匀浆机、高速粉碎机等。

（3）分析天平：感量为0.01 mg、0.1 mg和1 mg。

（4）微波消解系统：配有聚四氟乙烯消解内罐。

（5）压力消解器：配有聚四氟乙烯消解内罐。

（6）控温电热板（50～200 ℃）。

（7）超声水浴箱。

（8）恒温干燥箱（50～300 ℃）。

（四）实验步骤

1. 试样预处理

（1）粮食、豆类等样品取可食部分粉碎均匀，装入洁净聚乙烯瓶中，密封保存备用。

（2）蔬菜、水果、鱼类、肉类及蛋类等新鲜样品，洗净晾干，取可食部分匀浆，装入洁净聚乙烯瓶中，密封，于2～8 ℃冰箱冷藏备用。

（3）乳及乳制品匀浆或均质后装入洁净聚乙烯瓶中，密封，于2～8 ℃冰箱冷藏备用。

2. 试样消解

（1）微波消解法。

称取固体或植物油等难消解的试样0.2～0.5 g、含水分较多的样品0.2～0.8 g或液体试样1.0～3.0 g（均精确到0.001 g），置于消解罐中，加入5～8 mL硝酸，加盖放置1 h，旋紧罐盖，按照微波消解仪的标准操作步骤进行消解，消解参考条件见表3－15。冷却后取出，缓慢打开罐盖排气，用少量水冲洗内盖，将消解罐放在控温电热板上或超声水浴箱中，于80 ℃加热或超声脱气3～6 min，赶去棕色气体，取出消解内罐，将消化液转移至25 mL塑料容量瓶中，用少量水分3次洗涤内罐，洗涤液合并于容量瓶中并定容至刻度，混匀备用。同时做空白试验。

表3－15 总汞含量检测样品的微波消解参考条件

步骤	温度（℃）	升温时间（min）	保温时间（min）
1	120	5	5
2	160	5	10
3	190	5	25

（2）压力罐消解法。

称取固体试样0.2～1.0 g、含水分较多的样品0.2～2.0 g或液体试样1.0～5.0 g（均精确到0.001 g），对于植物油等难消解的试样称取0.2～0.5 g（精确到0.001 g），置于消解内罐中，加入5 mL硝酸浸泡，放置1 h或过夜。盖好内盖，旋紧不锈钢外套，放入恒温干燥箱，140～160 ℃条件下保持4～5 h，在箱内自然冷却至室温，然后缓慢旋松不锈钢外套，将消解内罐取出，用少量水冲洗内盖，放在控温电热板上或超声波清洗器中，于80 ℃下加热或超声脱气3～6 min赶去棕色气体。取出消解内罐，将消化液转移至

25 mL 容量瓶中，用少量水分3次洗涤内罐，洗涤液合并于容量瓶中并定容至刻度，混匀备用。同时作空白试验。

（3）回流消解法。

①粮食：称取1.0～4.0 g（精确到0.001 g）试样，置于消化装置锥形瓶中，加玻璃珠数粒，加45 mL硝酸、10 mL硫酸，转动锥形瓶防止局部炭化。装上冷凝管后，小火加热，待开始发泡即停止加热，发泡停止后，加热回流2 h。如加热过程中溶液变棕色，再加5 mL硝酸，继续回流2 h，消解到样品完全溶解，一般呈淡黄色或无色，放冷后从冷凝管上端小心加20 mL水，继续加热回流10 min后放冷，用适量水冲洗冷凝管，冲洗液并入消化液中，将消化液经玻璃棉过滤于100 mL容量瓶内，用少量水洗涤锥形瓶、滤器，洗涤液并入容量瓶内，加水至刻度，混匀备用。同时做空白试验。

②植物油及动物油脂：称取1.0～3.0 g（精确到0.001 g）试样，置于消化装置锥形瓶中，加玻璃珠数粒，加入7 mL硫酸，小心混匀至溶液颜色变为棕色，然后加40 mL硝酸。以下按“回流消解法①粮食”中“装上冷凝管后，小火加热……同时做空白试验”步骤操作。

③薯类、豆制品：称取1.0～4.0 g（精确到0.001 g）试样，置于消化装置锥形瓶中，加玻璃珠数粒及30 mL硝酸、5 mL硫酸，转动锥形瓶防止局部炭化。以下按“回流消解法①粮食”中“装上冷凝管后，小火加热……同时做空白试验”步骤操作。

④肉、蛋类：称取0.5～2.0 g（精确到0.001 g）试样，置于消化装置锥形瓶中，加玻璃珠数粒及30 mL硝酸、5 mL硫酸，转动锥形瓶防止局部炭化。以下按“回流消解法①粮食”中“装上冷凝管后，小火加热……同时做空白试验”步骤操作。

⑤乳及乳制品：称取1.0～4.0 g（精确到0.001 g）试样，置于消化装置锥形瓶中，加玻璃珠数粒及30 mL硝酸，乳加10 mL硫酸，乳制品加5 mL硫酸，转动锥形瓶防止局部炭化。以下按“回流消解法①粮食”中“装上冷凝管后，小火加热……同时做空白试验”步骤操作。

3. 仪器参考条件

根据仪器性能调至最佳状态。光电倍增管负高压：240 V；汞空心阴极灯电流：30 mA；原子化器温度：200 ℃；载气流速：500 mL/min；屏蔽气流速：1000 mL/min。

4. 样品测定

（1）标准曲线的制作。设定好原子荧光光谱仪最佳条件，连续用硝酸溶液（1＋9）进样，待读数稳定之后，将标准系列工作液由低至高浓度顺序分别注入仪器中，测得各浓度标准工作液特征波长的荧光强度，以标准工作液的汞浓度为横坐标，以荧光强度为纵坐标，绘制标准曲线。

（2）试样溶液的测定。标准系列工作液测定后，先用硝酸溶液（1＋9）进样，使仪器读数基本回零，再分别注入试样空白和试样消化液测定，得到空白和试样溶液的荧光强度，根据标准曲线得到待测液中汞的浓度。

（五）结果计算

试样中汞含量按公式3－12计算。

$$X = \frac{(C - C_0) \times V \times 1000}{m \times 1000 \times 1000} \quad (公式3-12)$$

在公式3－12中：

X：试样中汞的含量，单位为毫克每千克（mg/kg）；

C：测定样液中汞的浓度，单位为微克每升（μg/L）；

C_0：空白液中汞的浓度，单位为微克每升（μg/L）；

V：试样消化液定容总体积，单位为毫升（mL）；

m：试样称样质量，单位为克（g）；

1000：换算系数。

当汞含量≥1.00 mg/kg时，计算结果保留3位有效数字，否则保留2位有效数字。

（六）注意事项

（1）所用玻璃器皿及聚四氟乙烯消解内罐均需以硝酸溶液（1＋4）浸泡24 h以上，用水及超纯水冲洗干净。浸泡器皿的硝酸溶液不能长期反复使用，要定期更换。

（2）在采样和制备过程中，应注意不使试样受污染。

（3）制备的样品要求均匀，例如含气样品使用前应除气。

（4）利用微波消解法进行试样消解时，对于难消解的样品，在放入微波消解仪前可往消解罐内液体再加入0.5～1 mL过氧化氢协助消解，但一般双氧水纯度不高、杂质较多，且酸消解效果通常已较好，故实际工作中很少使用双氧水。

（5）实际工作中，样品消解优选微波消解法，压力罐消解法较少用，而回流消解法多用于一些基质简单的样品类型，例如果汁。

（6）本法中还原剂除了硼氢化钾外，还可以使用硼氢化钠，配制方法为称取3.5 g硼氢化钠，用3.5 g/L的氢氧化钠溶液溶解并定容至1000 mL，混匀，现用现配。

（7）标准系列工作液中的汞浓度范围可根据仪器的灵敏度及样品中汞的实际含量微调。

（8）每次测不同的试样前都应清洗进样器。

（9）若样品液中汞浓度过高，测定结果超出标准曲线浓度范围时，应适当稀释后（或适当调整称样量或定容体积）再进行分析测定，计算结果时乘以相应的稀释倍数。

（10）方法精密度要求：对于在重复性条件下获得的两次独立测定结果，样品中汞含量＞1 mg/kg时，绝对差值不得超过算术平均值的10%；0.1 mg/kg＜样品中汞含量≤1 mg/kg时，绝对差值不得超过算术平均值的15%；样品中汞含量≤0.1 mg/kg，绝对差值不得超过算术平均值的20%。

（11）当样品称样量为0.5 g，定容体积为25 mL时，方法检出限0.003 mg/kg，方法定量限0.01 mg/kg。

方法二　直接进样法测定食品中的总汞

（一）实验目的

掌握直接进样法测定食品中总汞含量的原理及其卫生评价。

熟悉食品中总汞的测定样品预处理方法。

（二）原理

样品经高温灼烧及催化热解后，汞被还原成汞单质，用金汞齐富集或直接通过载气带入检测器，在253.7 nm 波长处测量汞的原子吸收信号，或由汞灯激发检测汞的原子荧光信号，外标法定量。

（三）主要试剂与仪器

除非另有说明，本方法所用试剂均为优级纯，水为GB/T 6682 规定的一级水。

1. 主要试剂

（1）硝酸（HNO_3）。

（2）重铬酸钾（$K_2Cr_2O_7$）：分析纯。

（3）氯化汞（$HgCl_2$，CAS 号：7487－94－7）：纯度≥99%。或购买经国家认证并授予标准物质证书的汞标准溶液。

2. 溶液配制

（1）硝酸溶液（1＋4）：量取500 mL 硝酸，缓缓加入2000 mL 水中。

（2）硝酸溶液（5＋95）：量取50 mL 硝酸，缓缓加入950 mL 水中。

（3）重铬酸钾的硝酸溶液（0.5 g/L）：称取0.5 g 重铬酸钾，以硝酸溶液（5＋95）溶解并定容至1000 mL，混匀。

（4）汞标准储备液（1.0 mg/mL）：同“方法一 原子荧光光谱法测定食品中的总汞”中汞标准储备液配制方法。

（5）汞标准中间液（100.0 μg/mL）：吸取10.0 mL 汞标准储备液（1.00 mg/mL）于100 mL 容量瓶中，用重铬酸钾的硝酸溶液（0.5 g/L）稀释至刻度，混匀，于4 ℃冰箱中避光保存，可保存1 年。

（6）汞标准使用液（10.0 mg/L）：吸取10.0 mL 汞标准中间液（100 mg/L）于100 mL 容量瓶中，用重铬酸钾的硝酸溶液（0.5 g/L）稀释至刻度，混匀，于4 ℃冰箱中避光保存，可保存1 年。

（7）汞标准系列溶液：准确吸取汞标准使用液（10.0 mg/L），以重铬酸钾的硝酸溶液（0.5 g/L）逐级稀释成浓度为0.0 μg/L、10.0 μg/L、50.0 μg/L、100 μg/L、200 μg/L、300 μg/L和400 μg/L 的低浓度系列标准溶液；准确吸取汞标准中间液（100 mg/L），用重铬酸钾的硝酸溶液（0.5 g/L）逐级稀释成浓度为0.4 mg/L、0.8 mg/L、1.0 mg/L、2.0 mg/L、3.0 mg/L、4.0 mg/L 和6.0 mg/L 的高浓度系列标准溶液。

3. 仪器和设备

（1）直接测汞仪。

（2）样品粉碎设备：匀浆机、高速粉碎机。

（4）分析天平：感量为0.01 mg、0.1 mg 和1 mg。

（5）马弗炉。

（6）样品舟：镍舟或石英舟。

（7）载气：氧气（99.9%）或空气；氩氢混合气（v∶v＝9∶1，99.9%）。

（8）筛网：粒径≤425 μm（或筛孔≥40 目）。

（四）实验步骤

1. 试样预处理

（1）粮食、豆类等样品取可食部分粉碎均匀，粒径≤425 μm（相当于筛孔≥40 目），装入洁净聚乙烯瓶中，密封保存备用。

（2）蔬菜等高含水样品，洗净晾干，水产品、肉类、蛋类等样品，取可食部分匀浆至均质，装入洁净聚乙烯瓶中，密封，于 2～8 ℃冰箱冷藏备用。

（3）速冻及罐头食品取可食部分匀浆至均质，装入洁净聚乙烯瓶中，密封，于 2～8 ℃冰箱冷藏备用。

（4）乳及其制品摇匀取样。

2. 测定

（1）仪器参考条件。根据仪器性能调至最佳状态。催化热解金汞齐冷原子吸收测汞仪参考条件见表 3－16，催化热解金汞齐原子荧光测汞仪参考条件见表 3－17，热解冷原子吸收测汞仪参考条件见表 3－18。

表 3－16　催化热解金汞齐冷原子吸收测汞仪检测食品中总汞含量的参考条件

步骤	仪器参数	指标值
1	样品灼烧温度	200～300 ℃
	样品灼烧时间	30～70 s
2	完全分解温度	650～800 ℃
	完全分解时间	60～180 s
3	催化热解温度	650～800 ℃
4	汞齐分解温度	600～900 ℃
	汞齐分解时间	12～60 s
5	载气（氧气）流速	200～350 mL/min

表 3－17　催化热解金汞齐原子荧光测汞仪检测食品中总汞含量的参考条件

步骤	仪器参数	指标值
1	样品干燥温度	200～300 ℃
	样品干燥时间	30～70 s
2	完全分解温度	650～800 ℃
	完全分解时间	60～180 s
3	催化热解温度	650～800 ℃
4	汞齐分解温度	600～900 ℃
	汞齐分解时间	10～30 s

续表 3－17

步骤	仪器参数	指标值
5	助燃气（空气）流速	500 ～ 700 mL/min
	载气（氩氢气）流速	500 ～ 1000 mL/min

表 3－18　热解冷原子吸收测汞仪检测食品中总汞含量的参考条件

推荐运行加热模式	载气（空气）流速（L/min）	第一热处理室（蒸发室）温度（℃）	第二热处理室（补燃室）温度（℃）	分析单元温度（℃）
一般样品	0.8 ～ 1.2	370 ～ 430	600 ～ 770	680 ～ 730
高脂样品	0.8 ～ 1.2	170 ～ 230	600 ～ 770	680 ～ 730

（2）样品舟净化。将样品舟中残留的样品灰烬处理干净后，可使用仪器自带加热程序或马弗炉高温灼烧（600 ～ 800 ℃）20 min 以上，去除汞残留。

（3）标准曲线的制作。按仪器参考条件（表 3－16 ～ 3－18）调整仪器到最佳状态，分别吸取 0.1 mL 的低浓度和高浓度汞标准系列溶液置于样品舟中，低浓度标准系列汞质量为 0.0 ng、1.0 ng、5.0 ng、10.0 ng、20.0 ng、30.0 ng、40.0 ng，高浓度标准系列汞质量为 40.0 ng、80.0 ng、100 ng、200 ng、300 ng、400 ng、600 ng，按照汞质量由低到高的顺序，依次进行标准系列溶液的测定，记录信号响应值。以各系列标准溶液中汞的质量（ng）为横坐标，以其对应的信号响应值为纵坐标，分别绘制低浓度或高浓度汞标准曲线。

（4）试样的测定。根据样品类型，准确称取 0.05 ～ 0.5 g（精确至 0.0001 g 或 0.001 g）样品于样品舟中，按照仪器设定的参考条件（表 3－16 ～ 3－18）进行测定，获得相应的原子吸收或原子荧光光谱信号值，从标准曲线读取对应的汞质量，计算出样品中汞的含量，每个样品做平行样品测定，取平均值。

（五）结果计算

试样中汞含量按公式 3－13 计算：

$$X = \frac{m_0 \times 1000}{m \times 1000 \times 1000} \qquad \text{（公式 3－13）}$$

在公式 3－13 中：

X：试样中汞的含量，单位为毫克每千克（mg/kg）；

m_0：试样中的汞质量，单位为纳克（ng）；

m：试样称样质量，单位为克（g）；

1000：换算系数。

当汞含量≥1.00 mg/kg 时，计算结果保留 3 位有效数字，否则保留 2 位有效数字。

（六）注意事项

（1）在采样和制备过程中，应注意不使试样受污染。

（2）制备的样品要求均匀，例如含气样品使用前应除气。

（3）本法标准系列工作液中的汞质量浓度范围可根据仪器所配置检测器的类型、量程或样品中汞的实际含量确定。

（4）若样品液中汞浓度过高，测定结果超出标准曲线浓度范围时，应适当稀释后（或适当调整称样量或定容体积）再进行分析测定，计算结果时乘以相应的稀释倍数。

（5）方法精密度要求：同“方法一 原子荧光光谱法测定食品中的总汞”方法精密度要求。

（6）当样品称样量为 0.1 g，方法检出限 0.0002 mg/kg，方法定量限 0.0005 mg/kg。

方法三 冷原子吸收光谱分析法测定食品中的总汞

（一）实验目的

掌握冷原子吸收光谱分析法测定食品中总汞含量的原理及其卫生评价。

熟悉食品中总汞的测定样品预处理和消解方法及步骤。

（二）原理

汞蒸气对波长 253.7 nm 的共振线具有强烈的吸收作用。试样经过酸消解或催化酸消解使汞转为离子状态，在强酸性介质中以氯化亚锡还原成元素汞，载气（氩气）将其吹入汞测定仪中的吸收室，来自汞空心阴极灯的波长 253.7 nm 的紫外光线通过吸收室时会因部分被汞吸收而减弱，且光线减弱的程度与气体中的汞含量成正比，外标法定量。

（三）主要试剂与仪器

除非另有说明，本方法所用试剂均为优级纯，水为 GB/T 6682 规定的一级水。

1. 主要试剂

（1）硝酸（HNO_3）。

（2）硫酸（H_2SO_4）。

（3）盐酸（HCl）。

（4）无水氯化钙（$CaCl_2$）：分析纯。

（5）高锰酸钾（$KMnO_4$）：分析纯。

（6）重铬酸钾（$K_2Cr_2O_7$）：分析纯。

（7）二水氯化亚锡（$SnCl_2 \cdot 2H_2O$）：分析纯。

（8）氯化汞（$HgCl_2$，CAS 号：7487－94－7）：纯度≥99%。或购买经国家认证并授予标准物质证书的汞标准溶液。

2. 溶液配制

（1）硝酸溶液（1＋4）：量取 500 mL 硝酸，缓缓加入 2000 mL 水中。

（2）硝酸溶液（1＋9）：量取 50 mL 硝酸，缓缓加入 450 mL 水中。

（3）硝酸溶液（5＋95）：量取 50 mL 硝酸，缓缓加入 950 mL 水中。

（4）重铬酸钾的硝酸溶液（0.5 g/L）：称取 0.5 g 重铬酸钾，以硝酸溶液（5＋95）溶解并定容至 1000 mL，混匀。

（5）氯化亚锡溶液（100 g/L）：称取 10 g 氯化亚锡溶于 20 mL 盐酸中，90 ℃水浴中加热，轻微振荡，待氯化亚锡溶解成透明状后，冷却，用水稀释定容至 100 mL，加入几粒

金属锡，置阴凉、避光处保存。一经发现浑浊应重新配制。

（6）高锰酸钾溶液（50 g/L）：称取5.0 g高锰酸钾用水溶解，置于100 mL棕色瓶并稀释至100 mL。

（7）汞标准储备液（1.0 mg/mL）：同“方法一 原子荧光光谱法测定食品中的总汞”中汞标准储备液配制方法。

（8）汞标准中间液（10.0 mg/L）：同“方法一 原子荧光光谱法测定食品中的总汞”中汞标准中间液配制方法。

（9）汞标准使用液（50.0 μg/L）：同“方法一 原子荧光光谱法测定食品中的总汞”中汞标准使用液配制方法。

（10）汞标准系列溶液：同“方法一 原子荧光光谱法测定食品中的总汞”中汞标准系列溶液配制方法。

3. 仪器和设备

（1）测汞仪（附气体循环泵、气体干燥装置、汞蒸气发生装置及汞蒸气吸收瓶）。

（2）样品粉碎设备：匀浆机、高速粉碎机等。

（3）分析天平：感量为0.01 mg、0.1 mg和1 mg。

（4）微波消解系统：配有聚四氟乙烯消解内罐。

（5）压力消解器：配有聚四氟乙烯消解内罐。

（6）控温电热板（50～200 ℃）。

（7）超声水浴箱。

（8）恒温干燥箱（200～300 ℃）。

（四）实验步骤

1. 试样预处理

同“方法一 原子荧光光谱法测定食品中的总汞”中的试样预处理。

2. 试样消解

同“方法一 原子荧光光谱法测定食品中的总汞”中试样消解。

3. 仪器参考条件

打开测汞仪，预热1 h，并将仪器性能调至最佳状态。

4. 样品测定

（1）标准曲线的制作。

将5.0 mL标准系列溶液分别注入测汞仪的汞蒸气发生器中，连接抽气装置，沿壁迅速加入3.0 mL还原剂氯化亚锡（100 g/L），迅速盖紧瓶塞，随后有气泡产生，立即通过流速为1.0 L/min的氮气或经活性炭处理的空气，使汞蒸气经过氯化钙干燥管进入测汞仪中，从仪器读数显示的最高点测得其吸收值。打开吸收瓶上的三通阀，将产生的剩余汞蒸气吸收于高锰酸钾溶液（50 g/L）中，待测汞仪上的读数达到零点时进行下一次测定。同时做空白试验。以标准工作液的汞浓度为横坐标，以吸光度值为纵坐标，绘制标准曲线。

（2）试样溶液的测定。

分别吸取试样空白和试样消化液各5.0 mL置于测汞仪的汞蒸气发生器的还原瓶中，以下按照上述标准曲线的制作中“连接抽气装置……同时做空白试验”进行操作。得到空白和试样溶液的吸光度，根据标准曲线得到待测液中汞的浓度。

（五）结果计算

试样中总汞含量按公式 3 - 14 计算：

$$X=\frac{(C-C_0)\times V\times 1000}{m\times 1000\times 1000} \qquad (公式3-14)$$

在公式 3 - 14 中：

X：试样中汞的含量，单位为毫克每千克（mg/kg）；

C：测定样液中汞的浓度，单位为微克每升（μg/L）；

C_0：空白液中汞的浓度，单位为微克每升（μg/L）；

V：试样消化液定容总体积，单位为毫升（mL）；

m：试样称样质量，单位为克（g）；

1000：换算系数。

当汞含量≥1.00 mg/kg 时，计算结果保留 3 位有效数字，否则保留 2 位有效数字。

（六）注意事项

（1）所用玻璃器皿及聚四氟乙烯消解内罐均需以硝酸溶液（1 + 4）浸泡 24 h 以上，用水及超纯水冲洗干净。浸泡器皿的硝酸溶液不能长期反复使用，要定期更换。

（2）在采样和制备过程中，应注意不使试样受污染。

（3）制备的样品要求均匀，例如含气样品使用前应除气。

（4）利用微波消解法进行试样消解时，对于难消解的样品，在放入微波消解仪前可往消解罐内液体再加入 0.5～1 mL 过氧化氢协助消解，但一般双氧水纯度不高、杂质较多，且酸消解效果通常已较好，故实际工作中很少使用双氧水。

（5）实际工作中，样品消解优选微波消解法，压力罐消解法较少用，而回流消解法多用于一些基质简单的样品类型，例如果汁。

（6）标准系列工作液中的汞浓度范围可根据仪器的灵敏度及样品中汞的实际含量微调。

（7）若样品液中汞浓度过高，测定结果超出标准曲线浓度范围时，应适当稀释后（或适当调整称样量或定容体积）再进行分析测定，计算结果时乘以相应的稀释倍数。

（8）方法精密度要求：同“方法一 原子荧光光谱法测定食品中的总汞”方法精密度要求。

（9）当样品称样量为 0.5 g，定容体积为 25 mL 时，方法检出限 0.002 mg/kg，方法定量限 0.007 mg/kg。

方法四 液相色谱—原子荧光光谱联用法测定食品中的甲基汞

（一）实验目的

掌握液相色谱—原子荧光光谱联用法测定食品中甲基汞含量的原理及其卫生评价。

熟悉食品中甲基汞的测定样品预处理和消解方法及步骤。

（二）实验原理

食品中甲基汞经超声波辅助 5 mol/L 盐酸溶液提取后，使用 C18 反相色谱柱分离，色谱流出液进入在线紫外消解系统，在紫外光照射下与强氧化剂过硫酸钾反应，甲基汞转化为无机汞。酸性环境下，无机汞与硼氢化钾在线反应生成汞蒸气，由原子荧光光谱仪测定。根据保留时间定性，外标法定量。

（三）试剂材料和仪器

除非另有说明，本方法所用试剂均为分析纯，水为 GB/T 6682 规定的一级水。

1. 主要试剂

（1）硝酸（HNO_3）：优级纯。

（2）盐酸（HCl）：优级纯。

（3）氢氧化钠（NaOH）。

（4）L－半胱氨酸［L－$HSCH_2CH(NH_2)COOH$］：生化试剂，≥98.5%。

（5）甲醇（CH_3OH）：色谱纯。

（6）乙酸铵（CH_3COONH_4）。

（7）氢氧化钾（KOH）。

（8）硼氢化钾（KBH_4）。

（9）过硫酸钾（$K_2S_2O_8$）。

（10）氨水（$NH_3 \cdot H_2O$）

（11）重铬酸钾（$K_2Cr_2O_7$）。

（12）氯化汞（$HgCl_2$，CAS 号：7487－94－7）：纯度≥99%。或购买经国家认证并授予标准物质证书的汞标准溶液。

（13）氯化甲基汞（$HgCH_3Cl$，CAS 号：115－09－3）：纯度≥99%。或购买经国家认证并授予标准物质证书的甲基汞标准溶液。

（14）氯化乙基汞（$HgCH_3CH_2Cl$，CAS 号：107－27－7）：纯度≥99%。或购买经国家认证并授予标准物质证书的乙基汞标准溶液。

2. 溶液配制

（1）硝酸溶液（1＋4）：量取 500 mL 硝酸，缓缓加入 2000 mL 水中，混匀。

（2）硝酸溶液（5＋95）：量取 5 mL 硝酸，缓缓加入 95 mL 水中，混匀。

（3）盐酸溶液（5 mol/L）：量取 208 mL 盐酸，加水稀释至 500 mL。

（4）盐酸溶液（1＋9）：量取 100 mL 盐酸，加水稀释至 1000 mL。

（5）氢氧化钠溶液（6 mol/L）：称取 24 g 氢氧化钠，溶于水，冷却后稀释至 100 mL。

（6）L－半胱氨酸溶液（10 g/L）：称取 0.1 g L－半胱氨酸，溶于 10 mL 水中。现用现配。

（7）流动相（3% 甲醇 ＋ 0.04 mol/L 乙酸铵 ＋ 1 g/L L－半胱氨酸）：称取 0.5 g L－半胱氨酸、1.6 g 乙酸铵，用 100 mL 水溶解，加入 15 mL 甲醇，用水稀释至 500 mL。经 0.45 μm 有机系滤膜过滤后，于超声水浴中超声脱气 30 min。现用现配。

（8）氢氧化钾溶液（2 g/L）：称取 2.0 g 氢氧化钾，以水溶解并稀释至 1000 mL，混匀。

（9）硼氢化钾溶液（2 g/L）：称取 2.0 g 硼氢化钾，用氢氧化钾溶液（2 g/L）溶解并稀释至 1000 mL，混匀。现用现配。

（10）过硫酸钾溶液（2 g/L）：称取 1.0 g 过硫酸钾，用氢氧化钾溶液（2 g/L）溶解并稀释至 500 mL。现用现配。

（11）重铬酸钾的硝酸溶液（0.5 g/L）：称取 0.5 g 重铬酸钾，以硝酸溶液（5 +95）溶解并稀释至 1000 mL，混匀。

（12）甲醇溶液（1 +1）：量取甲醇 100 mL，加入 100 mL 水中，混匀。

（13）汞标准储备液（200 μg/mL，以 Hg 计）：准确称取 0.0270 g 氯化汞，用重铬酸钾的硝酸溶液（0.5 g/L）溶解并转移至 100 mL 容量瓶中，稀释至刻度，混匀，于 4 ℃冰箱中避光保存，可保存 1 年。

（14）甲基汞标准储备液（200 μg/mL，以 Hg 计）：准确称取 0.0250 g 氯化甲基汞，加少量甲醇溶解，用甲醇溶液（1 +1）稀释和定容至 100 mL，混匀，于 4 ℃冰箱中避光保存，可保存 1 年。

（15）乙基汞标准储备液（200 μg/mL，以 Hg 计）：准确称取 0.0265 g 氯化乙基汞，加入少量甲醇溶解，用甲醇水溶液（1 +1）稀释并定容至 100 mL。于 4 ℃冰箱中避光保存，有效期 1 年。

（16）混合标准使用液（1.0 mg/L，以 Hg 计）：分别准确移取汞标准储备液、甲基汞标准储备液和乙基汞标准储备液各 0.5 mL，置于 100 mL 容量瓶中，以流动相稀释至刻度，摇匀，现用现配。

（17）混合标准溶液（10.0 μg/L，以 Hg 计）：准确吸取 0.25 mL 混合标准使用液（1.0 mg/L）于 25 mL 容量瓶中，以流动相稀释并定容至刻度。现用现配。

（18）甲基汞标准使用液（1.0 mg/L，以 Hg 计）：准确吸取 0.5 mL 甲基汞标准储备液于 100 mL 容量瓶中，以流动相稀释并定容至刻度，摇匀。现用现配。

（19）甲基汞标准系列溶液：分别准确吸取甲基汞标准使用液（1.0 mg/L）0.00 mL、0.01 mL、0.05 mL、0.10 mL、0.30 mL、0.50 mL 于 10 mL 容量瓶中，用流动相稀释并定容至刻度。此标准系列溶液的浓度分别为 0.0 μg/L、1.0 μg/L、5.0 μg/L、10.0 μg/L、30.0 μg/L、50.0 μg/L。临用现配。

3. 仪器和设备

（1）液相色谱—原子荧光光谱联用仪（LC - AFS）：由液相色谱仪、在线紫外消解系统及原子荧光光谱仪组成。

（2）样品粉碎设备：匀浆机、高速粉碎机等。

（3）分析天平：感量为 0.01 mg、0.1 mg 和 1 mg。

（4）冷冻离心机：转速≥8000 r/min。

（5）超声水浴箱。

（6）有机系滤膜：0.45 μm。

（7）筛网：粒径≤425 μm（或筛孔≥40 目）。

（四）实验步骤

1. 试样预处理

（1）大米、食用菌、水产动物及其制品的干剂样品，取可食部分粉碎均匀，粒径≤425 μm（相当于筛孔≥40 目），装入洁净聚乙烯瓶中，密封保存备用。

（2）食用菌、水产动物等湿剂样品，洗净晾干，取可食部分匀浆，装入洁净聚乙烯瓶中，密封，于2～8 ℃冰箱冷藏备用。

2. 试样提取

称取干剂样品0.20～1.0 g或湿剂样品0.50～2.0 g（精确到0.001 g），置于15 mL塑料离心管中，加入10 mL 盐酸溶液（5 mol/L）。室温下超声水浴提取60 min，期间振摇数次。4 ℃下以8000 r/min 转速离心15 min。准确吸取2.0 mL 上清液至5 mL 容量瓶或刻度试管中，逐滴加入氢氧化钠溶液（6 mol/L），使样液pH 为3～7。加入0.1 mL L－半胱氨酸溶液（10 g/L），最后用水稀释定容至刻度。采用0.45 μm 有机系滤膜过滤，待测。同时做空白试验。

3. 仪器参考条件

（1）液相色谱参考条件。

色谱柱：C18 分析柱（柱长150 mm，内径4.6 mm，粒径5 μm）或等效色谱柱，C18 预柱（柱长10 mm，内径4.6 mm，粒径5 μm）或等效色谱柱。

流动相：3% 甲醇 ＋ 0.04 mol/L 乙酸铵 ＋ 1 g/L L－半胱氨酸。

流速：1.0 mL/min。

进样体积：100 μL。

（2）原子荧光检测参考条件。

负高压：300 V。

汞灯电流：30 mA。

原子化方式：冷原子。

载液及流速：盐酸溶液（1＋9），4.0 mL/min。

还原剂及流速：2 g/L 硼氢化钾溶液，4.0 mL/min。

氧化剂及流速：2 g/L 过硫酸钾溶液，1.6 mL/min。

载气流速：500 mL/min。

辅助气流速：600 mL/min

4. 样品测定

（1）标准曲线的制作。设定液相色谱—原子荧光光谱联用仪最佳条件，待基线稳定后，测定混合标准溶液（10 μg/L），确定各汞形态的分离度，待分离度（R＞1.5）达到要求后，将甲基汞标准系列溶液按由低到高浓度分别注入仪器中进行测定，以标准工作液中目标化合物的浓度为横坐标，以色谱峰面积或峰高为纵坐标，绘制标准曲线。汞形态混合标准溶液的色谱图见图3－2。

（2）试样溶液的测定。依次将空白溶液和试样溶液注入仪器中，得到色谱图（见图3－3～3－5），以保留时间定性，根据标准曲线得到试样溶液中甲基汞的浓度。

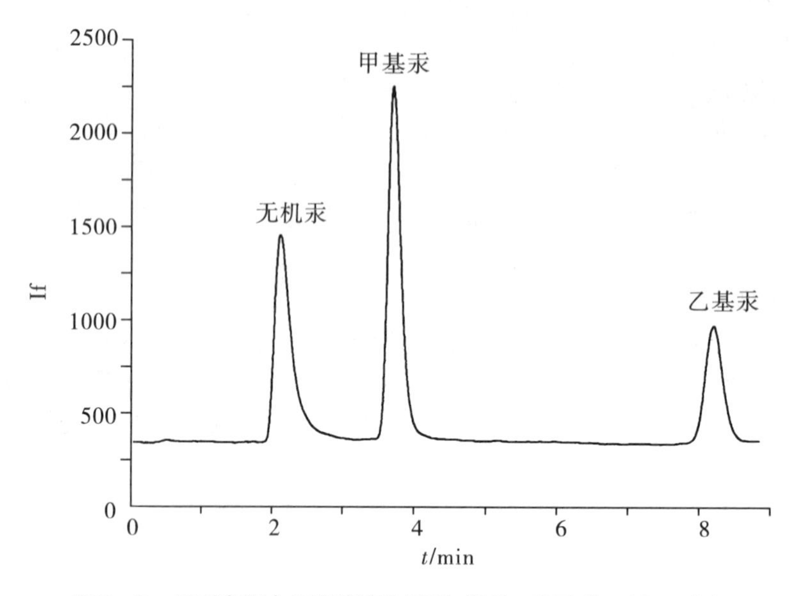

图 3－2　汞形态混合标准溶液色谱图（LC－AFS 法，10 μg/L）

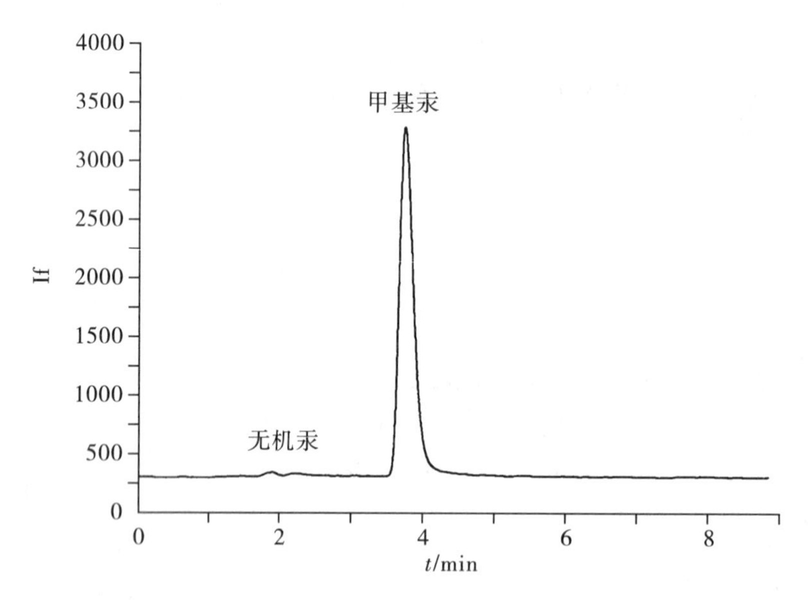

图 3－3　鱼肉试样汞测定色谱图（LC－AFS 法，10 μg/L）

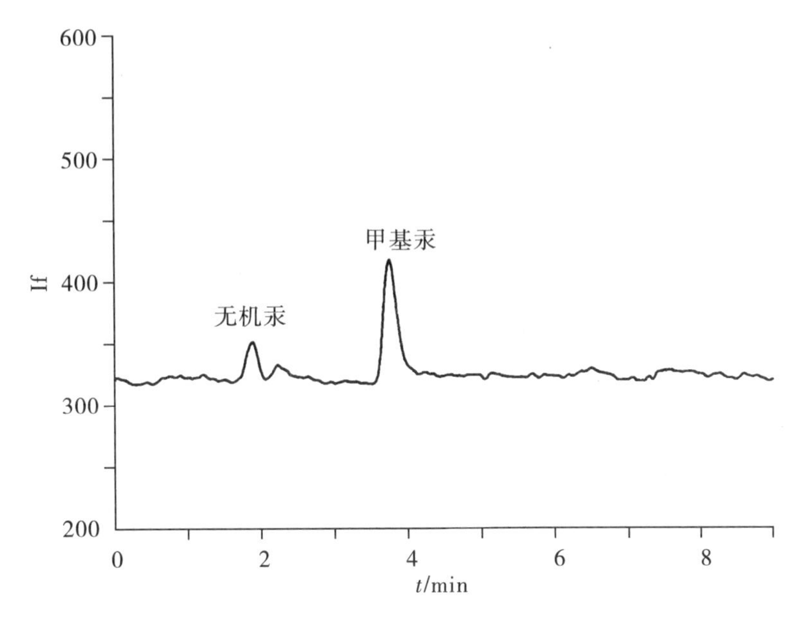

图 3－4　大米试样汞测定色谱图（LC－AFS 法，10 μg/L）

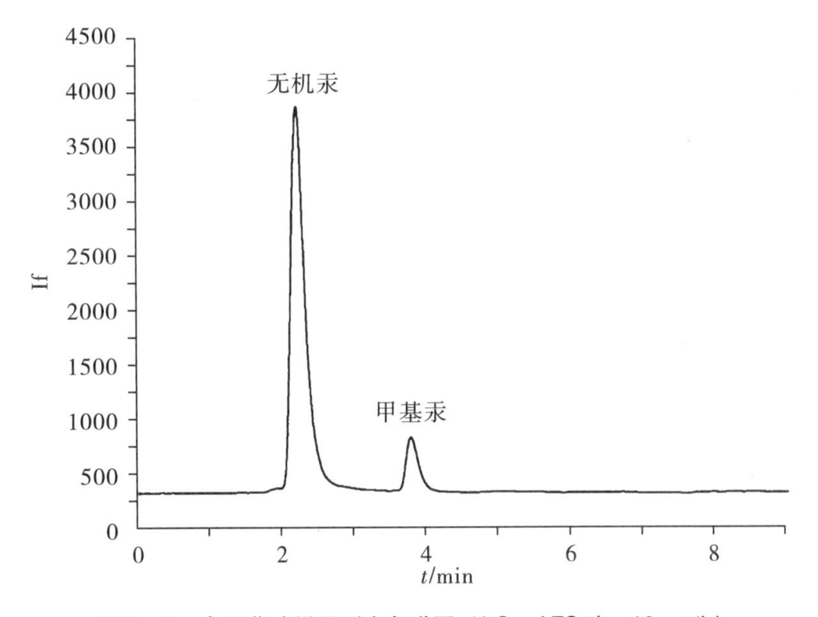

图 3－5　食用菌试样汞测定色谱图（LC－AFS 法，10 μg/L）

（五）结果计算

试样中甲基汞含量按公式 3－15 计算：

$$X=\frac{f\times(C-C_0)\times V\times 1000}{m\times 1000\times 1000}\qquad（公式 3－15）$$

在公式 3－15 中：

X：试样中甲基汞的含量（以 Hg 计），单位为毫克每千克（mg/kg）；

f：稀释因子，2.5；

C：测定样液中甲基汞的浓度，单位为微克每升（μg/L）；

C_0：空白液中甲基汞的浓度，单位为微克每升（μg/L）；

V：加入提取试剂的体积，单位为毫升（mL）；

m：试样称样质量，单位为克（g）；

1000：换算系数。

当甲基汞含量≥1.00 mg/kg 时，计算结果保留 3 位有效数字，否则保留 2 位有效数字。

（六）注意事项

（1）所用玻璃器皿及聚四氟乙烯消解内罐均需以硝酸溶液（1+4）浸泡 24 h 以上，用水及超纯水冲洗干净。浸泡器皿的硝酸溶液不能长期反复使用，要定期更换。

（2）在采样和制备过程中，应注意不使试样受污染。

（3）制备的样品要求均匀，例如含气样品使用前应除气。

（4）试样提取过程中，滴加氢氧化钠溶液（6 mol/L）时应缓慢逐滴加入，避免酸碱中和产生的热量来不及扩散，使温度很快升高，导致汞化合物挥发而造成测定值偏低。可选择加入 1～2 滴 0.1% 的甲基橙溶液作为指示剂，当滴定至溶液由红色变为橙色时即可。

（5）标准系列溶液中的甲基汞浓度范围可根据样品中甲基汞的实际含量微调。

（6）若样品液中汞浓度过高，测定结果超出标准曲线浓度范围时，应适当稀释后（或适当调整称样量或定容体积）再进行分析测定，计算结果时乘以相应的稀释倍数。

（7）方法精密度要求：同“方法一 原子荧光光谱法测定食品中的总汞”相应要求。

（8）当样品称样量为 1.0 g，加入 10 mL 提取试剂，稀释因子为 2.5 时，方法检出限 0.008 mg/kg，方法定量限 0.03 mg/kg。

方法五 液相色谱—电感耦合等离子体质谱联用法测定食品中的甲基汞

（一）实验目的

掌握液相色谱—电感耦合等离子体质谱联用法测定食品中甲基汞含量的原理及其卫生评价。

熟悉食品中甲基汞的测定样品预处理和消解方法及步骤。

（二）实验原理

试样中甲基汞经超声波辅助 5 mol/L 盐酸溶液提取后，使用 C18 反相色谱柱分离，分离后的目标化合物经过雾化由载气送入电感耦合等离子体炬焰中，经过蒸发、解离、原子化、电离等过程，大部分转化为带正电荷的离子，经离子采集系统进入质谱仪，质谱仪根据质荷比进行分离测定。以保留时间和质荷比定性，外标法定量。

（三）试剂材料和仪器

除非另有说明，本方法所用试剂均为优级纯，水为 GB/T 6682 规定的一级水。

1. 主要试剂

（1）硝酸（HNO_3）。

（2）盐酸（HCl）。

（3）L－半胱氨酸［L－$HSCH_2CH(NH_2)COOH$］：生化试剂，≥98.5%。

（4）甲醇（CH_3OH）：色谱纯。

（5）乙酸铵（CH_3COONH_4）：分析纯。

（6）氨水（$NH_3 \cdot H_2O$）

（7）重铬酸钾（$K_2Cr_2O_7$）：分析纯。

（8）氯化汞（$HgCl_2$，CAS 号：7487－94－7）：纯度≥99%。或购买经国家认证并授予标准物质证书的汞标准溶液。

（9）氯化甲基汞（$HgCH_3Cl$，CAS 号：115－09－3）：纯度≥99%。或购买经国家认证并授予标准物质证书的甲基汞标准溶液。

（10）氯化乙基汞（$HgCH_3CH_2Cl$，CAS 号：107－27－7）：纯度≥99%。或购买经国家认证并授予标准物质证书的乙基汞标准溶液。

2. 溶液配制

（1）硝酸溶液（1＋4）：量取 500 mL 硝酸，缓缓加入 2000 mL 水中，混匀。

（2）硝酸溶液（5＋95）：量取 5 mL 硝酸，缓缓加入 95 mL 水中，混匀。

（3）盐酸溶液（5 mol/L）：量取 208 mL 盐酸，加水稀释至 500 mL。

（4）氨水溶液（1＋1）：量取 50 mL 氨水，缓缓加入 50 mL 水中，混匀。

（5）L－半胱氨酸溶液（10 g/L）：称取 0.1 g L－半胱氨酸，溶于 10 mL 水中。现用现配。

（6）流动相（3% 甲醇 ＋ 0.04 mol/L 乙酸铵 ＋ 1 g/L L－半胱氨酸）：称取 0.5 g L－半胱氨酸、1.6 g 乙酸铵，用 100 mL 水溶解，加入 15 mL 甲醇，用水稀释至 500 mL。经 0.45 μm 有机系滤膜过滤后，于超声水浴中超声脱气 30 min。现用现配。

（7）重铬酸钾的硝酸溶液（0.5 g/L）：称取 0.5 g 重铬酸钾，以硝酸溶液（5＋95）溶解并稀释至 1000 mL，混匀。

（8）甲醇溶液（1＋1）：量取甲醇 100 mL，加入 100 mL 水中，混匀。

（9）汞标准储备液（200 μg/mL，以 Hg 计）：同“方法四 液相色谱—原子荧光光谱联用法测定食品中甲基汞的含量”中的汞标准储备液配制方法。

（10）甲基汞标准储备液（200 μg/mL，以 Hg 计）：同“方法四 液相色谱—原子荧光光谱联用法测定食品中甲基汞的含量”中的甲基汞标准储备液配制方法。

（11）乙基汞标准储备液（200 μg/mL，以 Hg 计）：同“方法四 液相色谱—原子荧光光谱联用法测定食品中甲基汞的含量”中的乙基汞标准储备液配制方法。

（12）混合标准使用液（1.0 mg/L，以 Hg 计）：同“方法四 液相色谱—原子荧光光谱联用法测定食品中甲基汞的含量”中的混合标准使用液配制方法。

（13）混合标准溶液（10.0 μg/L，以 Hg 计）：同“方法四 液相色谱—原子荧光光谱联用法测定食品中甲基汞的含量”中的混合标准溶液配制方法。

(14) 甲基汞标准使用液（1.0 mg/L，以 Hg 计）：同“方法四 液相色谱—原子荧光光谱联用法测定食品中甲基汞的含量”中的甲基汞标准使用液配制方法。

(15) 甲基汞标准系列溶液：同“方法四 液相色谱—原子荧光光谱联用法测定食品中甲基汞的含量”中的甲基汞标准系列溶液配制方法。

3. 仪器和设备

(1) 液相色谱—电感耦合等离子体质谱仪（LC－ICP－MS）：由液相色谱与电感耦合等离子体质谱仪组成。

(2) 样品粉碎设备：匀浆机、高速粉碎机等。

(3) 分析天平：感量为 0.01 mg、0.1 mg 和 1 mg。

(4) 冷冻离心机：转速≥8000 r/min。

(5) 超声水浴箱。

(6) 有机系滤膜：0.45 μm。

(7) 筛网：粒径≤425 μm（或筛孔≥40 目）。

(四) 实验步骤

1. 试样预处理

同“方法四液相色谱—原子荧光光谱联用法测定食品中甲基汞的含量”中的试样预处理。

2. 试样提取

称取干剂样品 0.20～1.0 g 或湿剂样品 0.50～2.0 g（精确到 0.001 g），置于 15 mL 塑料离心管中，加入 10 mL 盐酸溶液（5 mol/L）。室温下超声水浴提取 60 min，期间振摇数次。4 ℃下以 8000 r/min 转速离心 15 min。准确吸取 2.0 mL 上清液至 5 mL 容量瓶或刻度试管中，逐滴加入氨水溶液（1＋1），使样液 pH 为 3～7。加入 0.1 mL L－半胱氨酸溶液（10 g/L），最后用水稀释定容至刻度。采用 0.45 μm 有机系滤膜过滤，待测。同时做空白试验。

3. 仪器参考条件

(1) 液相色谱参考条件。

色谱柱：C18 分析柱（柱长 150 mm，内径 4.6 mm，粒径 5 μm）或等效色谱柱，C18 预柱（柱长 10 mm，内径 4.6 mm，粒径 5 μm）或等效色谱柱。

流动相：3% 甲醇 ＋ 0.04 mol/L 乙酸铵 ＋ 1 g/L L－半胱氨酸。

流速：1.0 mL/min。

进样体积：50 μL。

(2) 电感耦合等离子体质谱检测参考条件。

射频功率：1200～1550 W。

采样深度：8 mm。

雾化室温度：2 ℃。

载气流量：氩气，0.85 L/min。

补偿气流量：氩气，0.15 L/min。

积分时间：0.5 s。

检测质荷比（m/z）：202。

4. 样品测定

（1）标准曲线的制作。设定液相色谱—电感耦合等离子体质谱仪最佳条件，待基线稳定后，测定混合标准溶液（10 μg/L），确定各汞形态的分离度，待分离度（R >1.5）达到要求后，将甲基汞标准系列溶液按由低到高浓度分别注入仪器中进行测定，以标准工作液中目标化合物的浓度为横坐标，以色谱峰面积或峰高为纵坐标，绘制标准曲线。汞形态混合标准溶液的色谱图见图 3 -6。

（2）试样溶液的测定。依次将空白溶液和试样溶液注入仪器中，得到色谱图（见图 3 -7～3 -9），以保留时间定性，根据标准曲线得到试样溶液中甲基汞的浓度。

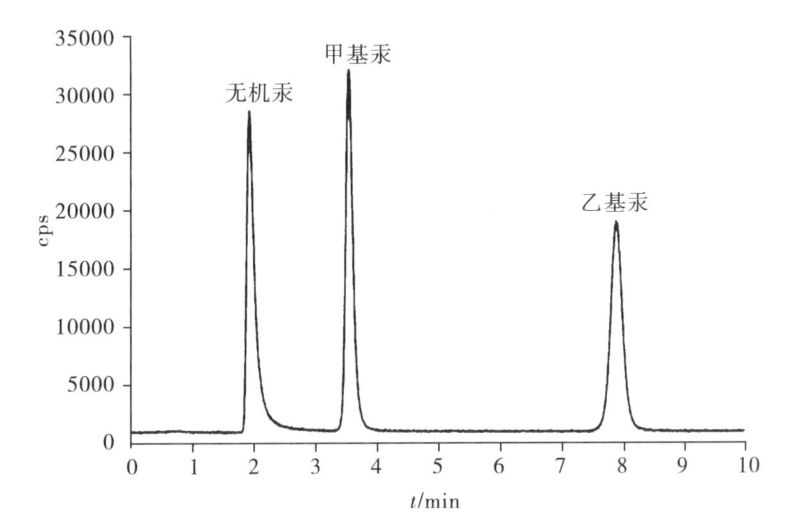

图 3 -6　汞形态混合标准溶液色谱图（LC -ICP -MS 法，10 μg/L）

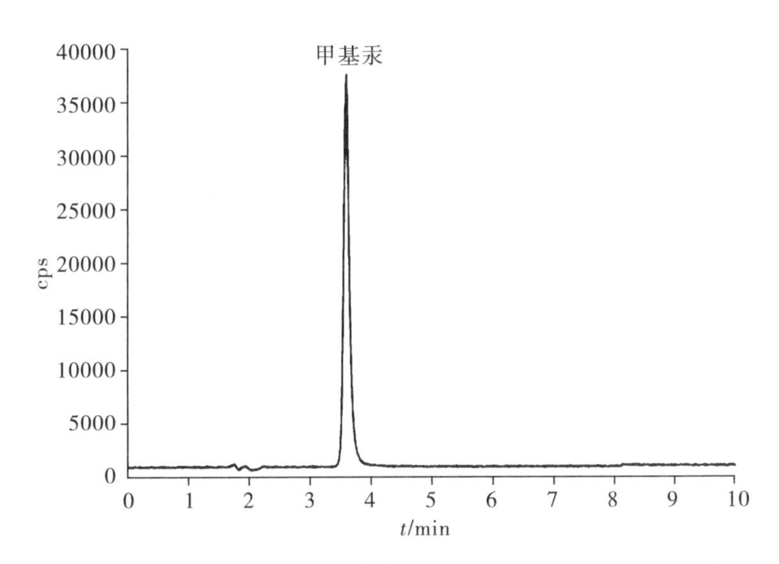

图 3 -7　深海鳕鱼试样汞测定色谱图（LC -ICP -MS 法，10 μg/L）

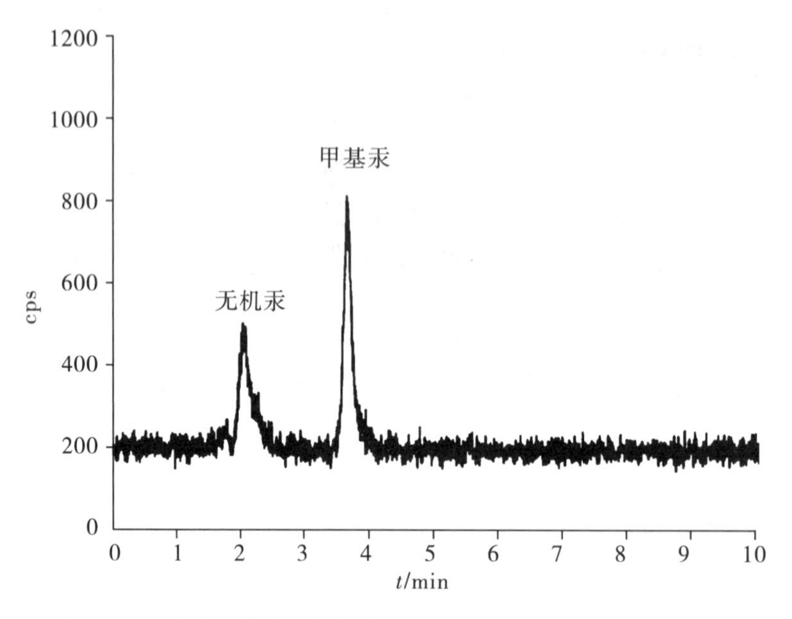

图3－8　大米试样汞测定色谱图（LC－ICP－MS法，10 μg/L）

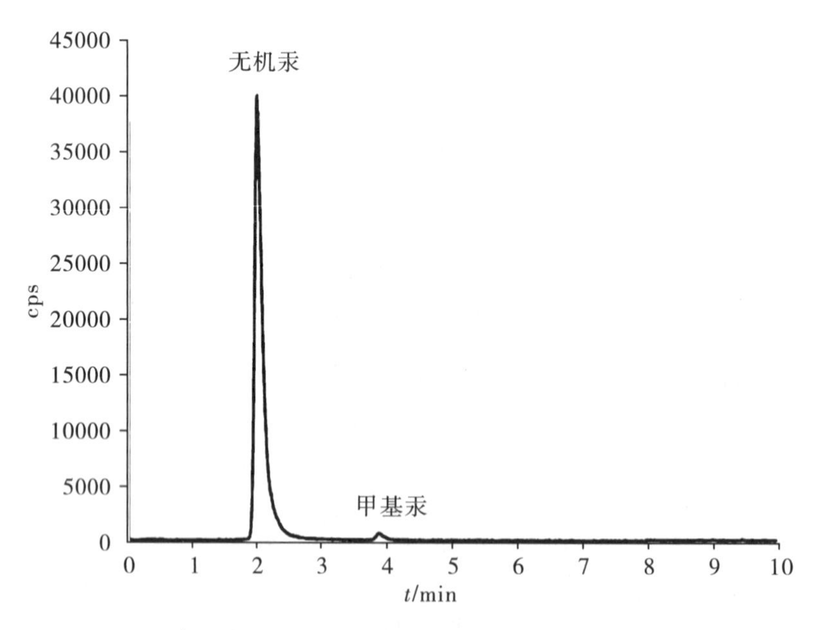

图3－9　食用菌试样汞测定色谱图（LC－ICP－MS法，10 μg/L）

（五）结果计算

试样中甲基汞含量按公式3－16计算：

$$X=\frac{f\times(C-C_0)\times V\times 1000}{m\times 1000\times 1000} \quad \text{（公式3－16）}$$

在公式3－16中：

X：试样中甲基汞的含量（以 Hg 计），单位为毫克每千克（mg/kg）；

f：稀释因子，2.5；

C：测定样液中甲基汞的浓度，单位为微克每升（μg/L）；

C_0：空白液中甲基汞的浓度，单位为微克每升（μg/L）；

V：加入提取试剂的体积，单位为毫升（mL）；

m：试样称样质量，单位为克（g）；

1000：换算系数。

当甲基汞含量≥1.00 mg/kg 时，计算结果保留 3 位有效数字，否则保留 2 位有效数字。

（六）注意事项

（1）所用玻璃器皿及聚四氟乙烯消解内罐均需以硝酸溶液（1+4）浸泡 24 h 以上，用水及超纯水冲洗干净。浸泡器皿的硝酸溶液不能长期反复使用，要定期更换。

（2）在采样和制备过程中，应注意不使试样受污染。

（3）制备的样品要求均匀，例如含气样品使用前应除气。

（4）试样提取过程中，滴加氨水溶液（1+1）时应缓慢逐滴加入，避免酸碱中和产生的热量来不及扩散而使温度很快升高，导致汞化合物挥发，造成测定值偏低。可选择加入 1～2 滴 0.1% 的甲基橙溶液作为指示剂，当滴定至溶液由红色变为橙色时即可。

（5）标准系列溶液中的甲基汞浓度范围可根据样品中甲基汞的实际含量微调。

（6）若样品液中甲基汞浓度过高，测定结果超出标准曲线浓度范围时，应适当稀释后（或适当调整称样量或定容体积）再进行分析测定，计算结果时乘以相应的稀释倍数。

（7）方法精密度要求：同“方法一 原子荧光光谱法测定食品中的总汞”方法精密度要求。

（8）当样品称样量为 1.0 g，加入 10 mL 提取试剂，稀释因子为 2.5 时，方法检出限 0.005 mg/kg，方法定量限 0.02 mg/kg。

二、食品中总砷及无机砷含量的测定

参照食品安全国家标准《食品中总砷及无机砷的测定》（GB 5009.11—2014），食品中总砷及无机砷的测定方法包括适用于测总砷的电感耦合等离子体质谱法（ICP-MS）、氢化物发生原子荧光光谱分析法（HG-AFS）、银盐法，适用于测无机砷的液相色谱—原子荧光光谱法（LC-AFS）、液相色谱—电感耦合等离子质谱法（LC-ICP/MS）。其中由于 ICP-MS 检测法费用较昂贵，一般不推荐用此法单独测定总砷，故此部分内容不作单独介绍。若有需要，建议采用“食品中多元素的测定”中的 ICP-MS 法同时测定汞、砷、镉、铬、铅等多种元素。

方法一　氢化物发生原子荧光光谱分析法测定食品中的总砷

（一）实验目的

掌握氢化物发生原子荧光光谱分析法测定食品中总砷含量的原理及其卫生评价。

熟悉食品中总砷的测定样品预处理和消解方法及步骤。

（二）原理

食品试样经湿法消解或干灰化法处理后，加入硫脲和抗坏血酸使五价砷预还原为三价砷，再加入硼氢化钠或硼氢化钾使还原生成砷化氢，由氩气载入石英原子化器中分解为原子态砷，在高强度砷空心阴极灯的发射光激发下产生原子荧光，其荧光强度在固定条件下与被测液中的砷浓度成正比，与标准系列比较定量。

（三）主要试剂与仪器

除非另有说明，本方法所用试剂均为优级纯，水为 GB/T 6682 规定的一级水。

1. 主要试剂

（1）硝酸（HNO_3）。

（2）硫酸（H_2SO_4）。

（3）盐酸（HCl）。

（4）高氯酸（$HClO_4$）。

（5）硫脲（CH_4N_2S）：分析纯。

（6）抗坏血酸（$C_6H_8O_6$）。

（7）六水硝酸镁［$Mg(NO_3)_2 \cdot 6H_2O$］：分析纯。

（8）氧化镁（MgO）：分析纯。

（9）氢氧化钠（NaOH）。

（10）氢氧化钾（KOH）。

（11）硼氢化钾（KBH_4）：分析纯。

（12）三氧化二砷（As_2O_3）：纯度≥99.5%。或购买经国家认证并授予标准物质证书的砷标准溶液物质。

2. 溶液配制

（1）硝酸溶液（1+4）：量取 500 mL 硝酸，缓缓加入 2000 mL 水中。

（2）硝酸溶液（2+98）：量取 20 mL 硝酸，缓缓加入 980 mL 水中。

（3）氢氧化钠溶液（100 g/L）：称取 10.0 g 氢氧化钠，溶于水并稀释至 100 mL。

（4）硫脲+抗坏血酸溶液：称取 10.0 g 硫脲，加约 80 mL 水，加热溶解，待冷却后加入 10.0 g 抗坏血酸，稀释至 100 mL。现用现配。

（5）硝酸镁溶液（150 g/L）：称取 15.0 g 硝酸镁，溶于水并稀释至 100 mL。

（6）盐酸溶液（1+1）：量取 100 mL 盐酸，缓缓倒入 100 mL 水中，混匀。

（7）硫酸溶液（1+9）：量取 100 mL 硫酸，缓缓倒入 900 mL 水中，混匀。

（8）氢氧化钾溶液（5 g/L）：称取 5.0 g 氢氧化钾，以水溶解并定容至 1000 mL，混匀备用。

洗涤坩埚后合并洗涤液至 25 mL 刻度，混匀，放置 30 min，待测。按同一操作方法做空白试验。

3. 仪器参考条件

光电倍增管负高压：260 V；砷空心阴极灯电流：50 ~ 80 mA；载气及流速：氩气，500 mL/min；屏蔽气流速：800 mL/min；测量方式：荧光强度；读数方式：峰面积。

4. 样品测定

（1）标准曲线的制作。仪器预热稳定后，将试剂空白、标准系列溶液依次引入仪器进行原子荧光强度的测定。以原子荧光强度为纵坐标、砷浓度为横坐标，绘制标准曲线。

（2）试样溶液的测定。相同条件下，将样品溶液分别引入仪器进行测定。根据标准曲线得到待测样液中砷元素的浓度。

（五）结果计算

试样中总砷含量按公式 3 - 17 计算，计算结果保留 2 位有效数字：

$$X = \frac{(C - C_0) \times V \times 1000}{m \times 1000 \times 1000} \quad \text{（公式 3 - 17）}$$

在公式 3 - 17 中：

X：试样中砷的含量，单位为毫克每千克（mg/kg）；

C：测定样液中砷的浓度，单位为纳克每毫升（ng/mL）；

C_0：试样空白消化液中砷的浓度，单位为纳克每毫升（ng/mL）；

V：试样消化液定容总体积，单位为毫升（mL）；

m：试样称样质量，单位为克（g）；

1000：换算系数。

（六）注意事项

（1）所用玻璃器皿需以硝酸溶液（1 + 4）浸泡 24 h 以上，用水及超纯水冲洗干净。浸泡器皿的硝酸溶液不能长期反复使用，要定期更换。

（2）在采样和制备过程中，应注意不使试样受污染。

（3）制备的样品要求均匀，例如含气样品使用前应除气。

（4）标准系列工作液中的砷浓度范围可根据仪器的灵敏度及样品中砷的实际含量微调。

（5）若样品液中砷浓度过高、测定结果超出标准曲线浓度范围时，应适当稀释后（或适当调整称样量或定容体积）再进行分析测定，计算结果时乘以相应的稀释倍数。

（6）方法精密度要求：在重复性条件下获得的两次独立测定结果的绝对差值不得超过算术平均值的 20%。

（7）当样品称样量为 1.0 g、定容体积为 25 mL 时，方法检出限 0.010 mg/kg，方法定量限 0.040 mg/kg。

方法二　银盐法测定食品中的总砷

（一）实验目的

掌握银盐法测定食品中总砷含量的原理及其卫生评价。

熟悉食品中总砷的测定样品预处理和制备方法及步骤。

（二）原理

试样经消化后，以碘化钾、氯化亚锡将高价砷还原为三价砷，然后与锌粒和酸产生的新生态氢生成砷化氢，经银盐溶液吸收后，形成红色胶态物，外标法定量。

（三）主要试剂与仪器

除非另有说明，本方法所用试剂均为优级纯，水为 GB/T 6682 规定的一级水。

1. 主要试剂

（1）硝酸（HNO_3）。

（2）硫酸（H_2SO_4）。

（3）盐酸（HCl）。

（4）高氯酸（$HClO_4$）。

（5）三氯甲烷（$CHCl_3$）：分析纯。

（6）二乙基二硫代氨基甲酸银［$(C_2H_5)_2NCS_2Ag$］：分析纯。

（7）二水氯化亚锡（$SnCl_2 \cdot 2H_2O$）：分析纯。

（8）六水硝酸镁［$Mg(NO_3)_2 \cdot 6H_2O$］：分析纯。

（9）碘化钾（KI）：分析纯。

（10）氧化镁（MgO）：分析纯。

（11）三水乙酸铅（$C_4H_6O_4Pb \cdot 3H_2O$）：分析纯。

（12）三乙醇胺（$C_6H_{15}NO_3$）：分析纯。

（13）无砷锌粒：分析纯。

（14）氢氧化钠（NaOH）。

（15）乙酸。

（16）三氧化二砷（As_2O_3）：纯度≥99.5%。或购买经国家认证并授予标准物质证书的标准溶液物质。

2. 溶液配制

（1）硝酸溶液（1＋4）：量取 500 mL 硝酸，缓缓加入 2000 mL 水中。

（2）硝酸—高氯酸混合溶液（4＋1）：量取 80 mL 硝酸，加入 20 mL 高氯酸，混匀。

（3）硝酸镁溶液（150 g/L）：称取 15.0 g 硝酸镁，溶于水并稀释至 100 mL。

（4）碘化钾溶液（150 g/L）：称取 15 g 碘化钾，加水溶解并稀释定容至 100 mL，贮存于棕色瓶中。

（5）酸性氯化亚锡溶液：称取 40 g 氯化亚锡，加盐酸溶解并稀释至 100 mL，加入数颗金属锡粒。

（6）盐酸溶液（1＋1）：量取 100 mL 盐酸，缓缓倒入 100 mL 水中，混匀。

（7）乙酸铅溶液（100 g/L）：称取 11.8 g 乙酸铅，用水溶解，加入 1～2 滴乙酸，用水稀释定容至 100 mL。

（8）乙酸铅棉花：用乙酸铅溶液（100 g/L）浸透脱脂棉后，压除多余溶液，并使之疏松，在 100 ℃以下干燥后，贮存于玻璃瓶中。

（9）氢氧化钠溶液（200 g/L）：称取 20.0 g 氢氧化钠，溶于水并稀释至 100 mL。

（10）硫酸溶液（6 +94）：量取 6.0 mL 硫酸，慢慢加入 80 mL 水中，冷却后再加水稀释至 100 mL。

（11）二乙基二硫代氨基甲酸银—三乙醇胺—三氯甲烷溶液（即银盐溶液）：称取 0.25 g 二乙基二硫代氨基甲酸银置于乳钵中，加少量三氯甲烷研磨，移入 100 mL 量筒中，加入 1.8 mL 三乙醇胺，再用三氯甲烷分次洗涤乳钵，洗涤液一并移入量筒中，用三氯甲烷稀释至 100 mL，放置过夜后滤入棕色瓶中贮存。

（12）砷标准储备液（100 μg/mL，按 As 计）：准确称取 0.0132 g 经 100 ℃干燥 2 h 的三氧化二砷，用 5 mL 氢氧化钠溶液（200 g/L）溶解后，加 25 mL 硫酸溶液（6 +94），转移至 1000 mL 容量瓶中，加新煮沸冷却的水稀释至刻度，混匀，贮存于棕色玻璃瓶中，并于 4 ℃冰箱中避光保存，可保存 1 年。

（13）砷标准使用液（1.00 μg/mL，按 As 计）：吸取 1.00 mL 砷标准储备液（100 μg/mL）于 100 mL 容量瓶中，加 1 mL 硫酸溶液（6 +94），用水稀释至刻度，混匀，现用现配。

3. 仪器和设备

（1）分光光度计。

（2）样品粉碎设备：匀浆机、高速粉碎机等。

（3）分析天平：感量为 0.1 mg 和 1 mg。

（4）控温电热板（50～200 ℃）。

（5）马弗炉。

（6）砷化氢发生及吸收装置（见图 3 –10）。

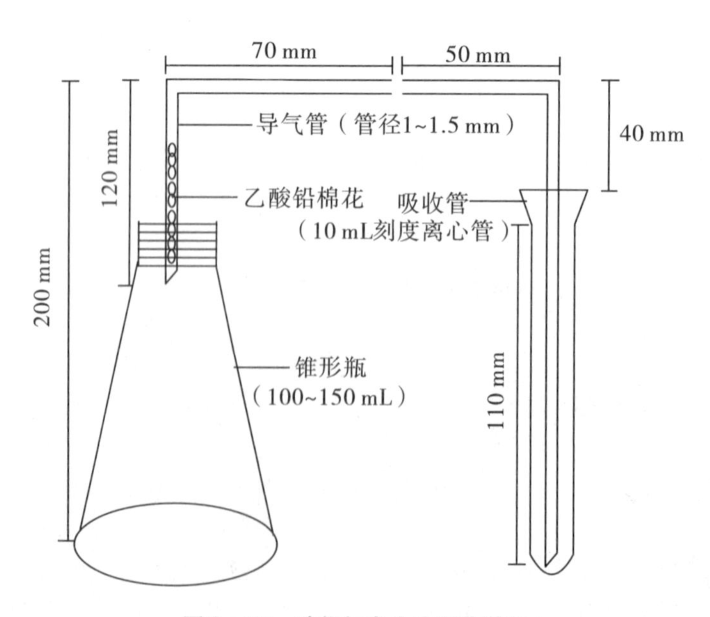

图 3 –10　砷化氢发生及吸收装置

（四）实验步骤

1. 试样预处理

同方法一氢化物发生原子荧光光谱分析法测定食品中的总砷中的试样预处理。

2. 试样溶液制备

（1）硝酸—高氯酸—硫酸法。

①粮食、粉丝、粉条、豆干制品、糕点、茶叶等含水分少的固体食品。称取5.0～10.0 g（精确到0.001 g）试样，置于250～500 mL定氮瓶中，先加少许水湿润，加数粒玻璃珠、10～15 mL硝酸—高氯酸混合液（4+1），放置片刻，小火缓缓加热，待作用缓和，放冷。沿瓶壁加入5 mL或10 mL硫酸，再加热，至瓶中液体开始变成棕色时，不断沿瓶壁滴加硝酸—高氯酸混合液（4+1）至有机质分解完全。加大火力，至产生白烟，待瓶口白烟冒净后，瓶内液体再产生白烟为消化完全，该溶液应澄清透明无色或微带黄色，放冷。加20 mL水煮沸，除去残余的硝酸至产生白烟为止，如此处理两次，放冷。

将冷后的溶液移入50 mL或100 mL容量瓶中，用水洗涤定氮瓶，洗涤液并入容量瓶中，放冷，加水至刻度，混匀。定容后的溶液每10 mL相当于1 g试样，相当于加入硫酸量1 mL。取与消化试样相同量的硝酸—高氯酸混合液（4+1）和硫酸，按同一方法做试剂空白试验。

②蔬菜、水果。称取25.0～50.0 g（精确到0.001 g）试样，置于250～500 mL定氮瓶中，加数粒玻璃珠、10～15 mL硝酸—高氯酸混合液（4+1），以下按“硝酸—高氯酸—硫酸法①粮食、粉丝、粉条、豆干制品、糕点、茶叶等含水分少的固体食品”中“放置片刻”起同法操作，但定容后的溶液每10 mL相当于5 g试样，相当于加入硫酸量1 mL。按同一操作方法做试剂空白试验。

③酱、酱油、醋、冷饮、豆腐、腐乳、酱腌菜等。称取25.0～50.0 g（精确到0.001 g）固体试样，或吸取10.0～20.0 mL液体试样，置于250～500 mL定氮瓶中，加数粒玻璃珠、5～15 mL硝酸—高氯酸混合液（4+1）。以下按“硝酸—高氯酸—硫酸法①粮食、粉丝、粉条、豆干制品、糕点、茶叶等含水分少的固体食品”中“放置片刻”起同法操作，但定容后的溶液每10 mL相当于2 g或2 mL试样。按同一操作方法做空白试验。

④含酒精性饮料或含二氧化碳饮料。吸取10.0～20.0 mL试样，置于250～500 mL定氮瓶中，加数粒玻璃珠，先用小火加热除去乙醇或二氧化碳，再加5～10 mL硝酸—高氯酸混合液（4+1），混匀后，以下按“硝酸—高氯酸—硫酸法①粮食、粉丝、粉条、豆干制品、糕点、茶叶等含水分少的固体食品”中“放置片刻”起同法操作，但定容后的溶液每10 mL相当于2 mL试样。按同一操作方法做空白试验。

⑤含糖量高的食品。称取5.0～10.0 g（精确到0.001 g）试样，置于250～500 mL定氮瓶中，先加少许水湿润，加数粒玻璃珠、5～10 mL硝酸—高氯酸混合液（4+1），混合后摇匀。缓缓加入5 mL或10 mL硫酸，待作用缓和停止起泡沫后，先用小火缓缓加热（糖分易炭化），不断沿瓶壁补加硝酸—高氯酸混合液（4+1）混合液，待泡沫全部消失后，再加大火力，至有机质分解完全，发生白烟，溶液应澄明无色或微带黄色，放冷。以下按“硝酸—高氯酸—硫酸法①粮食、粉丝、粉条、豆干制品、糕点、茶叶等含水分少的固体食品”中“加20 mL水煮沸”起同法操作。按同一操作方法做试剂空白试验。

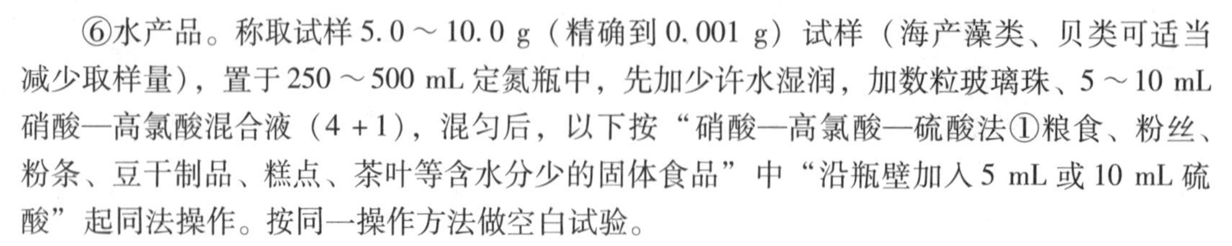

⑥水产品。称取试样 5.0 ~ 10.0 g（精确到 0.001 g）试样（海产藻类、贝类可适当减少取样量），置于 250 ~ 500 mL 定氮瓶中，先加少许水湿润，加数粒玻璃珠、5 ~ 10 mL 硝酸—高氯酸混合液（4 +1），混匀后，以下按“硝酸—高氯酸—硫酸法①粮食、粉丝、粉条、豆干制品、糕点、茶叶等含水分少的固体食品”中“沿瓶壁加入 5 mL 或 10 mL 硫酸”起同法操作。按同一操作方法做空白试验。

（2）硝酸—硫酸法。

以硝酸代替硝酸—高氯酸混合液（4 +1）进行操作。

（3）灰化法。

①粮食、茶叶及其他含水分少的食品。称取 5.0 g（精确到 0.001 g）试样，置于 50 ~ 100 mL 坩埚中，加 1 g 氧化镁及 10 mL 硝酸镁溶液（150 g/L），混匀，浸泡 4 h。于低温或置水浴锅上蒸干，于电炉上小火炭化至无黑烟后，移入马弗炉加热至 550 ℃，灼烧 3 ~ 4 h，冷却后取出。加 5 mL 水湿润后，用细玻棒搅拌，再用少量水洗下玻棒上附着的灰分至坩埚内。放水浴上蒸干后移入马弗炉 550 ℃灰化 2 h，冷却后取出。加 5 mL 水湿润后，再慢慢加入 10 mL 盐酸溶液（1 +1），然后将溶液移入 50 mL 容量瓶中，坩埚用盐酸溶液（1 +1）洗涤 3 次，每次 5 mL，再用水洗涤 3 次，每次 5 mL，洗涤液均并入容量瓶中，再加水至刻度，混匀。定容后的溶液每 10 mL 相当于 1 g 试样，其加入盐酸量不少于（中和需要量除外）1.5 mL。全量供银盐法测定时，不必再加盐酸。按同一操作方法做试剂空白试验。

②植物油。称取 5.0 g（精确到 0.001 g）试样，置于 50 ~ 100 mL 坩埚中，加 10 g 硝酸镁，再在上面覆盖 2 g 氧化镁，将坩埚置于电炉上小火加热，至刚冒烟，立即将坩埚取下以防内容物溢出，待烟小后，再加热至炭化完全。将坩埚移至马弗炉中，550 ℃以下灼烧至灰化完全，冷后取出。加 5 mL 水湿润后，再慢慢加入 15 mL 盐酸溶液（1 +1），然后将溶液移入 50 mL 容量瓶中，坩埚用盐酸溶液（1 +1）洗涤 5 次，每次 5 mL，洗涤液均并入容量瓶中，再加盐酸溶液（1 +1）至刻度，混匀。定容后的溶液每 10 mL 相当于 1 g 试样，其加入盐酸量（中和需要量除外）1.5 mL。按同一操作方法做空白试验。

③水产品。称取试样 5.0 g（精确到 0.001 g）于 50 ~ 100 mL 坩埚中，1 g 氧化镁及 10 mL 硝酸镁溶液（150 g/L），混匀，浸泡 4 h，以下按“灰化法①粮食、茶叶及其他含水分少的食品”中“于低温或置水浴锅上蒸干”起同法操作。按同一操作方法作试剂空白试验。

3. 样品测定

吸取一定量的消化后的定容溶液（相当于 5 g 试样）及同量的试剂空白液，分别置于图 3 -10 砷化氢生成及吸收装置中的 150 mL 锥形瓶中，补加硫酸至总量为 5 mL，加水至 50 ~ 55 mL。

（1）标准曲线的制作：分别吸取 1.00 μg/mL 砷标准使用液（1.00 μg/mL）0.0 mL、2.0 mL、4.0 mL、6.0 mL、8.0 mL、10.0 mL 于 150 mL 锥形瓶中，各加水至 40 mL，再分别加入 10 mL 盐酸溶液（1 +1），混匀制成砷含量为 0.0 μg、2.0 μg、4.0 μg、6.0μg、8.0 μg、10.0 μg 的标准系列溶液。

（2）湿法消化试样溶液的砷含量测定：取湿法处理的试样消化液、试剂空白液于 150 mL锥形瓶中，并向试样消化液、试剂空白液及砷标准溶液中各加 3.0 mL 碘化钾溶液

（150 g/L）、0.5 mL 酸性氯化亚锡溶液，混匀，静置 15 min。各加入 3 g 锌粒，立即分别塞上装有乙酸铅棉花的导气管，并使管尖端插入盛有 4.0 mL 银盐溶液的离心管中的液面下，在常温下反应 45 min 后，取下离心管，加三氯甲烷补足 4.0 mL。用 1 cm 比色杯，以零管溶液调节零点，于波长 520 nm 处分别测定各管溶液的吸光度，绘制标准曲线，然后根据标准曲线得到待测样液中砷元素的浓度。

（3）灰化法消化试样溶液的砷含量测定：取灰化法处理的试样消化液、试剂空白液于 150 mL 锥形瓶中，并向试样消化液、试剂空白液及砷标准溶液中分别加水至 43.5 mL，再分别加 6.5 mL 盐酸，以下按“湿法消化试样溶液的砷含量测定”中“并向试样消化液”起同法操作。

（五）结果计算

试样中总砷含量按公式 3－18 计算，计算结果保留 2 位有效数字：

$$X = \frac{(m_1 - m_2) \times V_1 \times 1000}{m \times V_2 \times 1000 \times 1000} \qquad \text{（公式 3－18）}$$

在公式 3－18 中：

X：试样中砷的含量，单位为毫克每千克（mg/kg）或毫克每升（mg/L）；

m_1：测定用试样消化液中砷的质量，单位为纳克（ng）；

m_2：试剂空白消化液中砷的质量，单位为纳克（ng）；

V_1：试样消化液的总体积，单位为毫升（mL）；

m：试样称样质量或取样体积，单位为克（g）或毫升（mL）；

V_2：测定用试样消化液的体积，单位为毫升（mL）；

1000：换算系数。

（六）注意事项

（1）所用玻璃器皿需以硝酸溶液（1＋4）浸泡 24 h 以上，用水及超纯水冲洗干净。浸泡器皿的硝酸溶液不能长期反复使用，要定期更换。

（2）在采样和制备过程中，应注意不使试样受污染。

（3）制备的样品要求均匀，例如含气样品使用前应除气。

（4）硝酸—高氯酸—硫酸法或硝酸—硫酸法进行试样溶液制备时，在加热操作过程中应注意防止爆沸或爆炸。

（5）砷化氢发生及吸收装置中导气管管口为 19 号标准口或经碱处理后洗净的橡皮塞，与锥形瓶密合时不应漏气。

（6）标准系列工作液中的砷浓度范围可根据仪器的灵敏度及样品中砷的实际含量微调。

（7）若样品液中砷浓度过高，测定结果超出标准曲线浓度范围时，应适当稀释后（或适当调整称样量或定容体积）再进行分析测定，计算结果时乘以相应的稀释倍数。

（8）方法精密度要求：在重复性条件下获得的两次独立测定结果的绝对差值不得超过算术平均值的 20%。

（9）当样品称样量为 1.0 g，定容体积为 25 mL 时，方法检出限 0.2 mg/kg，方法定量限 0.7 mg/kg。

方法三　液相色谱—原子荧光光谱联用法测定食品中的无机砷

（一）实验目的

掌握液相色谱—原子荧光光谱联用法测定食品中无机砷含量的原理及其卫生评价。

熟悉食品中无机砷的测定样品预处理和提取方法及步骤。

（二）实验原理

食品中无机砷经稀硝酸提取后，以液相色谱进行分离，分离后的目标化合物在酸性环境下与硼氢化钾（KBH_4）反应，生成气态砷化合物，由原子荧光光谱仪测定。根据保留时间定性，外标法峰高或峰面积定量。

（三）试剂材料和仪器

除非另有说明，本方法所用试剂均为优级纯，水为 GB/T 6682 规定的一级水。

1. 主要试剂

（1）磷酸二氢铵（$NH_4H_2PO_4$）：分析纯。

（2）硼氢化钾（KBH_4）：分析纯。

（3）氢氧化钾（KOH）。

（4）硝酸（HNO_3）。

（5）盐酸（HCl）。

（6）氨水（$NH_3 \cdot H_2O$）。

（7）正己烷［$CH_3(CH_2)_4CH_3$］：色谱纯。

（8）三氧化二砷（As_2O_3）：纯度≥99.5%。或购买经国家认证并授予标准物质证书的 As^{III} 标准溶液物质。

（9）砷酸二氢钾（KH_2AsO_4）：纯度≥99.5%。或购买经国家认证并授予标准物质证书的 As^{V} 标准溶液物质。

2. 溶液配制

（1）硝酸溶液（1+4）：量取 500 mL 硝酸，缓缓加入 2000 mL 水中。

（2）硝酸溶液（0.15 mol/L）：量取 10 mL 硝酸，溶于水并稀释至 1000 mL。

（3）盐酸溶液（20%，体积比）：量取 200 mL 盐酸，溶于水并稀释至 1000 mL。

（4）氢氧化钾溶液（100 g/L）：称取 10.0 g 氢氧化钾，以水溶解并定容至 100 mL，混匀备用。

（5）氢氧化钾溶液（5 g/L）：称取 5.0 g 氢氧化钾，以水溶解并定容至 1000 mL，混匀备用。

（6）硼氢化钾溶液（30 g/L）：称取 30.0 g 硼氢化钾，用 5 g/L 的氢氧化钾溶液溶解并定容至 1000 mL，混匀。现用现配。

（7）磷酸二氢铵溶液（20 mmol/L）：称取 2.3 g 磷酸二氢铵，溶于 1000 mL 水中，以氨水调节 pH 至 8.0，经 0.45 μm 水系滤膜过滤后，于超声水浴中超声脱气 30 min，备用。

（8）磷酸二氢铵溶液（1 mmol/L）：量取 20 mmol/L 磷酸二氢铵溶液 50 mL，水稀释至 1000 mL，以氨水调 pH 至 9.0，经 0.45 μm 水系滤膜过滤后，于超声水浴中超声脱气

30 min，备用。

（9）磷酸二氢铵溶液（15 mmol/L）：称取1.7 g磷酸二氢铵，溶于1000 mL水中，以氨水调节pH至6.0，经0.45 μm水系滤膜过滤后，于超声水浴中超声脱气30 min，备用。

（10）亚砷酸盐（$As^{Ⅲ}$）标准储备液（100 mg/L，按As计）：准确称取0.0132 g的三氧化二砷，加入1 mL氢氧化钾溶液（100 g/L）和少量水溶解，转入100 mL容量瓶中，加入适量盐酸调整其酸度近中性，加水稀释至刻度，混匀，4 ℃保存，保存期一年。

（11）砷酸盐（$As^{Ⅴ}$）标准储备液（100 mg/L，按As计）：准确称取0.0240 g砷酸二氢钾，水溶解，转入100 mL容量瓶中并用水稀释至刻度，混匀，4 ℃保存，保存期一年。

（12）$As^{Ⅲ}$、$As^{Ⅴ}$混合标准使用液（1.00 mg/L，按As计）：分别准确吸取1.0 mL $As^{Ⅲ}$标准储备液（100 mg/L）、1.0 mL $As^{Ⅴ}$标准储备液（100 mg/L）于100 mL容量瓶中，加水稀释并定容至刻度，混匀，现用现配。

（13）$As^{Ⅲ}$、$As^{Ⅴ}$混合标准系列溶液：分别准确吸取1.00 mg/L混合标准使用液0.00 mL、0.050 mL、0.10 mL、0.20 mL、0.30 mL、0.50 mL和1.00 mL于10 mL容量瓶中，加水稀释至刻度，混匀制成$As^{Ⅲ}$和$As^{Ⅴ}$浓度均为0.0 ng/mL、5.0 ng/mL、10.0 ng/mL、20.0 ng/mL、30.0 ng/mL、50.0 ng/mL和100.0 ng/mL的标准系列工作液。

3. 仪器和设备

（1）液相色谱—原子荧光光谱联用仪（LC－AFS）：由液相色谱仪与原子荧光光谱仪组成。

（2）样品粉碎设备：匀浆机、高速粉碎机等。

（3）分析天平：感量为0.1 mg和1 mg。

（4）冷冻干燥机。

（5）离心机：转速≥8000 r/min。

（6）pH计：精度为0.01。

（7）恒温干燥箱（50～300 ℃）。

（8）C18净化小柱或等效柱。

（四）实验步骤

1. 试样预处理

同方法一氢化物发生原子荧光光谱分析法测定食品中的总砷中的试样预处理。

2. 试样提取

（1）稻米样品。称取样约1.0 g（精确到0.001 g）稻米试样，置于50 mL塑料离心管中，加入20 mL硝酸溶液（0.15 mol/L），放置过夜。于90 ℃恒温箱中热浸提2.5 h，每0.5 h振摇1 min。提取完毕，取出冷却至室温，8000 r/min转速离心15 min，取上层清液，经0.45 μm有机系滤膜过滤，进样检测。按同一操作方法做空白试验。

（2）水产动物样品。称取约1.0 g（精确到0.001 g）水产动物湿样，置于50 mL塑料离心管中，加入20 mL硝酸溶液（0.15 mol/L），放置过夜。于90 ℃恒温箱中热浸提2.5 h，每0.5 h振摇1 min。提取完毕，取出冷却至室温，8000 r/min转速离心15 min，取5 mL上清液置于离心管中，加入5 mL正己烷，振摇1 min后，8000 r/min转速离心15 min，弃去上层正己烷。按此过程重复一次。吸取下层清液，经0.45 μm有机滤膜过滤及 C18 小柱净化后进样检测。按同一操作方法做空白试验。

（3）婴幼儿辅助食品样品。称取 1.0 g（精确到 0.001 g）婴幼儿辅助食品于 15 mL 塑料离心管中，加入 10 mL 硝酸溶液（0.15 mol/L），放置过夜。于 90 ℃恒温箱中热浸提 2.5 h，每 0.5 h 振摇 1 min，提取完毕，取出冷却至室温。8000 r/min 转速离心 15 min。取 5 mL 上清液置于离心管中，加入 5 mL 正己烷，振摇 1 min 后以 8000 r/min 转速离心 15 min，弃去上层正己烷。按此过程重复一次。吸取下层清液，经 0.45 μm 有机滤膜过滤及 C18 小柱净化后进样检测。按同一操作方法做空白试验。

3. 仪器参考条件

（1）液相色谱参考条件。

色谱柱：阴离子交换色谱柱（柱长 250 mm，内径 4 mm）或等效柱。阴离子交换色谱保护柱（柱长 10 mm，内径 4 mm）或等效柱。

流动相组成及洗脱参数：

A. 等度洗脱：流动相 15 mmol/L 磷酸二氢铵溶液（pH = 6.0），等度洗脱，流速 1.0 mL/min，进样体积 100 μL。等度洗脱适用于稻米及稻米加工食品。

B. 梯度洗脱：流动相 A 为 1 mmol/L 磷酸二氢铵溶液（pH = 9.0），流动相 B 为 20 mmol/L磷酸二氢铵溶液（pH = 8.0）。梯度洗脱程序见表 3 - 19。流动相流速 1.0 mL/min，进样体积 100 μL。梯度洗脱适用于水产动物样品，含水产动物组成的样品，含藻类等海产植物的样品以及婴幼儿辅食品样品。

表 3 - 19　液相色谱—原子荧光光谱联用法检测食品中无机砷的梯度洗脱程序

组成	时间（min）					
	0	8	10	20	22	32
流动相 A（%）	100	100	0	0	100	100
流动相 B（%）	0	0	100	100	0	0

（2）原子荧光检测参考条件。

①负高压：320 V。

②砷灯电流：90 mA。

③主电流/辅助电流：55/35。

④原子化方式：火焰原子化。

⑤原子化器温度：中温。

⑥载液及流速：10% 盐酸溶液，4.0 mL/min。

⑦还原剂及流速：30 g/L 硼氢化钾溶液，4.0 mL/min。

⑧氧化剂及流速：2 g/L 过硫酸钾溶液，1.6 mL/min。

⑨载气流速：400 mL/min。

⑩辅助气流速：400 mL/min。

4. 样品测定

（1）标准曲线的制作。分别吸取标准系列溶液 100 μL 注入液相色谱—原子荧光光谱联用仪进行测定，得到各浓度标准工作液色谱图（参见图 3－11 和图 3－12），以保留时间定性。以标准系列工作液中目标化合物的浓度为横坐标，以色谱峰面积或峰高为纵坐标，绘制标准曲线。

（2）试样溶液的测定。将试样溶液 100 μL 注入仪器分析，得到色谱图，以保留时间定性，根据标准曲线得到试样溶液中 $As^{Ⅲ}$ 与 As^{V} 含量，两者含量的和为总无机砷含量。平行测定次数不少于两次。

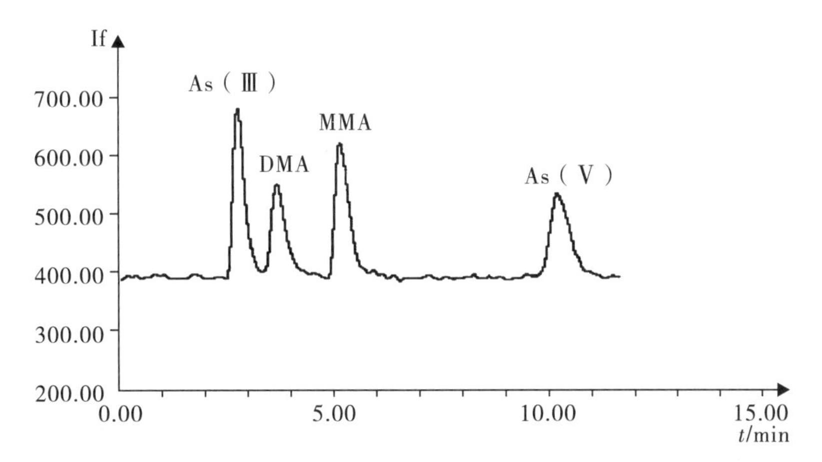

As（Ⅲ）：亚砷酸；DMA：二甲基砷；MMA：一甲基砷；As（V）：砷酸

图 3－11　LC－AFS 法、等度洗脱检测食品中无机砷含量标准溶液色谱图

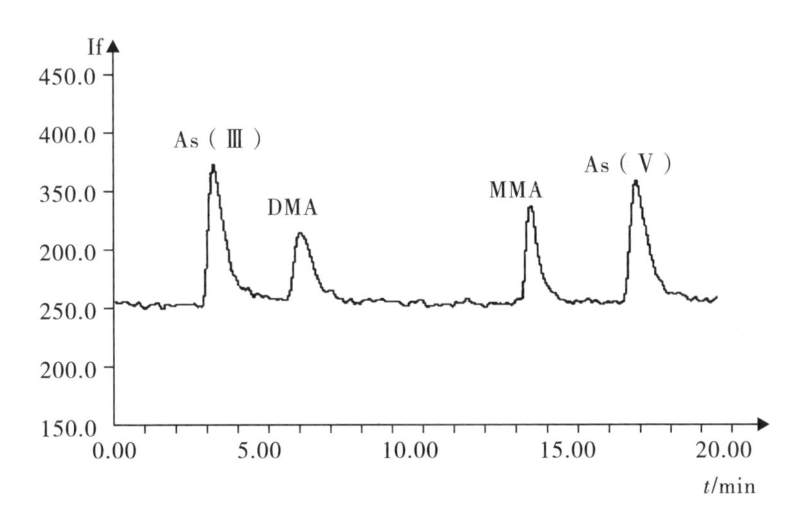

As（Ⅲ）：亚砷酸；DMA：二甲基砷；MMA：一甲基砷；As（V）：砷酸

图 3－12　LC－AFS 法、梯度洗脱检测食品中无机砷含量标准溶液色谱图

（五）结果计算

试样中无机砷含量按公式 3－19 计算，计算结果保留 2 位有效数字：

$$X=\frac{(C-C_0)\times V\times 1000}{m\times 1000\times 1000} \qquad （公式 3－19）$$

在公式 3－19 中：

X：试样中无机砷的含量（以 As 计），单位为毫克每千克（mg/kg）；

C：测定样液中无机砷化合物的浓度，单位为纳克每毫升（ng/mL）；

C_0：空白液中无机砷化合物的浓度，单位为纳克每毫升（ng/mL）；

V：试样消化液体积，单位为毫升（mL）；

m：试样称样质量，单位为克（g）；

1000：换算系数。

总无机砷含量 = As^{III} 含量 + As^{V} 含量。

（六）注意事项

（1）所用玻璃器皿需以硝酸溶液（1＋4）浸泡 24 h 以上，用水及超纯水冲洗干净。浸泡器皿的硝酸溶液不能长期反复使用，要定期更换。

（2）在采样和制备过程中，应注意不使试样受污染。

（3）制备的样品要求均匀，例如含气样品使用前应除气。

（4）标准系列工作液中的砷浓度范围可根据仪器的灵敏度及样品中砷的实际含量微调。

（5）若样品液中砷浓度过高、测定结果超出标准曲线浓度范围时，应适当稀释后（或适当调整称样量或定容体积）再进行分析测定，计算结果时乘以相应的稀释倍数。

（6）方法精密度要求：在重复性条件下获得的两次独立测定结果的绝对差值不得超过算术平均值的 20%。

（7）当样品称样量为 1.0 g、定容体积为 20 mL 时，方法检出限为：稻米 0.02 mg/kg、水产动物 0.03 mg/kg、婴幼儿辅助食品 0.02 mg/kg；定量限为：稻米 0.05 mg/kg、水产动物 0.08 mg/kg、婴幼儿辅助食品 0.05 mg/kg。

方法四　液相色谱—电感耦合等离子质谱法测定食品中的无机砷

（一）实验目的

掌握液相色谱—电感耦合等离子质谱法测定食品中无机砷含量的原理及其卫生评价。

熟悉食品中无机砷的测定样品预处理和提取方法及步骤。

（二）实验原理

食品中无机砷经稀硝酸提取后，以液相色谱进行分离，分离后的目标化合物经过雾化由载气（氩气）送 ICP 炬焰中，经过蒸发、解离、原子化、电离等过程，大部分转化为带正电荷的正离子，经离子采集系统进入质谱仪，质谱仪根据质荷比进行分离测定。以保留时间和质荷比定性，外标法定量。

（三）试剂材料和仪器

除非另有说明，本方法所用试剂均为优级纯，水为 GB/T 6682 规定的一级水。

1. 主要试剂

（1）无水乙酸钠（CH_3COONa）：分析纯。

（2）硝酸钾（KNO_3）：分析纯。

（3）磷酸二氢钠（NaH_2PO_4）：分析纯。

（4）乙二胺四乙酸二钠（$C_{10}H_{14}N_2Na_2O_8$）：分析纯。

（5）硝酸（HNO_3）。

（6）正己烷［$CH_3(CH_2)_4CH_3$］：色谱纯。

（7）无水乙醇。

（8）盐酸（HCl）。

（9）氨水（$NH_3 \cdot H_2O$）。

（10）三氧化二砷（As_2O_3）：纯度≥99.5%。或购买经国家认证并授予标准物质证书的$As^{Ⅲ}$标准溶液物质。

（11）砷酸二氢钾（KH_2AsO_4）：纯度≥99.5%。或购买经国家认证并授予标准物质证书的$As^{Ⅴ}$标准溶液物质。

2. 溶液配制

（1）硝酸溶液（1＋4）：量取500 mL硝酸，缓缓加入2000 mL水中。

（2）硝酸溶液（0.15 mol/L）：量取10 mL硝酸，溶于水并稀释至1000 mL。

（3）流动相A（10 mmol/L无水乙酸钠＋3 mmol/L硝酸钾＋10 mmol/L磷酸二氢钠＋0.2 mmol/L乙二胺四乙酸二钠，pH＝1.0）：分别准确称取0.820 g无水乙酸钠、0.303 g硝酸钾、1.56 g磷酸二氢钠、0.075 g乙二胺四乙酸二钠，用水定容至1000 mL，氨水调节pH为10，混匀。经0.45 μm水系滤膜过滤后，于超声水浴中超声脱气30 min，备用。

（4）氢氧化钾溶液（100 g/L）：称取10.0 g氢氧化钾，以水溶解并定容至100 mL，混匀备用。

（5）亚砷酸盐（$As^{Ⅲ}$）标准储备液（100 mg/L，按As计）：同“方法三液相色谱—原子荧光光谱联用法测定食品中无机砷的含量”中的$As^{Ⅲ}$标准储备液配制方法。

（6）砷酸盐（$As^{Ⅴ}$）标准储备液（100 mg/L，按As计）：同“方法三液相色谱—原子荧光光谱联用法测定食品中无机砷的含量”中的$As^{Ⅴ}$标准储备液配制方法。

（7）$As^{Ⅲ}$、$As^{Ⅴ}$混合标准使用液（1.00 mg/L，按AS计）：同“方法三液相色谱—原子荧光光谱联用法测定食品中无机砷的含量”中的$As^{Ⅲ}$、$As^{Ⅴ}$混合标准使用液配制方法。

（8）$As^{Ⅲ}$、$As^{Ⅴ}$混合标准系列溶液：同“方法三液相色谱—原子荧光光谱联用法测定食品中无机砷的含量”中的$As^{Ⅲ}$、$As^{Ⅴ}$混合标准系列溶液配制方法。

3. 仪器和设备

（1）液相色谱—电感耦合等离子质谱联用仪（LC－ICP/MS）：由液相色谱仪与电感耦合等离子质谱仪组成。

（2）样品粉碎设备：匀浆机、高速粉碎机等。

（3）分析天平：感量为0.1 mg和1 mg。

（4）冷冻干燥机。

（5）离心机：转速≥8000 r/min。

（6）pH计：精度为0.01。

（7）恒温干燥箱（50～300 ℃）。

（四）实验步骤

1. 试样预处理

同“方法一　氢化物发生原子荧光光谱分析法测定食品中的总砷”中的试样预处理。

2. 试样提取

（1）稻米样品。同“方法三　液相色谱—原子荧光光谱联用法测定食品中无机砷的含量”中试样提取的稻米样品提取方法。

（2）水产动物样品。同“方法三　液相色谱—原子荧光光谱联用法测定食品中无机砷的含量”中试样提取的水产动物样品提取方法。

（3）婴幼儿辅助食品样品。同“方法三　液相色谱—原子荧光光谱联用法测定食品中无机砷的含量”中试样提取的婴幼儿辅助食品样品提取方法。

3. 仪器参考条件

（1）液相色谱参考条件。

①色谱柱：阴离子交换色谱柱（柱长 250 mm，内径 4 mm）或等效柱。阴离子交换色谱保护柱（柱长 10 mm，内径 4 mm）或等效柱。

②流动相：流动相 A（10 mmol/L 无水乙酸钠 + 3 mmol/L 硝酸钾 + 10 mmol/L 磷酸二氢钠 + 0.2 mmol/L 乙二胺四乙酸二钠，pH = 1.0）：无水乙醇 = 99：1（体积比）。

③洗脱方式：等度洗脱。

④进样体积：50 μL。

（2）电感耦合等离子体质谱仪参考条件。

①RF 入射功率：1550 W。

②载气及流速：高纯氩气，0.85 L/min。

③补偿气流速：0.15 L/min。

④泵速：0.3 rps。

⑤检测质量数：m/z = 75（As），m/z = 75（Cl）。

4. 样品测定

（1）标准曲线的制作。用调谐液调整仪器各项指标，使仪器灵敏度、氧化物、双电荷、分辨率等各项指标达到测定要求。

分别吸取标准系列溶液 50 μL 注入液相色谱—电感耦合等离子质谱联用仪进行测定，得到各浓度标准工作液色谱图（见图 3 - 13），以保留时间定性。以标准系列工作液中目标化合物的浓度为横坐标，以色谱峰面积为纵坐标，绘制标准曲线。

（2）试样溶液的测定。将试样溶液 50 μL 注入仪器分析，得到色谱图，以保留时间定性，根据标准曲线得到试样溶液中 $As^{Ⅲ}$ 与 As^{V} 含量，两者含量的和为总无机砷含量。平行测定次数不少于两次。

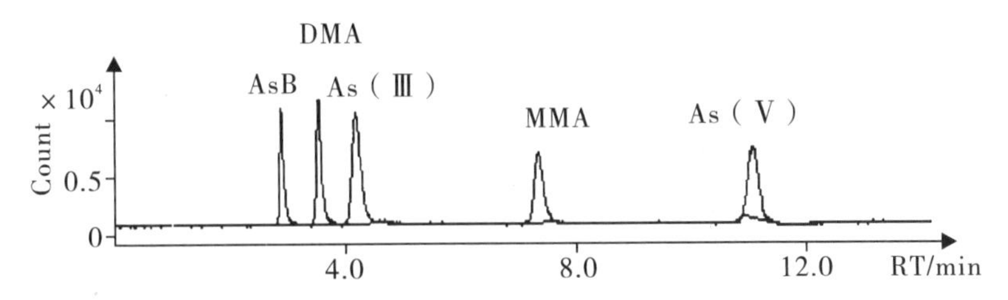

AsB：砷甜菜碱；As（Ⅲ）：亚砷酸；DMA：二甲基砷；MMA：一甲基砷；As（Ⅴ）：砷酸

图3－13　LC－ICP/MS 法、等度洗脱检测食品中无机砷含量标准溶液色谱图

（五）结果计算

试样中无机砷含量按公式3－20计算，计算结果保留2位有效数字：

$$X=\frac{(C-C_0)\times V\times 1000}{m\times 1000\times 1000} \qquad \text{（公式 3－20）}$$

在公式3－20中：

X：试样中无机砷的含量（以As计），单位为毫克每千克（mg/kg）；

C：测定样液中无机砷化合物的浓度，单位为纳克每毫升（ng/mL）；

C_0：空白液中无机砷化合物的浓度，单位为纳克每毫升（ng/mL）；

V：试样消化液体积，单位为毫升（mL）；

m：试样称样质量，单位为克（g）；

1000：换算系数。

总无机砷含量＝As（Ⅲ）含量＋As（Ⅴ）含量。

（六）注意事项

（1）所用玻璃器皿需以硝酸溶液（1＋4）浸泡24 h以上，用水及超纯水冲洗干净。浸泡器皿的硝酸溶液不能长期反复使用，要定期更换。

（2）在采样和制备过程中，应注意不使试样受污染。

（3）制备的样品要求均匀，例如含气样品使用前应除气。

（4）标准系列工作液中的砷浓度范围可根据仪器的灵敏度及样品中砷的实际含量微调。

（5）若样品液中砷浓度过高，测定结果超出标准曲线浓度范围时，应适当稀释后（或适当调整称样量或定容体积）再进行分析测定，计算结果时乘以相应的稀释倍数。

（6）方法精密度要求：在重复性条件下获得的两次独立测定结果的绝对差值不得超过算术平均值的20%。

（7）当样品称样量为1.0 g，定容体积为20 mL时，方法检出限为：稻米0.01 mg/kg、水产动物0.02 mg/kg、婴幼儿辅助食品0.01 mg/kg；定量限为：稻米0.03 mg/kg、水产动物0.06 mg/kg、婴幼儿辅助食品0.03 mg/kg。

三、食品中镉含量的测定

参照食品安全国家标准《食品中镉的测定》（GB 5009.15—2014），食品中镉的测定方法主要为石墨炉原子吸收光谱法（GF－AAS）。

（一）实验目的

掌握石墨炉原子吸收光谱分析法测定食品中镉含量的原理及其卫生评价。

熟悉食品中镉的测定样品预处理和消解方法及步骤。

（二）原理

试样经灰化或酸消解后，将样品消化液定量注入于原子吸收分光光度计石墨炉中，电热原子化后吸收228.8 nm共振线，在一定浓度范围内，其吸光度值与镉含量成正比，外标法定量。

（三）试剂材料和仪器

除非另有说明，本方法所用试剂均为分析纯，水为GB/T 6682规定的一级水。

1. 主要试剂

（1）硝酸（HNO_3）：优级纯。

（2）盐酸（HCl）：优级纯。

（3）高氯酸（$HClO_4$）：优级纯。

（4）过氧化氢（H_2O_2）：30%。

（5）磷酸二氢铵（$NH_4H_2PO_4$）：分析纯。

（6）金属镉（Cd）：纯度为99.99%。

2. 溶液配制

（1）硝酸溶液（1＋4）：量取500 mL硝酸，缓缓加入2000 mL水中。

（2）硝酸溶液（1%）：取10 mL硝酸缓慢加入100 mL水中，稀释至1000 mL。

（3）盐酸溶液（1＋1）：量取100 mL盐酸，缓缓倒入100 mL水中，混匀。

（4）硝酸—高氯酸混合溶液（9＋1）：量取90 mL硝酸，加入10 mL高氯酸，混匀。

（5）磷酸二氢铵溶液（10 g/L）：称取10.0 g磷酸二氢铵，用100 mL硝酸溶液（1%）溶解后，定量移入1000 mL容量瓶，以硝酸溶液（1%）定容至刻度，混匀备用。

（6）镉标准储备液（1000 mg/L）：准确称取1.0 g（精确到0.0001 g）金属镉于小烧杯中，分次加20 mL盐酸溶液（1＋1）溶解，加2滴硝酸并转移至1000 mL容量瓶中，用水稀释至刻度，混匀。

（7）镉标准使用液（100 ng/mL）：吸取10.0 mL镉标准储备液（1000 mg/L）于100 mL容量瓶中，用硝酸溶液（1%）稀释至刻度，如此经多次稀释成镉浓度为100 ng/mL的标准使用液。

（8）镉标准系列溶液：分别准确吸取100 ng/mL镉标准使用液0.00 mL、0.50 mL、1.00 mL、1.50 mL、2.00 mL、3.00 mL于100 mL容量瓶中，用硝酸溶液（1%）稀释至刻度，混匀制成镉浓度为0.00 ng/mL、0.50 ng/mL、1.00 ng/mL、1.50 ng/mL、2.00 ng/mL、3.00 ng/mL的标准系列工作液。

3. 仪器和设备

（1）原子吸收分光光度计，附石墨炉，镉空心阴极灯。

（2）样品粉碎设备：匀浆机、高速粉碎机等。

（3）分析天平：感量为0.1 mg和1 mg。

（4）可调温式电热板、可调温式电炉。

（5）马弗炉。

（6）微波消解系统：配有聚四氟乙烯消解内罐。

（7）压力消解器：配有聚四氟乙烯消解内罐。

（8）恒温干燥箱（50～300 ℃）。

（9）筛网：粒径≤425 μm（或筛孔≥40 目）。

（四）实验步骤

1. 试样预处理

（1）粮食、豆类等干试样除去杂物后粉碎均匀，粒径≤425 μm（相当于筛孔≥40 目），装入洁净聚乙烯瓶中，于室温下或按样品保存条件下密封保存备用。

（2）蔬菜、水果、鱼类、肉类及蛋类等新鲜（湿）试样，洗净晾干，取可食部分匀浆，装入洁净聚乙烯瓶中，密封，于－16～－18 ℃冰箱保存备用。

（3）液态试样：按样品保存条件保存备用。

2. 试样消解

（1）微波消解法。称取干试样 0.3～0.5 g（精确到 0.0001 g）、新鲜（湿）试样 1.0～2.0 g（精确到 0.001 g）于消解罐中，加入 5 mL 硝酸和 2 mL 过氧化氢（30%），微波消化程序可以根据仪器型号调至最佳条件进行消解。消解完毕，待消解罐冷却后取出，缓慢打开罐盖，消化液呈无色或淡黄色，加热赶酸至近干，将消化液洗入 10 mL 或 25 mL 容量瓶中，用少量硝酸溶液（1%）洗涤消解罐 3 次，洗液合并于容量瓶中，并用硝酸溶液（1%）定容至刻度，混匀备用。同时做试剂空白试验。

（2）压力罐消解法。称取干试样 0.3～0.5 g（精确到 0.0001 g）、新鲜（湿）试样 1.0～2.0 g（精确到 0.001 g），置于消解内罐中，加入 5 mL 硝酸浸泡过夜。再加 2～3 mL（总量不能超过罐容积的 1/3）过氧化氢（30%），盖好内盖，旋紧不锈钢外套，放入恒温干燥箱，120～160 ℃保持 4～6 h 后，在箱内自然冷却至室温，打开后加热赶酸至近干，将消化液洗入 10 mL 或 25 mL 容量瓶中，用少量硝酸溶液（1%）洗涤内罐和内盖 3 次，洗液合并于容量瓶中，并用硝酸溶液（1%）定容至刻度，混匀备用。同时做试剂空白试验。

（3）湿式消解法。称取干试样 0.3～0.5 g（精确到 0.0001 g）、新鲜（湿）试样 1.0～2.0 g（精确到 0.001 g）于锥形瓶中，放数粒玻璃珠，加 10 mL 硝酸—高氯酸混合溶液（9＋1），加盖浸泡过夜，加一小漏斗后于电热板上消化，若变棕黑色，再加硝酸，直至冒白烟，消化液呈无色透明或略带微黄色，放冷后将消化液洗入 10 mL 或 25 mL 容量瓶中，用少量硝酸溶液（1%）洗涤锥形瓶 3 次，洗液合并于容量瓶中并用硝酸溶液（1%）定容至刻度，混匀备用。同时做试剂空白试验。

（4）干灰化法。称取干试样 0.3～0.5 g（精确到 0.0001 g）、新鲜（湿）试样 1.0～2.0 g（精确到 0.001 g）、液态试样 1.0～2.0 g（精确到 0.001 g）于瓷坩埚中，先小火在可调式电炉上炭化至无烟，移入马弗炉 500 ℃灰化 6～8 h 后，冷却。若个别试样灰化不彻底，加 1 mL 硝酸—高氯酸混合溶液（9＋1）在可调式电炉上小火加热，将混合酸蒸干后，再转入马弗炉中 500 ℃灰化 1～2 h，直至试样消化完全，呈灰白色或浅灰色。放冷，用硝酸溶液（1%）将灰分溶解，将试样消化液移入 10 mL 或 25 mL 容量瓶中，用少量硝酸溶液（1%）洗涤瓷坩埚 3 次，洗液合并于容量瓶中并用硝酸溶液（1%）定容至刻度，混匀备用。同时做试剂空白试验。

3. 仪器参考条件

原子吸收分光光度计（附石墨炉、镉空心阴极灯）测定参考条件如下：

（1）波长 228.8 nm，狭缝 0.2 ～ 1.0 nm，灯电流 2 ～ 10 mA，干燥温度 105 ℃，干燥时间 20 s。

（2）灰化温度 400 ～ 700 ℃，灰化时间 20 ～ 40 s。

（3）原子化温度 1300 ～ 2300 ℃，原子化时间 3 ～ 5 s。

（4）背景校正为氘灯或塞曼效应。

（5）进样体积：20 μL（可根据使用仪器选择最佳进样量）。

4. 样品测定

（1）标准曲线的制作。设定好原子吸收分光光度计最佳条件，将标准曲线工作液按浓度由低到高的顺序分别注入石墨炉，测其吸光度值，以标准曲线工作液的镉浓度为横坐标，相应的吸光度值为纵坐标，绘制标准曲线并求出吸光度值与浓度关系的一元线性回归方程。

（2）试样溶液的测定。标准系列工作液测量后，分别注入试剂空白和试样消化液测吸光度值，代入标准系列的一元线性回归方程中求试剂空白和样品消化液中镉的含量。平行测定次数不少于两次。

（五）结果计算

试样中镉含量按公式 3 -21 计算，计算结果保留 2 位有效数字：

$$X=\frac{(C-C_0)\times V\times 1000}{m\times 1000\times 1000}\qquad（公式 3-21）$$

在公式 3 -21 中：

X：试样中镉的含量，单位为毫克每千克（mg/kg）；

C：测定样液中镉的浓度，单位为纳克每毫升（ng/mL）；

C_0：试样空白消化液中镉的浓度，单位为纳克每毫升（ng/mL）；

V：试样消化液定容总体积，单位为毫升（mL）；

m：试样称样质量，单位为克（g）；

1000：换算系数。

（六）注意事项

（1）所用玻璃器皿及聚四氟乙烯消解内罐均需以硝酸溶液（1 +4）浸泡 24 h 以上，用水及超纯水冲洗干净。浸泡器皿的硝酸溶液不能长期反复使用，要定期更换。

（2）在采样和制备过程中，应注意不使试样受污染。

（3）制备的样品要求均匀，例如含气样品使用前应除气。

（4）实际工作中，试样消解时很少使用双氧水，仅用于较难消解的样品，因为一般双氧水纯度不高、杂质较多，且酸消解效果通常已足够好。

（5）消化样品要在通风良好的通风橱内进行。对含油脂的样品，尽量避免用湿式消解

法消化，最好采用干法消化，如果必须采用湿式消解法消化，样品的取样量最大不能超过1 g。

（6）标准系列工作液中的镉浓度范围可根据仪器的灵敏度及样品中镉的实际含量微调。标准系列溶液应不少于5个点的不同浓度的镉标准溶液，相关系数不应小于0.995。如果有自动进样装置，也可用程序稀释来配制标准系列。

（7）若样品液中镉浓度过高，测定结果超出标准曲线范围时，应用硝酸溶液（1%）适当稀释后（或适当调整称样量或定容体积）再进行分析测定，计算结果时乘以相应的稀释倍数。

（8）基体改进剂的使用：对有干扰的试样，和样品消化液一起注入石墨炉5 μL（可根据使用仪器选择最佳进样量）基体改进剂磷酸二氢铵溶液（10 g/L），绘制标准曲线时也要加入与试样测定时等量的基体改进剂。

（9）方法精密度要求：在重复性条件下获得的两次独立测定结果的绝对差值不得超过算术平均值的20%。

（10）方法检出限0.001 mg/kg，方法定量限0.003 mg/kg。

四、食品中铬含量的测定

参照食品安全国家标准《食品中铬的测定》（GB 5009.123—2014），食品中铬的测定方法主要为石墨炉原子吸收光谱法（GF－AAS）。

（一）实验目的

掌握石墨炉原子吸收光谱分析法测定食品中铬含量的原理及其卫生评价。

熟悉食品中铬的测定样品预处理和消解方法及步骤。

（二）原理

试样经消解后，采用石墨炉原子吸收光谱法，在357.9 nm测定吸收值，在一定浓度范围内，其吸光度与铬含量成正比，外标法定量。

（三）试剂材料和仪器

除非另有说明，本方法所用试剂均为优级纯，水为GB/T 6682规定的二级水。

1. 主要试剂

（1）硝酸（HNO_3）：优级纯。

（2）高氯酸（$HClO_4$）：优级纯。

（3）磷酸二氢铵（$NH_4H_2PO_4$）：分析纯。

（4）重铬酸钾（$K_2Cr_2O_7$）：纯度>99.5%。或购买经国家认证并授予标准物质证书的铬标准溶液。

2. 溶液配制

（1）硝酸溶液（1+4）：量取500 mL硝酸，缓缓加入2000 mL水中。

（2）硝酸溶液（1+1）：量取250 mL硝酸，缓缓倒入250 mL水中，混匀。

（3）硝酸溶液（5+95）：量取50 mL硝酸，缓缓加入950 mL水中。

（4）磷酸二氢铵溶液（20 g/L）：称取2.0 g磷酸二氢铵，以水溶解后移入100 mL容量瓶，并用水定容至刻度，混匀备用。

（5）铬标准储备液（1.0 mg/mL）：准确称取1.4315 g（精确到0.0001 g）经110 ℃干燥2 h的重铬酸钾，溶于水后转移至500 mL容量瓶中，用硝酸溶液（5 +95）稀释至刻度，混匀。

（6）铬标准使用液（100 ng/mL）：取1.0 mL铬标准储备液（1.0 mg/mL），用硝酸溶液（5 +95）逐级稀释至铬浓度为100 ng/mL的标准使用液。

（7）铬标准系列溶液：分别准确吸取100 ng/mL铬标准使用液0.00 mL、0.50 mL、1.00 mL、2.00 mL、3.00 mL、4.0 mL于25 mL容量瓶中，用硝酸溶液（5 +95）稀释至刻度，混匀制成铬浓度为0.00 ng/mL、2.00 ng/mL、4.00 ng/mL、8.00 ng/mL、12.00 ng/mL、16.00 ng/mL的标准系列工作液。现用现配。

3. 仪器和设备

（1）原子吸收分光光度计，配石墨炉原子化器，附铬空心阴极灯。

（2）样品粉碎设备：匀浆机、高速粉碎机等。

（3）分析天平：感量为0.1 mg和1 mg。

（4）微波消解系统：配聚四氟乙烯消解内罐。

（5）可调温式电热板、可调温式电炉。

（6）马弗炉。

（7）压力消解器：配有聚四氟乙烯消解内罐。

（8）恒温干燥箱（50～300 ℃）。

（四）实验步骤

1. 试样预处理

（1）粮食、豆类等干试样除去杂物后粉碎均匀，装入洁净聚乙烯瓶中，于室温下或按样品保存条件下密封保存备用。

（2）蔬菜、水果、鱼类、肉类及蛋类等新鲜（湿）试样，洗净晾干，取可食部分匀浆，装入洁净聚乙烯瓶中，密封，于 -16～-18 ℃冰箱保存备用。

2. 试样消解

可根据实验室条件选用以下任何一种方法消解，称量时应保证样品的均匀性。

（1）微波消解法。称取试样0.2～0.6 g（精确到0.001 g）于消解罐中，加入5 mL硝酸，按照微波消解的操作步骤消解试样，消解参考条件见表3 -20。消解完毕，待消解罐冷却后取出，缓慢打开罐盖，消化液呈无色或淡黄色，在电热板上于140～160 ℃赶酸至0.5～1.0 mL。消解罐放冷后，将消化液转移至10 mL容量瓶中，用少量水洗涤消解罐2～3次，洗液合并于容量瓶中，用水定容至刻度，混匀备用。同时做试剂空白试验。

表3 -20 铬含量检测样品的微波消解参考条件

步骤	功率（1200W）变化（%）	设定温度（℃）	升温时间（min）	保温时间（min）
1	0～80	120	5	5

续表 3-20

步骤	功率（1200W）变化（%）	设定温度（℃）	升温时间（min）	保温时间（min）
2	0～80	160	5	10
3	0～80	180	5	10

（2）湿式消解法。称取试样 0.5～3.0 g（精确到 0.001 g）于锥形瓶中，加 10 mL 硝酸、0.5 mL 高氯酸，在可调式电热炉上消化（条件参考 120 ℃保持 0.5～1 h、升温至 180 ℃保持 2～4 h、升温至 200～220 ℃）。若消化液呈棕褐色，再加少量硝酸，直至冒白烟，消化液呈无色透明或略带黄色，冷却后消化液移入 10 mL 容量瓶，用少量水洗涤锥形瓶 2～3 次，洗液合并于容量瓶中，用水定容至刻度，混匀备用。同时做试剂空白试验。

（3）高压消解法。称取试样 0.3～1.0 g（精确到 0.001 g）于消解内罐中，加入 5 mL 硝酸。盖好内盖，旋紧不锈钢外套，放入恒温干燥箱，在 140～160 ℃保持 4～5 h 后，在箱内自然冷却至室温，缓慢旋松外罐，取出消解内罐置于可调式电热板上以 140～160 ℃赶酸至 0.5～1.0 mL。冷却后将消化液转移至 10 mL 容量瓶中，用少量水洗涤内罐和内盖 2～3 次，洗液合并于容量瓶中，用水定容至刻度，混匀备用。同时做试剂空白试验。

（4）干灰化法。称取试样 0.5～3.0 g（精确到 0.001 g）于坩埚中，先在可调式电炉上小火炭化至无烟，移入马弗炉于 550 ℃灰化 3～4 h 后，冷却。若个别试样灰化不彻底，加数滴硝酸小火加热，小心蒸干后，再转入马弗炉中于 550 ℃灰化 1～2 h，直至试样消化完全，呈灰白色状。放冷，用硝酸溶液（1+1）将灰分溶解后移入 10 mL 容量瓶中，用硝酸溶液（1+1）洗涤坩埚 3 次，洗液合并于容量瓶中并用水定容至刻度，混匀备用。同时做试剂空白试验。

3. 仪器参考条件

原子吸收分光光度计（附石墨炉、铬空心阴极灯）测定参考条件如下：

（1）波长 357.9 nm，狭缝 0.2 nm，灯电流 5～7 mA。

（2）干燥温度 85～120 ℃，干燥时间 40～50 s。

（3）灰化温度 900 ℃，灰化时间 20～30 s。

（4）原子化温度 2700 ℃，原子化时间 4～5 s。

（5）进样体积：10 μL（可根据使用仪器选择最佳进样量）。

4. 样品测定

（1）标准曲线的制作。根据各自仪器性能调至最佳状态，将标准系列溶液按浓度由低到高的顺序进样并测定吸光度值，以标准曲线工作液的铬浓度为横坐标，相应的吸光度值为纵坐标，绘制标准曲线并求出吸光度值与铬浓度关系的一元线性回归方程。

（2）试样溶液的测定。标准系列工作液测量后，分别注入试剂空白和试样消化液测吸光度值，代入标准系列的一元线性回归方程中求试剂空白和样品消化液中铬的含量。

（五）结果计算

试样中铬含量按公式 3-22 计算：

$$X = \frac{(C - C_0) \times V \times 1000}{m \times 1000 \times 1000} \qquad \text{（公式 3-22）}$$

在公式 3－22 中：

X：试样中铬的含量，单位为毫克每千克（mg/kg）；

C：测定样液中铬的浓度，单位为纳克每毫升（ng/mL）；

C_0：试样空白消化液中铬的浓度，单位为纳克每毫升（ng/mL）；

V：试样消化液定容总体积，单位为毫升（mL）；

m：试样称样质量，单位为克（g）；

1000：换算系数。

当铬含量≥1.00 mg/kg 时，保留 3 位有效数字，否则保留 2 位有效数字。

（六）注意事项

（1）所用玻璃器皿及聚四氟乙烯消解内罐均需以硝酸溶液（1＋4）浸泡 24 h，用水反复冲洗，最后用去离子水冲洗干净。特别注意所用的容器不能用重铬酸钾清洗。

（2）在采样和制备过程中，应注意不使试样受污染。

（3）制备的样品要求均匀，例如含气样品使用前应除气。

（4）消化样品要在通风良好的通风橱内进行。对含油脂的样品，尽量避免用湿式消解法消化，最好采用干法消化，如果必须采用湿式消解法消化，样品的取样量不要超过 1 g。

（5）标准系列工作液中的铬浓度范围可根据仪器的灵敏度及样品中铬的实际含量微调。标准系列溶液应不少于 5 个点的不同浓度的铬标准溶液，相关系数不应小于 0.999。如果有自动进样装置，也可用程序稀释来配制标准系列。

（6）若样品液中铬浓度过高，测定结果超出标准曲线范围时，应适当稀释后（或适当调整称样量或定容体积）再进行分析测定，计算结果时乘以相应的稀释倍数。

（7）基体改进剂的使用：对有干扰的试样，和样品消化液一起注入石墨炉 5 μL（可根据使用仪器选择最佳进样量）基体改进剂磷酸二氢铵溶液（20.0 g/L），制作标准曲线时也要加入与试样测定时等量的基体改进剂。

（8）方法精密度要求：在重复性条件下获得的两次独立测定结果的绝对差值不得超过算术平均值的 20%。

（9）当样品称样量为 0.5 g，定容体积为 10 mL 时，方法检出限 0.01 mg/kg，方法定量限 0.03 mg/kg。

五、食品中铅含量的测定

参照食品安全国家标准《食品中铅的测定》（GB 5009.12—2017），食品中铅的测定方法包括石墨炉原子吸收光谱法（GF－AAS）、火焰原子吸收光谱法（FAAS）、二硫腙比色法和电感耦合等离子体质谱法（ICP－MS）。其中 ICP－MS 检测法详见“食品中多元素的测定”中 ICP－MS 法可同时测定铅、镉、砷、铬等多种元素，此处不单独介绍。

方法一　石墨炉原子吸收光谱分析法测定食品中的铅

（一）实验目的

掌握石墨炉原子吸收光谱分析法测定食品中铅含量的原理及其卫生评价。

熟悉食品中铅的测定样品预处理和消解方法及步骤。

（二）原理

试样经消解后，采用石墨炉原子吸收光谱法，在 283.3 nm 处测定吸光度，在一定浓度范围内铅的吸光度值与铅含量成正比，与标准系列溶液比较定量。

（三）试剂材料和仪器

除非另有说明，本方法所用试剂均为优级纯，水为 GB/T 6682 规定的一级水。

1. 主要试剂

（1）硝酸（HNO_3）。

（2）高氯酸（$HClO_4$）。

（3）磷酸二氢铵（$NH_4H_2PO_4$）。

（4）硝酸钯［Pd（NO_3）$_2$］。

（5）硝酸铅［Pb（NO_3）$_2$，CAS 号：10099－74－8］：纯度＞99.99%。或购买经国家认证并授予标准物质证书的铅标准溶液。

2. 溶液配制

（1）硝酸溶液（1＋4）：量取 500 mL 硝酸，缓缓加入 2000 mL 水中。

（2）硝酸溶液（1＋9）：量取 50 mL 硝酸，缓缓倒入 450 mL 水中，混匀。

（3）硝酸溶液（5＋95）：量取 50 mL 硝酸，缓缓加入 950 mL 水中。

（4）磷酸二氢铵—硝酸钯溶液：称取 0.02 g 硝酸钯，加少量硝酸溶液（1＋9）溶解后，再加 2.0 g 磷酸二氢铵，溶解后移入 100 mL 容量瓶，并用硝酸溶液（5＋95）定容至刻度，混匀备用。

（5）铅标准储备液（1000 mg/L）：准确称取 1.5985 g（精确到 0.0001 g）经硝酸铅，少量硝酸溶液（1＋9）溶解，转移至 1000 mL 容量瓶中，加水稀释至刻度，混匀。

（6）铅标准使用液（1.00 mg/L）：取 1.00 mL 铅标准储备液（1000 mg/L）于 1000 mL 容量瓶中，用硝酸溶液（5＋95）稀释至刻度，混匀。

（7）铅标准系列溶液：分别准确吸取 1.00 mg/L 铅标准使用液 0.00 mL、0.50 mL、1.00 mL、2.00 mL、3.00 mL、4.00 mL 于 100 mL 容量瓶中，用硝酸溶液（5＋95）稀释至刻度，混匀制成铅浓度为 0.00 μg/L、5.00 μg/L、10.0 μg/L、20.0 μg/L、30.0 μg/L、40.0 μg/L 的标准系列溶液。

3. 仪器和设备

（1）原子吸收分光光度计，配石墨炉原子化器，附铅空心阴极灯。

（2）样品粉碎设备：匀浆机、高速粉碎机等。

（3）分析天平：感量为 0.1 mg 和 1 mg。

（4）可调温式电热板、可调温式电炉。

（5）微波消解系统：配聚四氟乙烯消解内罐。

（6）压力消解器：配聚四氟乙烯消解内罐。

（7）恒温干燥箱（50～300 ℃）。

（四）实验步骤

1. 试样预处理

（1）粮食、豆类等干试样除去杂物后粉碎均匀，装入洁净聚乙烯瓶中，于室温下或按样品保存条件下密封保存备用。

（2）蔬菜、水果、鱼类及肉类等新鲜（湿）试样，洗净晾干，取可食部分匀浆，装入洁净聚乙烯瓶中，密封，于－16～－18 ℃冰箱保存备用。

（3）饮料、酒、醋、酱油、食用植物油、液态乳等液体样品，将样品摇匀取样消解。

2. 试样消解

（1）微波消解法。称取试样0.2～0.8 g（精确到0.001 g）于消解罐中，加入5 mL硝酸，按照微波消解的操作步骤消解试样，消解参考条件见表3－21。消解完毕，待冷却后取出消解罐，在电热板上于140～160 ℃赶酸至约1.0 mL。消解罐放冷后，将消化液转移至10 mL容量瓶中，用少量水洗涤消解罐2～3次，洗液合并于容量瓶中，用水定容至刻度，混匀备用。同时做试剂空白试验。

表3－21　铅含量检测样品的微波消解参考条件

步骤	设定温度（℃）	升温时间（min）	保温时间（min）
1	120	5	5
2	160	5	10
3	180	5	10

（2）湿式消解法。称取试样0.2～3.0 g（精确到0.001 g）于锥形瓶中，加10 mL硝酸、0.5 mL高氯酸，在可调式电热炉上消化（条件参考120 ℃保持0.5～1 h、升温至180 ℃保持2～4 h、升温至200～220 ℃）。若消化液呈棕褐色，再加少量硝酸，消解至冒白烟，消化液呈无色透明或略带黄色，冷却后消化液移入10 mL容量瓶，用少量水洗涤锥形瓶2～3次，洗液合并于容量瓶中，用水定容至刻度，混匀备用。同时做试剂空白试验。

（3）压力罐消解法。称取试样0.2～1.0 g（精确到0.001 g）于消解内罐中，加入5 mL硝酸。盖好内盖，旋紧不锈钢外套，放入恒温干燥箱，在140～160 ℃保持4～5 h后，在箱内自然冷却至室温，缓慢旋松外罐，取出消解内罐置于可调式电热板上以140～160 ℃赶酸至约1.0 mL。冷却后将消化液转移至10 mL容量瓶中，用少量水洗涤内罐和内盖2～3次，洗液合并于容量瓶中，用水定容至刻度，混匀备用。同时做试剂空白试验。

3. 仪器参考条件

原子吸收分光光度计（附石墨炉及铅空心阴极灯）测定参考条件如下：

（1）波长283.3 nm，狭缝0.5 nm，灯电流8～12 mA。

（2）干燥温度85～120 ℃，干燥时间40～50 s。

（3）灰化温度 750 ℃，灰化时间 20～30 s。

（4）原子化温度 2300 ℃，原子化时间 4～5 s。

4. 样品测定

（1）标准曲线的制作。根据各自仪器性能调至最佳状态，按铅浓度由低到高的顺序分别将 10 μL 标准系列溶液和 5 μL 磷酸二氢铵溶液—硝酸钯溶液（可根据使用仪器选择最佳进样量）同时注入石墨炉，原子化后测定其吸光度值，以标准曲线工作液的铅浓度为横坐标，相应的吸光度值为纵坐标，绘制标准曲线。

（2）试样溶液的测定。标准系列工作液测量后，将 10 μL 试剂空白或试样消化液测和 5 μL 磷酸二氢铵溶液—硝酸钯溶液同时注入石墨炉，原子化后测定其吸光度值，与标准系列比较定量。

（五）结果计算

试样中铅含量按公式（3－23）计算：

$$X=\frac{(C-C_0)\times V\times 1000}{m\times 1000\times 1000}\qquad（公式 3－23）$$

在公式 3－23 中：

X：试样中铅的含量，单位为毫克每千克（mg/kg）；

C：测定样液中铅的浓度，单位为微克每升（μg/L）；

C_0：试样空白消化液中铅的浓度，单位为微克每升（μg/L）；

V：试样消化液定容总体积，单位为毫升（mL）；

m：试样称样质量，单位为克（g）；

1000：换算系数。

当铅含量≥1.00 mg/kg 时，保留 3 位有效数字，否则保留 2 位有效数字。

（六）注意事项

（1）所用玻璃器皿及聚四氟乙烯消解内罐均需以硝酸溶液（1＋5）浸泡 24 h 以上，用水及超纯水冲洗干净。浸泡器皿的硝酸溶液不能长期反复使用，要定期更换。

（2）在采样和制备过程中，应注意不使试样受污染。

（3）制备的样品要求均匀，例如含气样品使用前应除气。

（4）消化样品要在通风良好的通风橱内进行。对含油脂的样品，尽量避免用湿式消解法消化，最好采用干法消化，如果必须采用湿式消解法消化，样品的取样量不要超过 1 g。

（5）标准系列工作液中的铅浓度范围可根据仪器的灵敏度及样品中铅的实际含量微调。标准系列溶液应不少于 5 个点的不同浓度的镉标准溶液，相关系数不应小于 0.999。如果有自动进样装置，也可用程序稀释来配制标准系列。

（6）若样品液中铅浓度过高，测定结果超出标准曲线范围时，应适当稀释后（或适当调整称样量或定容体积）再进行分析测定，计算结果时乘以相应的稀释倍数。

（7）方法精密度要求：在重复性条件下获得的两次独立测定结果的绝对差值不得超过算术平均值的 20%。

（8）当样品称样量为 0.5 g、定容体积为 10 mL 时，方法检出限 0.02 mg/kg，方法定量限 0.04 mg/kg。

方法二　火焰原子吸收光谱分析法测定食品中的铅

（一）实验目的

掌握火焰原子吸收光谱分析法测定食品中铅含量的原理及其卫生评价。

熟悉食品中铅的测定样品预处理和消解方法及步骤。

（二）原理

试样经消解后，铅离子在一定 pH 条件下与二乙基二硫代氨基甲酸钠（DDTC）形成络合物，经 4-甲基-2-戊酮（MIBK）萃取分离，导入原子吸收光谱仪中，经火焰原子化，在 283.3 nm 处测定吸光度，在一定浓度范围内铅的吸光度值与铅含量成正比，外标法定量。

（三）试剂材料和仪器

除非另有说明，本方法所用试剂均为分析纯，水为 GB/T 6682 规定的二级水。

1. 主要试剂

（1）硝酸（HNO_3）：优级纯。

（2）高氯酸（$HClO_4$）：优级纯。

（3）盐酸（HCl）：优级纯。

（4）硫酸铵［$(NH_4)_2SO_4$］。

（5）柠檬酸铵［$C_6H_5O_7(NH_4)_3$］。

（6）溴百里酚蓝（$C_{27}H_{28}O_5SBr_2$）。

（7）二乙基二硫代氨基甲酸钠［DDTC，$(C_2H_5)_2NCSSNa \cdot 3H_2O$］。

（8）氨水（$NH_3 \cdot H_2O$）：优级纯。

（9）4-甲基-2-戊酮（MIBK，$C_6H_{12}O$）。

（10）硝酸铅［$Pb(NO_3)_2$，CAS 号：10099-74-8］：纯度 >99.99%。

2. 溶液配制

（1）硝酸溶液（1+4）：量取 500 mL 硝酸，缓缓加入 2000 mL 水中。

（2）硝酸溶液（1+9）：量取 50 mL 硝酸，缓缓倒入 450 mL 水中，混匀。

（3）硝酸溶液（5+95）：量取 50 mL 硝酸，缓缓加入 950 mL 水中。

（4）盐酸溶液（1+11）：量取 10 mL 盐酸，缓缓倒入 110 mL 水中，混匀。

（5）硫酸铵溶液（300 g/L）：称取 30 g 硫酸铵，用水溶解并稀释至 100 mL，混匀。

（6）柠檬酸铵溶液（250 g/L）：称取 25 g 柠檬酸铵，用水溶解并稀释至 100 mL，混匀。

（7）溴百里酚蓝水溶液（1 g/L）：称取 0.1 g 溴百里酚蓝，用水溶解并稀释至 100 mL，混匀。

（8）DDTC 溶液（50 g/L）：称取 5 g DDTC，用水溶解并稀释至 100 mL，混匀。

（9）氨水溶液（1+1）：吸取 100 mL 氨水，加入 100 mL 水，混匀。

（10）铅标准储备液（1000 mg/L）：同“方法一 石墨炉原子吸收光谱分析法测定食品中的铅”中的铅标准储备液配制方法。

（11）铅标准使用液（10.0 mg/L）：同“方法一 石墨炉原子吸收光谱分析法测定食品中的铅”中的铅标准使用液配制方法。

（12）铅标准系列溶液：分别准确吸取 10.0 mg/L 铅标准使用液 0.00 mL、0.25 mL、0.50 mL、1.00 mL、1.50 mL、2.00 mL 于 125 mL 分液漏斗中，补加水至 60 mL。加 2 mL 柠檬酸铵溶液（250 g/L），3～5 滴溴百里酚蓝水溶液（1 g/L），用氨水溶液（1+1）调 pH 至溶液由黄变蓝，加 10 mL 硫酸铵溶液（300 g/L），DDTC 溶液（1 g/L）10 mL，摇匀。放置 5 min 左右，加入 10 mL MIBK，剧烈振摇提取 1 min，静置分层后，弃去水层，将 MIBK 层放入 10 mL 带塞刻度管中，得到铅含量为 0.00 μg、2.50 μg、5.00 μg、10.00 μg、15.00μg 和 20.00 μg 标准系列溶液。

3. 仪器和设备

（1）原子吸收天平分光光度计，配火焰原子化器，附铅空心阴极灯。

（2）样品粉碎设备：匀浆机、高速粉碎机等。

（3）分析天平：感量为 0.1 mg 和 1 mg。

（4）可调温式电热板、可调温式电炉。

（四）实验步骤

1. 试样预处理

同“方法一 石墨炉原子吸收光谱分析法测定食品中的铅含量”中试样预处理方法。

2. 试样消解

同“方法一 石墨炉原子吸收光谱分析法测定食品中的铅含量”中试样湿式消解法。

3. 仪器参考条件

火焰原子吸收分光光度计（配火焰原子化器、铅空心阴极灯）测定参考条件如下：

（1）波长：283.3 nm，狭缝：0.5 nm，灯电流：8～12 mA。

（2）燃烧头高度：6 mm。

（3）空气流量：8 L/min。

（4）进样体积：10 μL（可根据使用仪器选择最佳进样量）。

4. 样品测定

（1）标准曲线的制作。将标准曲线工作液按浓度由低到高的顺序进样并测定吸光度值，以标准曲线工作液的铅质量为横坐标，相应的吸光度值为纵坐标，绘制标准曲线，求出吸光度值与浓度关系的一元线性回归方程。

（2）试样溶液的测定。将试样及空白消化液分别置于 125 mL 分液漏斗中，以下按“铅标准系列溶液”中“补加水至 60 mL”起同法操作，得到试样溶液和空白溶液。将空白溶液和试样溶液分别导入火焰原子化器，以测定标准系列工作液相同的条件测出吸光度值，代入标准系列的一元线性回归方程中求试剂空白和样品溶液中铅的含量。

（五）结果计算

试样中铅含量按公式 3－24 计算：

$$X = \frac{m_1 - m_0}{m_2} \qquad （公式 3-24）$$

在公式 3－24 中：

X：试样中铅的含量，单位为毫克每千克（mg/kg）；

m_1：试样溶液中铅的质量，单位为微克（μg）；

m_0：试剂空白溶液中铅的质量，单位为微克（μg）；

m_2：试样称样质量，单位为克（g）；

当铅含量≥10.0 mg/kg 时，保留 3 位有效数字，否则保留 2 位有效数字。

（六）注意事项

（1）所用玻璃器皿及聚四氟乙烯消解内罐均需以硝酸溶液（1+5）浸泡 24 h 以上，用水及超纯水冲洗干净。浸泡器皿的硝酸溶液不能长期反复使用，要定期更换。

（2）在采样和制备过程中，应注意不使试样受污染。

（3）制备的样品要求均匀，例如含气样品使用前应除气。

（4）消化样品要在通风良好的通风橱内进行。对含油脂的样品，湿式消解法消化样品的取样量不要超过 1 g。

（5）标准系列工作液中的铅浓度范围可根据仪器的灵敏度及样品中铅的实际含量微调。标准系列溶液应不少于 5 个点的不同浓度的镉标准溶液，相关系数不应小于 0.999。如果有自动进样装置，也可用程序稀释来配制标准系列。

（6）若样品液中铅浓度过高、测定结果超出标准曲线范围时，应适当稀释后（或适当调整称样量或定容体积）再进行分析测定，计算结果时乘以相应的稀释倍数。

（7）方法精密度要求：在重复性条件下获得的两次独立测定结果的绝对差值不得超过算术平均值的 20%。

（8）当样品称样量为 0.5 g 时、方法检出限 0.4 mg/kg，方法定量限 1.2 mg/kg。

方法三　二硫腙比色法测定食品中的铅

（一）实验目的

掌握二硫腙比色法测定食品中铅含量的原理及其卫生评价。

熟悉食品中铅的测定样品预处理和消解方法及步骤。

（二）原理

试样经消化后，在 pH 为 8.5～9.0 时，铅离子与二硫腙生成红色络合物，溶于三氯甲烷。加入柠檬酸铵、氰化钾和盐酸羟胺等，防止铁、铜、锌等离子干扰。于波长 510 nm 处测定吸光度，与标准系列溶液比较定量。

（三）试剂材料和仪器

除非另有说明，本方法所用试剂均为分析纯，水为 GB/T 6682 规定的三级水。

1. 主要试剂

（1）硝酸（HNO_3）：优级纯。

（2）高氯酸（$HClO_4$）：优级纯。

（3）盐酸（HCl）：优级纯。

（4）氨水（$NH_3 \cdot H_2O$）：优级纯。

（5）酚红（$C_{19}H_{14}O_5S$）。

（6）盐酸羟胺（$NH_2OH \cdot HCl$）。

（7）柠檬酸铵［$C_6H_5O_7(NH_4)_3$］。

（8）氰化钾（KCN）。

（9）三氯甲烷（CH_3Cl，不应含氧化物）。

（10）二硫腙（$C_6H_5NHNHCSN=NC_6H_5$）。

（11）乙醇（C_2H_5OH）：优级纯。

（12）硝酸铅［$Pb(NO_3)_2$，CAS 号：10099－74－8］：纯度 > 99.99%。或购买经国家认证并授予标准物质证书的铅标准溶液。

2. 溶液配制

（1）硝酸溶液（1＋4）：量取 500 mL 硝酸，缓缓加入 2000 mL 水中，混匀。

（2）硝酸溶液（1＋9）：量取 50 mL 硝酸，缓缓倒入 450 mL 水中，混匀。

（3）硝酸溶液（5＋95）：量取 5 mL 硝酸，缓缓加入 95 mL 水中，混匀。

（4）盐酸溶液（1＋1）：量取 100 mL 盐酸，缓缓倒入 100 mL 水中，混匀。

（5）氨水溶液（1＋1）：吸取 100 mL 氨水，加入 100 mL 水，混匀。

（6）氨水溶液（1＋99）：吸取 10 mL 氨水，加入 990 mL 水，混匀。

（7）酚红指示液（1 g/L）：称取 0.1 g 酚红，用少量多次乙醇溶解后移入 100 mL 容量瓶中并定容至刻度，混匀。

（8）二硫腙—三氯甲烷溶液（0.5 g/L）：称取 0.5 g 二硫腙，用三氯甲烷溶解，并定容至 1000 mL，混匀，保存于 0～5 ℃下，必要时用下述方法纯化。

称取 0.5 g 研细的二硫腙，溶于 50 mL 三氯甲烷中，如不全溶，可用滤纸过滤于 250 mL 分液漏斗中，用氨水溶液（1＋99）提取三次，每次 100 mL，将提取液用棉花过滤至 500 mL 分液漏斗中，用盐酸溶液（1＋1）调至酸性，将沉淀出的二硫腙用三氯甲烷提取 2～3 次，每次 20 mL，合并三氯甲烷层，用等量水洗涤两次，弃去洗涤液，在 50 ℃水浴上蒸去三氯甲烷。精制的二硫腙置硫酸干燥器中，干燥备用。或将沉淀出的二硫腙用 200 mL、200 mL、100 mL 三氯甲烷提取三次，合并三氯甲烷层为二硫腙—三氯甲烷溶液。

（9）二硫腙使用液（70% 透光率）：吸取 1.0 mL 二硫腙—三氯甲烷溶液（0.5 g/L），加三氯甲烷至 10 mL，混匀。用 1 cm 比色杯，以三氯甲烷调节零点，于波长 510 nm 处测吸光度（A），用公式（3－25）算出配制 100 mL 二硫腙使用液所需二硫腙—三氯甲烷溶液（0.5 g/L）的毫升数（X）。量取计算所得体积的二硫腙—三氯甲烷溶液，用三氯甲烷稀释至 100 mL。

$$X=\frac{10\times(2-\log 70)}{A}=\frac{1.55}{A} \qquad \text{（公式 3－25）}$$

在公式 3－25 中：

X：配制 100 mL 二硫腙使用液所需二硫腙—三氯甲烷溶液（0.5 g/L）的体积，单位为毫升（mL）；

A：二硫腙使用液的吸光度。

（10）盐酸羟胺溶液（200 g/L）：称 20 g 盐酸羟胺，加水溶解至 50 mL，加 2 滴酚红指示液（1 g/L），加氨水溶液（1＋1），调 pH 至 8.5～9.0（由黄变红，再多加 2 滴），

（9）硼氢化钾溶液（20 g/L）：称取20.0 g硼氢化钾，用5 g/L的氢氧化钾溶液溶解并定容至1000 mL，混匀。

（10）砷标准储备液（100 μg/mL，按As计）：准确称取0.0132 g经100 ℃干燥2 h的三氧化二砷，用1 mL氢氧化钠溶液（100 g/L）和少量水溶解并转移至100 mL容量瓶中，加入适量盐酸调整其酸度近中性，加水稀释至刻度，混匀，于4 ℃冰箱中避光保存，可保存1年。

（11）砷标准使用液（1.00 μg/mL，按As计）：吸取1.00 mL砷标准储备液（100 μg/mL）于100 mL容量瓶中，用硝酸溶液（2+98）稀释至刻度，混匀，现用现配。

（12）砷标准系列液：分别吸取1.00 μg/mL砷标准使用液0.00 mL、0.10 mL、0.25 mL、0.50 mL、1.50 mL、3.00 mL于25 mL容量瓶或比色管中，各加12.5 mL硫酸溶液（1+9），2 mL硫脲+抗坏血酸溶液，并加水至刻度，混匀制成砷浓度为0.00 ng/mL、4.0 ng/mL、10.0 ng/mL、20.0 ng/mL、60.0 ng/mL、120.0 ng/mL的标准系列工作液。放置30 min后测定。

3. 仪器和设备

（1）原子荧光光谱仪。

（2）样品粉碎设备：匀浆机、高速粉碎机等。

（3）分析天平：感量为0.1 mg和1 mg。

（4）控温电热板（50～200 ℃）。

（5）马弗炉。

（四）实验步骤

1. 试样预处理

（1）粮食、豆类等样品除去杂物后粉碎均匀，装入洁净聚乙烯瓶中，密封保存备用。

（2）蔬菜、水果、鱼类、肉类及蛋类等新鲜样品，洗净晾干，取可食部分匀浆，装入洁净聚乙烯瓶中，密封，于4 ℃冰箱冷藏备用。

2. 试样消解

（1）湿法消解。固体试样称取1.0～2.5 g、液体试样称取5.0～10.0 g（精确到0.001 g），置于50～100 mL锥形瓶中，同时做两份试剂空白。加硝酸20 mL，高氯酸4 mL，硫酸1.25 mL，放置过夜。次日置于电热板上加热消解。若消解液处理至1 mL左右时仍有未分解物质或色泽变深，取下放冷，补加硝酸5～10 mL，再消解至2 mL左右，如此反复两三次，注意避免炭化。继续加热至消解完全后，再持续蒸发至高氯酸的白烟散尽，硫酸的白烟开始冒出。冷却，加水25 mL，再蒸发至冒硫酸白烟。冷却，用水将消化物转入25 mL容量瓶或比色管中，加入硫脲+抗坏血酸溶液2 mL，补加水至刻度，混匀，放置30 min，待测。按同一操作方法做空白试验。

（2）干灰化法。固体试样称取1.0～2.5 g、液体试样称取4.0 g（精确到0.001 g），置于50～100 mL坩埚中，同时做两份试剂空白。加150 g/L硝酸镁10 mL混匀，低热蒸干，将1 g氧化镁覆盖在干渣上，于电炉上炭化至无黑烟，移入550 ℃马弗炉灰化4 h。取出放冷，小心10 mL盐酸溶液（1+1）以中和氧化镁并溶解灰分，转入25 mL容量瓶或比色管，向容量瓶或比色管中加入硫脲+抗坏血酸溶液2 mL，另用硫酸溶液（1+9）分次用二硫腙—三氯甲烷溶液（0.5 g/L）提取至三氯甲烷层绿色不变为止，再用三氯甲烷洗两次，弃去三氯甲烷层，水层加盐酸溶液（1+1）至呈酸性，加水至100 mL，混匀。

（11）柠檬酸铵溶液（200 g/L）：称取50 g柠檬酸铵溶于100 mL水中，加2滴酚红指示液（1 g/L），加氨水溶液（1+1），调pH至8.5～9.0，用二硫腙—三氯甲烷溶液（0.5 g/L）提取数次，每次10～20 mL，至三氯甲烷层绿色不变为止，弃去三氯甲烷层，再用三氯甲烷洗两次，每次5 mL，弃去三氯甲烷层，加水稀释至250 mL，混匀。

（12）氰化钾溶液（100 g/L）：称取10 g氰化钾，用水溶解后稀释至100 mL，混匀。

（13）铅标准储备液（1000 mg/L）：同“方法一 石墨炉原子吸收光谱分析法测定食品中的铅”中的铅标准储备液配制方法。

（14）铅标准使用液（10.0 mg/L）：同“方法一 石墨炉原子吸收光谱分析法测定食品中的铅”中的铅标准使用液配制方法。

（15）铅标准系列溶液：分别准确吸取10.0 mg/L铅标准使用液0.00 mL、0.15 mL、0.20 mL、0.30 mL、0.40 mL、0.50 mL（相当于铅质量依次为0.00 μg、1.00 μg、2.00 μg、3.00 μg、4.00 μg、5.00 μg）于125 mL分液漏斗中，各加硝酸溶液（5+95）至20 mL。加2 mL柠檬酸铵溶液（200 g/L）、1 mL盐酸羟胺溶液（200 g/L）和2滴酚红指示液（1 g/L），用氨水溶液（1+1）调至红色，再各加2 mL氰化钾溶液（100 g/L），混匀。各加5 mL二硫腙使用液，剧烈振摇1 min，静置分层。

3. 仪器和设备

（1）紫外可见分光光度计。

（2）样品粉碎设备：匀浆机、高速粉碎机等。

（3）分析天平：感量为0.1 mg和1 mg。

（4）可调温式电热板、可调温式电炉。

（四）实验步骤

1. 试样预处理

同“方法一 石墨炉原子吸收光谱分析法测定食品中的铅”的试样预处理。

2. 试样消解

同“方法一 石墨炉原子吸收光谱分析法测定食品中的铅”的试样消解中的“湿式消解法”。

3. 仪器参考条件

根据所用仪器型号将仪器调至最佳状态，测定波长510 nm。

4. 样品测定

（1）标准曲线的制作。将铅标准系列三氯甲烷层溶液经脱脂棉分别滤入1 cm比色杯中，以三氯甲烷调节零点于波长510 nm处测吸光度，以铅的质量为横坐标，吸光度值为纵坐标，制作标准曲线，求出吸光度值与浓度关系的一元线性回归方程。

（2）试样溶液的测定。将试样及试剂空白消化液分别置于125 mL分液漏斗中，以下按“铅标准系列溶液”中“各加硝酸溶液（5+95）至20 mL”起同法操作，并与“标准曲线的制作”中同法过滤及同条件测定，得到试样溶液和空白溶液的吸光度值，代入标准系列的一元线性回归方程中求试剂空白和样品溶液中铅的含量。

（五）结果计算

同“方法二火焰原子吸收光谱分析法测定食品中的铅”的结果计算方法。

（六）注意事项

（1）所用玻璃器皿及聚四氟乙烯消解内罐均需以硝酸溶液（1+5）浸泡 24 h 以上，用水及超纯水冲洗干净。浸泡器皿的硝酸溶液不能长期反复使用，要定期更换。

（2）在采样和制备过程中，应注意不使试样受污染。

（3）制备的样品要求均匀，例如含气样品使用前应除气。

（4）消化样品要在通风良好的通风橱内进行。对含油脂的样品，湿式消解样品的取样量不要超过 1 g。

（5）若样品液中铅浓度过高、测定结果超出标准曲线范围时，应适当稀释后（或适当调整称样量或定容体积）再进行分析测定，计算结果时乘以相应的稀释倍数。

（7）方法精密度要求：在重复性条件下获得的两次独立测定结果的绝对差值不得超过算术平均值的 10%。

（8）当样品称样量为 0.5 g 时，方法检出限 1 mg/kg，方法定量限 3 mg/kg。

六、食品中多元素的测定

参照食品安全国家标准《食品中多元素的测定》（GB 5009.268—2016），食品中多元素的测定方法包括电感耦合等离子体质谱法（ICP－MS）和电感耦合等离子体发射光谱法（ICP－OES）。其中 ICP－MS 检测法适用于食品中硼、钠、镁、铝、钾、钙、钛、钒、铬、锰、铁、钴、镍、铜、锌、砷、硒、锶、钼、镉、锡、锑、钡、汞、铊、铅的测定，而 ICP－OES 适用于食品中铝、硼、钡、钙、铜、铁、钾、镁、锰、钠、镍、磷、锶、钛、钒、锌的测定。由于本章节主要关注的是常见有害重金属汞、砷、镉、铬和铅共 5 种元素的含量测定，故主要介绍 ICP－MS 测定食品中多元素，对 ICP－OES 不做单独介绍，如有需要，请查阅相关标准或专业书籍。

（一）实验目的

掌握 ICP－MS 测定食品中汞、砷、镉、铬和铅等多种元素的原理及其卫生评价。

熟悉食品中汞、砷、镉、铬和铅等多种元素的测定样品预处理和消解方法及步骤。

（二）实验原理

试样经消解后，由 ICP－MS 仪测定，以元素特定质量数（质荷比，m/z）定性，采用外标法，根据待测元素质谱信号与内标元素质谱信号的强度比与待测元素的浓度成正比进行定量分析。

（三）试剂材料和仪器

除非另有说明，本方法所用试剂均为优级纯，水为 GB/T 6682 规定的一级水。

1. 主要试剂

（1）硝酸（HNO_3）：优级纯或更高纯度。

（2）氩气（Ar）：氩气（≥99.995%）或液氩。

（3）氦气（He）：氦气（≥99.995%）。

（4）金元素（Au）：溶液（1000 mg/L）。

（5）元素贮备液（1000 mg/L 或 100 mg/L）：铅、镉、砷、汞、铬、硒、锡、铜、铁、锰、锌、镍、铝、锑、钾、钠、钙、镁、硼、钡、锶、钼、铊、钛、钒和钴，采用经国家认证并授予标准物质证书的单元素或多元素标准贮备液。

（6）内标元素贮备液（1000 mg/L）：钪、锗、铟、铑、铼、铋等，采用经国家认证并授予标准物质证书的单元素或多元素内标标准贮备液。

2. 溶液配制

（1）硝酸溶液（1+4）：量取 500 mL 硝酸，缓缓加入 2000 mL 水中，混匀。

（2）硝酸溶液（5+95）：量取 50 mL 硝酸，缓缓加入 950 mL 水中，混匀。

（3）汞标准稳定剂：取 2 mL 金元素（Au）溶液，用硝酸溶液（5+95）稀释至 1000 mL，用于汞标准溶液的配制。

（4）混合标准系列溶液：吸取适量单元素标准贮备液或多元素混合标准贮备液，用硝酸溶液（5+95）逐级稀释配成混合标准工作溶液系列。各元素质量浓度见表 3-22。

（5）汞标准系列溶液：取适量汞贮备液，用汞标准稳定剂逐级稀释配成标准工作溶液系列，其浓度范围见表 3-22。

（6）内标使用液：取适量内标单元素贮备液或内标多元素标准贮备液用硝酸溶液（5+95）配制合适浓度的内标使用液。内标液既可在配制混合标准工作溶液和样品消化液中手动定量加入，亦可由仪器在线加入。但由于不同仪器采用的蠕动泵管内径有所不同，当在线加入内标时，需考虑内标元素在样液中的浓度，使样液混合后的内标元素参考浓度范围为 25～100 μg/L，低质量数元素可以适当提高使用液浓度。

表 3-22　ICP-MS 方法中元素的标准溶液系列质量浓度

序号	元素	单位	标准系列质量浓度					
			S1	S2	S3	S4	S5	S6
1	Hg	μg/L	0	0.10	0.50	1.0	1.50	2.0
2	Fe、Mo、Sn、Sb	μg/L	0	0.10	0.50	1.0	3.0	5.0
3	V、Cr、Co、Ni、As、Se、Cd、Tl、Pb	μg/L	0	1.0	5.0	10.0	30.0	50.0
4	Mn、B、Ti、Cu、Zn、Ba	μg/L	0	10.0	50.0	100	300	500
5	Sr	μg/L	0	20.0	100	200	600	1000
6	Al	mg/L	0	0.10	0.50	1.0	3.0	5.0
7	Na、Mg、K、Ca	mg/L	0	0.40	2.0	4.0	12.0	20.0

3. 仪器和设备

（1）电感耦合等离子质谱联用仪。

（2）样品粉碎设备：匀浆机、高速粉碎机。

（3）分析天平：感量 0.1 mg 和 1 mg。

（4）微波消解系统：配有聚四氟乙烯消解内罐。

（5）压力消解器：配有聚四氟乙烯消解内罐。

（6）控温电热板。

（7）超声波水浴箱。

（8）恒温干燥箱。

（四）实验步骤

1. 试样预处理

（1）固态样品。

①干样（豆类、谷物、菌类、茶叶、干制水果、焙烤食品等低含水量样品）。取可食部分，必要时经高速粉碎机粉碎均匀；对于固体乳制品、蛋白粉、面粉等呈均匀状的粉状样品，摇匀。

②鲜样（蔬菜、水果、水产品等高含水量样品）。必要时洗净、晾干，取可食部分匀浆粉群均匀；对于肉类、蛋类等样品取可食部分匀浆粉碎均匀。

③速冻及罐头食品。解冻速冻食品及罐头样品，必要时的匀浆机或高速粉碎机匀浆或粉碎均匀。

（2）液态样品。

软饮料、调味品等样品摇匀。

（3）半固态样品。

搅拌均匀。

2. 试样消解

可根据试样中待测元素的含量水平和检测水平要求选择相应的消解方法及消解容器。

（1）微波消解法。称取试样 0.2～0.5 g（精确到 0.001 g，含水分较多的样品可适当增加取样量至 1.0 g）或吸取液体试样 1.00～3.00 mL 于消解内罐中，含乙醇或二氧化碳的样品先在电热板上低温加热除去乙醇或二氧化碳。加入 5～10 mL 硝酸，加盖放置 1 h 或过夜，旋紧罐盖，按照微波消解仪的标准操作步骤进行消解，消解参考条件见表 3-23。冷却后取出，缓慢打开罐盖排气，用少量水冲洗内盖，将消解罐放在控温电热板上或超声波清洗器中，于 100 ℃加热 30 min 或超声脱气 2～5 min，将消化液转移至 25 mL 塑料容量瓶中，用少量水分 3 次洗涤内罐，洗涤液合并于容量瓶中并定容至刻度，混匀备用。同时做试剂空白试验。

表 3-23　多元素含量检测食品样品的消解参考条件

消解方式	步骤	温度（℃）	升温时间（min）	保温时间（min）
微波消解	1	120	5	5
	2	150	5	10
	3	190	5	20

续表 3－23

消解方式	步骤	温度（℃）	升温时间（min）	保温时间（min）
压力罐消解	1	80	—	120
	2	120	—	120
	3	160～170	—	240

（2）压力罐消解法。称取试样 0.2～1.0 g（精确到 0.001 g，含水分较多的样品可适当增加取样量至 2.0 g）或吸取液体试样 1.00～5.00 mL 于消解内罐中，含乙醇或二氧化碳的样品先在电热板上低温加热除去乙醇或二氧化碳。加入 5 mL 硝酸浸泡过夜，放置 1 h 或过夜，盖好内盖，旋紧不锈钢外套，放入恒温干燥箱，消解参考条件见表 3－23。于 150～170 ℃消解 4 h，冷却后，缓慢旋松不锈钢外套，将消解内罐取出，在控温电热板上或超声水浴箱中，于 100 ℃加热 30 min 或超声脱气 2～5 min，将消化液转移至 25 mL 或 50 mL 塑料容量瓶中，用少量水分 3 次洗涤内罐，洗涤液合并于容量瓶中并定容至刻度，混匀备用。同时作试剂空白试验。

3. 仪器参考条件

（1）仪器操作条件。仪器操作条件见表 3－24，元素分析模式见表 3－25。对没有合适消除干扰模式的仪器，需采用干扰校正方程对测定结果进行校正，铅、镉、砷、钼、硒、钒等元素干扰校正方程见表 3－26。

表 3－24　检测食品中多元素含量的电感耦合等离子体质谱仪操作参考条件

参数名称	参数	参数名称	参数
射频功率	1500 W	雾化器	高盐/同心雾化器
等离子体气流量	15 L/min	采样锥/截取锥	镍/铂锥
载气流量	0.80 L/min	采样深度	8～10 mm
辅助气流量	0.40 L/min	采集模式	跳峰（Spectrum）
氦气流量	4～5 mL/min	检测方式	自动
雾化室温度	2 ℃	每峰测定点数	1～3
样品提升速率	0.3 r/s	重复次数	2～3

表 3－25　检测食品中多元素含量的电感耦合等离子体质谱仪元素分析模式

序号	元素	分析模式
1	B、Na、Al、K、Sr、Ba、Hg、Tl、Pb	普通/碰撞反应池
2	Mg、Ca、Ti、V、Cr、Mn、Fe、Co、Ni、Cu、Zn、As、Se、Mo、Cd、Sn	碰撞反应池

表 3-26　电感耦合等离子体质谱法测定食品中多元素含量的元素干扰校正方程

同位素	推荐的校正方程
^{51}V	$[^{51}V] = [51] + 0.3524 \times [52] - 3.108 \times [53]$
^{75}As	$[^{75}As] = [75] - 3.1278 \times [77] + 1.0177 \times [78]$
^{78}Se	$[^{78}Se] = [78] - 0.1869 \times [76]$
^{98}Mo	$[^{98}Mo] = [98] - 0.146 \times [99]$
^{114}Cd	$[^{114}Cd] = [114] - 1.6285 \times [108] - 0.0149 \times [118]$
^{208}Pb	$[^{208}Pb] = [206] + [207] + [208]$

注：①［X］为质量数 X 处的质谱信号强度—离子每秒计数值（CPS）。②对于同量异位素干扰能够通过仪器的碰撞/反应模式得以消除的情况下，除铅元素外，可不采用干扰校正方程。③低含量铬元素的测定需采用碰撞/反应模式。

（2）测定参考条件。在调谐仪器达到测定要求后，编辑测定方法，根据待测元素的性质选择相应的内标元素，待测元素和内标元素的 m/z 见表 3-27。

表 3-27　ICP-MS 法测定食品中多种待测元素推荐选择的同位素和内标元素

序号	元素	m/z	内标	序号	元素	m/z	内标
1	B	11	$^{45}Sc/^{72}Ge$	14	Cu	63/65	$^{72}Ge/^{103}Rh/^{115}In$
2	Na	23	$^{45}Sc/^{72}Ge$	15	Zn	66	$^{72}Ge/^{103}Rh/^{115}In$
3	Mg	24	$^{45}Sc/^{72}Ge$	16	As	75	$^{72}Ge/^{103}Rh/^{115}In$
4	Al	27	$^{45}Sc/^{72}Ge$	17	Se	78	$^{72}Ge/^{103}Rh/^{115}In$
5	K	39	$^{45}Sc/^{72}Ge$	18	Sr	88	$^{103}Rh/^{115}In$
6	Ca	43	$^{45}Sc/^{72}Ge$	19	Mo	95	$^{103}Rh/^{115}In$
7	Ti	48	$^{45}Sc/^{72}Ge$	20	Cd	111	$^{103}Rh/^{115}In$
8	V	51	$^{45}Sc/^{72}Ge$	21	Sn	118	$^{103}Rh/^{115}In$
9	Cr	52/53	$^{45}Sc/^{72}Ge$	22	Sb	123	$^{103}Rh/^{115}In$
10	Mn	55	$^{45}Sc/^{72}Ge$	23	Ba	137	$^{103}Rh/^{115}In$
11	Fe	56/57	$^{45}Sc/^{72}Ge$	24	Hg	200/202	$^{185}Re/^{209}Bi$
12	Co	59	$^{72}Ge/^{103}Rh/^{115}In$	25	Tl	205	$^{185}Re/^{209}Bi$
13	Ni	60	$^{72}Ge/^{103}Rh/^{115}In$	26	Pb	206/207/208	$^{185}Re/^{209}Bi$

4. 样品测定

（1）标准曲线的制作：将混合标准系列溶液由浓度低至高的顺序分别注入电感耦合等离子体质谱仪中，测定待测元素和内标元素的信号响应值，以待测元素的浓度为横坐标，待测元素与所选内标元素响应信号值的比值为纵坐标，绘制标准曲线。

（2）试样溶液的测定：将空白溶液和试样溶液分别注入电感耦合等离子体质谱仪中，测定待测元素和内标元素的信号响应值，根据标准曲线得到消解液中待测元素的浓度。

（五）结果计算

（1）试样中低含量待测元素的含量按公式3－26计算，计算结果保留3位有效数字。

$$X=\frac{(C-C_0)\times V\times 1000}{m\times 1000\times 1000} \qquad （公式3－26）$$

在公式3－26中：

X：试样中待测元素含量，单位为毫克每千克（mg/kg）或毫克每升（mg/L）；

C：试样溶液中被测元素质量浓度，单位为微克每升（μg/L）；

C_0：试样空白液中被测元素质量浓度，单位为微克每升（μg/L）；

V：试样消化液定容总体积，单位为毫升（mL）；

m：试样称样质量或移取体积，单位为克（g）或毫升（mL）；

1000：换算系数。

（2）试样中高含量待测元素的含量按公式3－27计算，计算结果保留3位有效数字。

$$X=\frac{(C-C_0)\times V\times f\times 1000}{m\times 1000\times 1000} \qquad （公式3－27）$$

在公式3－27中：

X：试样中待测元素含量，单位为毫克每千克（mg/kg）或毫克每升（mg/L）；

C：试样溶液中被测元素质量浓度，单位为毫克每升（mg/L）；

C_0：试样空白液中被测元素质量浓度，单位为毫克每升（mg/L）；

V：试样消化液定容总体积，单位为毫升（mL）；

f：试样稀释倍数；

m：试样称样质量或移取体积，单位为克（g）或毫升（mL）；

（六）注意事项

（1）所用玻璃器皿及聚四氟乙烯消解内罐均需以硝酸溶液（1＋4）浸泡24 h以上，用水及超纯水冲洗干净。浸泡器皿的硝酸溶液不能长期反复使用，要定期更换。

（2）在采样和制备过程中，应注意不使试样受污染。

（3）制备的样品要求均匀，例如含气样品使用前应除气。

（4）汞标准稳定剂亦可采用2 g/L半胱氨酸盐酸盐＋硝酸（5＋95）混合溶液，或其他等效稳定剂。

（5）标准系列溶液中各元素质量浓度范围可依据样品消解溶液中元素质量浓度水平适当调整。

（6）当测定过高含量汞的样品溶液时，建议采用0.2%半胱氨酸硝酸溶液、5%硝酸溶液或含金的溶液依次清洗管路，以去除汞的记忆效应。

（7）若样品液中目标元素浓度过高，测定结果超出标准曲线浓度范围时，应适当稀释后（或适当调整称样量或定容体积）再进行分析测定，计算结果时乘以相应的稀释倍数。

（8）方法精密度要求：对于在重复性条件下获得的两次独立测定结果，样品中各元素含量＞1 mg/kg时，绝对差值不得超过算术平均值的10%；0.1 mg/kg ＜样品中各元素含量≤1 mg/kg时，绝对差值不得超过算术平均值的15%；样品中各元素含量≤0.1 mg/kg，绝对差值不得超过算术平均值的20%。

(9) 检出限及定量限。

固体样品以 0.5 g 定容体积至 50 mL，液体样品以 2 mL 定容体积至 50 mL 计算。本方法各元素的检出限和定量限见表 3－28。

表 3－28　ICP－MS 法测定食品中多元素含量的检出限及定量限

序号	元素	检出限 1 (mg/kg)	检出限 2 (mg/L)	定量限 1 (mg/kg)	定量限 2 (mg/L)
1	Na、Mg、K、Ca、Fe	1	0.3	3	1
2	Al、Zn	0.5	0.2	2	0.5
3	Ni、Sr	0.2	0.05	0.5	0.2
4	B、Mn、	0.1	0.03	0.3	0.1
5	Cr、Cu	0.05	0.02	0.2	0.05
6	Ba	0.02	0.05	0.5	0.02
7	Ti、Pb	0.02	0.005	0.05	0.02
8	Se、Mo、Sn、Sb	0.01	0.003	0.03	0.01
9	Co、Hg	0.001	0.0003	0.003	0.001
10	V、As、Cd	0.002	0.0005	0.005	0.002
11	Tl	0.0001	0.00003	0.0003	0.0001

（周　静　程　莉）

第六节　食品中黄曲霉毒素的测定

参照中华人民共和国国家标准《食品安全国家标准　食品中黄曲霉毒素 B 族和 G 族的测定》(GB 5009.22—2016)、《食品安全国家标准　食品中黄曲霉毒素 M 族的测定》(GB 5009.24—2016)。

2020 年 3 月 6 日上午，国际旅游岛商报记者从海口市市场监督管理局琼山分局了解到，海南龙某食品有限公司因经营黄曲霉毒素 B_1 超标的传统香榨花生油，被罚款 5 万元，负责人并被移送公安机关。

海口市市场监督管理局琼山分局表示，该食品有限公司作为委托加工方，未履行食品安全责任，对被委托方琼中某香油坊未加以监管，生产黄曲霉毒素 B_1 超标花生油，构成生产生物毒素超标食品的行为，但当事人积极配合调查，及时对不合格花生油进行召回，未造成不良后果，涉案花生油货值较低，违法所得少。决定给予该食品有限公司没收违法所得 36 元、处 5 万元罚款的行政处罚，并将案件移送公安机关。

【问题 1】在日常生活中黄曲霉素容易在哪些食品及物品上发现？产生条件有哪些？

常常存在于土壤、动植物、各种坚果特别是花生和核桃中。在大豆、稻谷、玉米、通心粉、调味品、牛奶、食用油等制品中也经常发现黄曲霉素。一般在热带和亚热带地区，食品中黄曲霉素的检出率比较高。在中国总的分布情况为：华中、华南、华北产毒株多，产毒量也大；东北、西北地区较少。

【问题2】存放食品如何避免产生黄曲霉素?

为了防止产生黄曲霉素，平时存放粮油和其他食品时必须保持低温、通风、干燥、避免阳光直射，不用塑料袋装食品，尽可能不囤积食品，注意食品的保存期，尽可能在保存期内食用。

方法一　同位素稀释液相色谱—串联质谱法

一、食品中黄曲霉毒素 *B* 族和 *G* 族的测定

（一）实验目的

了解同位素稀释液相色谱—串联质谱法，对谷物及其制品、豆类及其制品、坚果及籽类、油脂及其制品、调味品、婴幼儿配方食品和婴幼儿辅助食品中黄曲霉毒素 B_1、黄曲霉毒素 B_2、黄曲霉毒素 G_1 和黄曲霉毒素 G_2 进行测定（以下简称 AFT B_1、AFT B_2、AFT G_1 和 AFT G_2）。

（二）实验原理

试样中的 AFT B_1、AFT B_2、AFT G_1 和 AFT G_2，用乙腈—水溶液或甲醇—水溶液提取，提取液用含 1% Trion X－100（或吐温－20）的磷酸盐缓冲溶液稀释后（必要时经黄曲霉毒素固相净化柱初步净化），通过免疫亲和柱净化和富集，净化液浓缩、定容和过滤后经液相色谱分离，串联质谱检测，同位素内标法定量。

（三）主要试剂与仪器

1. 主要试剂

（1）乙腈（CH_3CN）：色谱纯。

（2）甲醇（CH_3OH）：色谱纯。

（3）乙酸铵（CH_3COONH_4）：色谱纯。

（4）氯化钠（NaCl）。

（5）磷酸氢二钠（Na_2HPO_4）。

（6）磷酸二氢钾（KH_2PO_4）。

（7）氯化钾（KCl）。

（8）盐酸（HCl）。

（9）Triton X－100［$C_{14}H_{22}O(C_2H_4O)_n$］（或吐温－20，$C_{58}H_{114}O_{26}$）。

2. 试剂配置

（1）乙酸铵溶液（5 mmol/L）：称取 0.39 g 乙酸铵，用水溶解后稀释至 1000 mL，混匀。

（2）乙腈—水溶液（84＋16）：取 840 mL 乙腈加入 160 mL 水，混匀。

（3）甲醇—水溶液（70＋30）：取 700 mL 甲醇加入 300 mL 水，混匀。

（4）乙腈—水溶液（50 +50）：取 50 mL 乙腈加入 50 mL 水，混匀。

（5）乙腈—甲醇溶液（50 +50）：取 50 mL 乙腈加入 50 mL 甲醇，混匀。

（6）10% 盐酸溶液：取 1 mL 盐酸，用纯水稀释至 10 mL，混匀。

（7）磷酸盐缓冲溶液（以下简称 PBS）：称取 8. 00 g 氯化钠、1. 20 g 磷酸氢二钠（或 2. 92 g 十二水磷酸氢二钠）、0. 20 g 磷酸二氢钾、0. 20 g 氯化钾，用 900 mL 水溶解，用盐酸调节 pH 至 7. 4 ±0. 1，加水稀释至 1000 mL。

（8）1% Triton X –100（或吐温 –20）的 PBS：取 10 mL Triton X –100（或吐温 –20），用 PBS 稀释至 1000 mL。

3. 标准品

（1）AFT B_1 标准品（$C_{17}H_{12}O_6$，CAS：1162 –65 –8）：纯度≥98%。或经国家认证并授予标准物质证书的标准物质。

（2）AFT B_2 标准品（$C_{17}H_{14}O_6$，CAS：7220 –81 –7）：纯度≥98%。或经国家认证并授予标准物质证书的标准物质。

（3）AFT G_1 标准品（$C_{17}H_{12}O_7$，CAS：1165 –39 –5）：纯度≥98%。或经国家认证并授予标准物质证书的标准物质。

（4）AFT G_2 标准品（$C_{17}H_{14}O_7$，CAS：7241 –98 –7）：纯度≥98%。或经国家认证并授予标准物质证书的标准物质。

（5）同位素内标 $^{13}C_{17}$ – AFT B_1（$C_{17}H_{12}O_6$，CAS：1217449 –45 –0）：纯度≥98%，浓度为 0. 5 μg/mL。

（6）同位素内标 $^{13}C_{17}$ – AFT B_2（$C_{17}H_{14}O_6$，CAS：1217470 –98 –8）：纯度≥98%，浓度为 0. 5 μg/mL。

（7）同位素内标 $^{13}C_{17}$ – AFT G_1（$C_{17}H_{12}O_7$，CAS：1217444 –07 –9）：纯度≥98%，浓度为 0. 5 μg/mL。

（8）同位素内标 $^{13}C_{17}$ – AFT G_2（$C_{17}H_{14}O_7$，CAS：1217462 –49 –1）：纯度≥98%，浓度为 0. 5 μg/mL。

注：标准物质可以使用满足溯源要求的商品化标准溶液。

4. 标准溶液配置

（1）标准储备溶液（10 μg/mL）：分别称取 AFT B_1、AFT B_2、AFT G_1 和 AFT G_2 1 mg（精确至 0. 01 mg），用乙腈溶解并定容至 100 mL。此溶液浓度约为 10 μg/mL。溶液转移至试剂瓶中后，在 –20 ℃下避光保存，备用。临用前进行浓度校准。

（2）混合标准工作液（100 ng/mL）：准确移取混合标准储备溶液（1. 0 μg/mL）1. 00 ～100 mL 容量瓶中，用乙腈定容。此溶液密封后避光 –20 ℃下保存，3 个月有效。

（3）混合同位素内标工作液（100 ng/mL）：准确移取 0. 5 μg/mL $^{13}C_{17}$ – AFT B_1、$^{13}C_{17}$ – AFT B_2、$^{13}C_{17}$ – AFT G_1 和 $^{13}C_{17}$ – AFT G_2 各 2. 00 mL，用乙腈定容至 10 mL。在 –20 ℃下避光保存，备用。

（4）标准系列工作溶液：准确移取混合标准工作液（100 ng/mL）10 μL、50 μL、100 μL、200 μL、500 μL、800 μL、1000 μL 至 10 mL 容量瓶中，加入 200 μL 100 ng/mL 的同位素内标工作液，用初始流动相定容至刻度，配制浓度点为 0. 1 ng/mL、0. 5 ng/mL、

1.0 ng/mL、2.0 ng/mL、5.0 ng/mL、8.0 ng/mL、10.0 ng/mL 的系列标准溶液。

5. 主要仪器和设备

（1）匀浆机。

（2）高速粉碎机。

（3）组织捣碎机。

（4）超声波/涡旋振荡器或摇床。

（5）天平：感量 0.01 g 和 0.00001 g。

（6）涡旋混合器。

（7）高速均质器：转速 6500～24000 r/min。

（8）离心机：转速≥6000 r/min。

（9）玻璃纤维滤纸：快速、高载量、液体中颗粒保留 1.6 μm。

（10）固相萃取装置（带真空泵）。

（11）氮吹仪。

（12）液相色谱—串联质谱仪：带电喷雾离子源。

（13）液相色谱柱。

（14）免疫亲和柱：AFT B_1 柱容量≥200 ng，AFT B_1 柱回收率≥80%，AFT G_2 的交叉反应率≥80%。

注：对于不同批次的亲和柱在使用前需进行质量验证。

（15）黄曲霉毒素专用型固相萃取净化柱或功能相当的固相萃取柱（以下简称净化柱）：对复杂基质样品测定时使用。

（16）微孔滤头：带 0.22 μm 微孔滤膜（所选用滤膜应采用标准溶液检验确认无吸附现象，方可使用）。

（17）筛网：1～2 mm 试验筛孔径。

（18）pH 计。

（四）实验步骤

使用不同厂商的免疫亲和柱，在样品上样、淋洗和洗脱的操作方面可能会略有不同，应该按照供应商所提供的操作说明书要求进行操作。

注意：整个分析操作过程应在指定区域内进行。该区域应避光（直射阳光）、具备相对独立的操作台和废弃物存放装置。在整个实验过程中，操作者应按照接触剧毒物的要求采取相应的保护措施。

1. 样品制备

（1）液体样品（植物油、酱油、醋等）。采样量需大于 1 L，对于袋装、瓶装等包装样品需至少采集 3 个包装（同一批次或号），将所有液体样品在一个容器中用匀浆机混匀后，取其中任意的 100 g（mL）样品进行检测。

（2）固体样品（谷物及其制品、坚果及籽类、婴幼儿谷类辅助食品等）。采样量需大于 1 kg，用高速粉碎机将其粉碎，过筛，使其粒径小于 2 mm 孔径试验筛，混合均匀后缩分至 100 g，储存于样品瓶中，密封保存，供检测用。

（3）半流体（腐乳、豆豉等）。采样量需大于 1 kg（L），对于袋装、瓶装等包装样品

需至少采集3个包装（同一批次或号），用组织捣碎机捣碎混匀后，储存于样品瓶中，密封保存，供检测用。

2. 样品提取

（1）液体样品。

①植物油脂。称取5 g试样（精确至0.01 g）于50 mL离心管中，加入100 μL同位素内标工作液振荡混合后静置30 min。加入20 mL乙腈—水溶液（84+16）或甲醇—水溶液（70+30），涡旋混匀，置于超声波/涡旋振荡器或摇床中振荡20 min（或用均质器均质3 min），在6000 r/min下离心10 min，取上清液备用。

②酱油、醋。称取5 g试样（精确至0.01 g）于50 mL离心管中，加入125 μL同位素内标工作液振荡混合后静置30 min。用乙腈或甲醇定容至25 mL（精确至0.1 mL），涡旋混匀，置于超声波/涡旋振荡器或摇床中振荡20 min（或用均质器均质3 min），在6000 r/min下离心10 min（或均质后玻璃纤维滤纸过滤），取上清液备用。

（2）固体样品。

①一般固体样品。称取5 g试样（精确至0.01 g）于50 mL离心管中，加入100μL同位素内标工作液振荡混合后静置30 min。加入20.0 mL乙腈—水溶液（84+16）或甲醇—水溶液（70+30），涡旋混匀，置于超声波/涡旋振荡器或摇床中振荡20 min（或用均质器均质3 min），在6000 r/min下离心10 min（或均质后玻璃纤维滤纸过滤），取上清液备用。

②婴幼儿配方食品和婴幼儿辅助食品。称取5 g试样（精确至0.01 g）于50 mL离心管中，加入100 μL同位素内标工作液振荡混合后静置30 min。加入20.0 mL乙腈—水溶液（50+50）或甲醇—水溶液（70+30），涡旋混匀，置于超声波/涡旋振荡器或摇床中振荡20 min（或用均质器均质3 min），在6000 r/min下离心10 min（或均质后玻璃纤维滤纸过滤），取上清液备用。

③半流体样品。称取5 g试样（精确至0.01 g）于50 mL离心管中，加入100 μL同位素内标工作液振荡混合后静置30 min。加入20.0 mL乙腈—水溶液（84+16）或甲醇—水溶液（70+30），置于超声波/涡旋振荡器或摇床中振荡20 min（或用均质器均质3 min），在6000 r/min下离心10 min（或均质后玻璃纤维滤纸过滤），取上清液备用。

3. 样品净化

（1）免疫亲和柱净化。

①上样液的准备。准确移取4 mL上清液，加入46 mL 1% Trition X-100或吐温-20的PBS（使用甲醇—水溶液提取时可减半加入），混匀。

②免疫亲和柱的准备。将低温下保存的免疫亲和柱恢复至室温。

③试样的净化。待免疫亲和柱内原有液体流尽后，将上述样液移至50 mL注射器筒中，调节下滴速度，控制样液以1～3 mL/min的速度稳定下滴。待样液滴完后，往注射器筒内加入2×10 mL水，以稳定流速淋洗免疫亲和柱。待水滴完后，用真空泵抽干亲和柱。脱离真空系统，在亲和柱下部放置10 mL刻度试管，取下50 mL的注射器筒，加入2×1 mL甲醇洗脱亲和柱，控制1～3 mL/min的速度下滴，再用真空泵抽干亲和柱，收集全部洗脱液至试管中。在50 ℃下用氮气缓缓地将洗脱液吹至近干，加1.0 mL初始流动相，涡旋30 s溶解残留物，0.22 μm滤膜过滤，收集滤液于进样瓶中以备进样。

（2）黄曲霉毒素固相净化柱和免疫亲和柱同时使用（对花椒、胡椒和辣椒等复杂基质。

①净化柱净化。移取适量上清液，按净化柱操作说明进行净化，收集全部净化液。

②免疫亲和柱净化。用刻度移液管准确吸取上述净化液 4 mL，加入 46 mL 1% Trition X－100（或吐温－20）的 PBS［使用甲醇－水溶液提取时，加入 23 mL 1% Trition X－100（或吐温－20）的 PBS］，混匀。按（1）中②和③步骤处理。

注：全自动（在线）或半自动（离线）的固相萃取仪器可优化操作参数后使用。

4. 液相色谱参考条件

液相色谱参考条件如下。

（1）流动相：A 相：5 mmol/L 乙酸铵溶液；B 相：乙腈—甲醇溶液（50＋50）。

（2）梯度洗脱：32% B（0～0.5 min），45% B（3～4 min），100% B（4.2～4.8 min），32% B（5.0～7.0 min）。

（3）色谱柱：C18 柱（柱长 100 mm，柱内径 2.1 mm；填料粒径 1.7 μm），或条件相当者。

（4）流速：0.3 mL/min。

（5）柱温：40 ℃。

（6）进样体积：10 μL。

5. 质谱参考条件

质谱参考条件列出如下

（1）检测方式：多离子反应监测（MRM）。

（2）离子源控制条件。

电离方式：　ESI^{+}

毛细管电压：　3.5 kV

锥孔电压：　30 V

射频透镜 1 电压：　14.9 V

射频透镜 2 电压：　15.1 V

离子源温度：　150 ℃

锥孔反吹气流量：　50 L/h

脱溶剂气温度：　500 ℃

脱溶剂气流量：　800 L/h

电子倍增电压：　650 V

（3）离子选择参数：参见表 3－29。

表 3－29　离子选择参数

化合物名称	母离子（m/z）	定量离子（m/z）	碰撞能量（eV）	定性离子（m/z）	碰撞能量（eV）	离子化方式
AFT B_1	313	285	22	241	38	ESI^{+}

续表 3-29

化合物名称	母离子 (m/z)	定量离子 (m/z)	碰撞能量 (eV)	定性离子 (m/z)	碰撞能量 (eV)	离子化方式
$^{13}C_{17}$-AFT B_1	330	255	23	301	35	ESI^+
AFT B_2	315	287	25	259	28	ESI^+
$^{13}C_{17}$-AFT B_2	332	303	25	273	28	ESI^+
AFT G_1	329	243	25	283	25	ESI^+
$^{13}C_{17}$-AFT G_1	346	257	25	299	25	ESI^+
AFT G_2	331	245	30	285	27	ESI^+
$^{13}C_{17}$-AFT G_2	348	259	30	301	27	ESI^+

6. 定性测定

试样中目标化合物色谱峰的保留时间与相应标准色谱峰的保留时间相比较，变化范围应在 ±2.5% 之内。

每种化合物的质谱定性离子必须出现，至少应包括一个母离子和两个子离子，而且同一检测批次，对同一化合物，样品中目标化合物的两个子离子的相对丰度比与浓度相当的标准溶液相比，其允许偏差不超过表 3-30 规定的范围。

表 3-30 定性时相对离子丰度的最大允许偏差

相对离子丰度（%）	>50	20～50	10～20	≤10
允许相对偏差（%）	±20	±25	±30	±50

7. 标准曲线的制作

在步骤（四）4.5 的液相色谱串联质谱仪分析条件下，将标准系列溶液由低到高浓度进样检测。以 AFT B_1、AFT B_2、AFT G_1 和 AFT G_2 色谱峰与各对应内标色谱峰的峰面积比值-浓度作图，得到标准曲线回归方程，其线性相关系数应大于 0.99。

8. 试样溶液的测定

取步骤（四）3. 处理得到的待测溶液进样，内标法计算待测液中目标物质的质量浓度，按步骤（五）计算样品中待测物的含量。待测样液中的响应值应在标准曲线线性范围内，超过线性范围则应适当减少取样量重新测定。

9. 空白试验

不称取试样，按步骤 2. 和 3. 的步骤做空白实验。应确认不含有干扰待测组分的物质。

（五）结果计算

试样中 AFT B_1、AFT B_2、AFT G_1 和 AFT G_2 的残留量按公式 3-28 计算：

$$X = \frac{\rho \times V_1 \times V_3 \times 1000}{V_2 \times m \times 1000} \qquad \text{（公式 3-28）}$$

在公式3－28中：

X：试样中AFT B_1、AFT B_2、AFT G_1和AFT G_2的含量，单位为微克每千克（μg/kg）；

ρ：进样溶液中AFT B_1、AFT B_2、AFT G_1和AFT G_2按照内标法在标准曲线中对应的浓度，单位为纳克每毫升（ng/mL）；

V_1：试样提取液体积（植物油脂、固体、半固体按加入的提取液体积；酱油、醋按定容总体积），单位为毫升（mL）；

V_3：样品经净化洗脱后的最终定容体积，单位为毫升（mL）；

1000：换算系数；

V_2：用于净化分取的样品体积，单位为毫升（mL）；

m：试样的称样量，单位为克（g）。

计算结果保留三位有效数字。

精密度：在重复性条件下获得的两次独立测定结果的绝对差值不得超过算术平均值的20%。

检出限：其他当称取样品5 g时，AFT B_1的检出限为：0.03 g/kg，AFT B_2的检出限为0.03 μg/kg，AFT G_1的检出限为0.03 μg/kg，AFT G_2的检出限为0.03 μg/kg；AFT B_1的定量限为0.1 μg/kg，AFT B_2的定量限为0.1 μg/kg，AFT G_1的定量限为0.1 μg/kg，AFT G_2的定量限为0.1 μg/kg。

二、食品中黄曲霉毒素*M*族的测定

（一）实验目的

掌握同位素稀释液相色谱—串联质谱法对乳、乳制品和含乳特殊膳食用食品中AFT M_1和AFT M_2的测定。

（二）实验原理

试样中的黄曲霉毒素M1和黄曲霉毒素M2（以下简称AFT M_1和AFT M_2）用甲醇—水溶液提取，上清液用水或磷酸盐缓冲液稀释后，经免疫亲和柱净化和富集，净化液浓缩、定容和过滤后经液相色谱分离，串联质谱检测，同位素内标法定量。

（三）主要试剂与仪器

除非另有说明，本方法所用试剂均为分析纯，水为GB/T 6682规定的一级水。

1. 主要试剂

（1）乙腈（CH_3CN）：色谱纯。

（2）甲醇（CH_3OH）：色谱纯。

（3）乙酸铵（CH_3COONH_4）。

（4）氯化钠（NaCl）。

（5）磷酸氢二钠（Na_2HPO_4）。

（6）磷酸二氢钾（KH_2PO_4）。

（7）氯化钾（KCl）。

（8）盐酸（HCl）。

（9）石油醚（C_nH_{2n+2}）：沸程为30～60 ℃。

2. 试剂配置

（1）乙酸铵溶液（5 mmol/L）：称取0.39 g乙酸铵，溶于1000 mL水中，混匀。

（2）乙腈—水溶液（25+75）：量取250 mL乙腈加入750 mL水中，混匀。

（3）乙腈—甲醇溶液（50+50）：量取500 mL乙腈加入500 mL甲醇中，混匀。

（4）磷酸盐缓冲溶液（以下简称PBS）：称取8.00 g氯化钠、1.20 g磷酸氢二钠（或2.92 g十二水磷酸氢二钠）、0.20 g磷酸二氢钾、0.20 g氯化钾，用900 mL水溶解，用盐酸调节pH至7.4±0.1，加水稀释至1000 mL。

3. 标准品

（1）AFT M_1标准品（$C_{17}H_{12}O_7$，CAS：6795-23-9）：纯度≥98%。或经国家认证并授予标准物质证书的标准物质。

（2）AFT M_2 标准品（$C_{17}H_{14}O_7$，CAS：6885-57-0）：纯度≥98%。或经国家认证并授予标准物质证书的标准物质。

（3）$^{13}C_{17}$-AFT M_1同位素溶液（$^{13}C_{17}H_{14}O_7$）0.5 μg/mL。

4. 标准溶液配置

（1）标准储备溶液（10 μg/mL）：分别称取AFT M_1和AFT M_2 1 mg（精确至0.01 mg），分别用乙腈溶解并定容至100 mL。将溶液转移至棕色试剂瓶中，在-20 ℃下避光密封保存，备用。临用前进行浓度校准。

（2）混合标准储备溶液（1.0 μg/mL）：分别准确吸取10 μg/mL AFT M_1和AFT M_2标准储备液1.00 mL于同一10 mL容量瓶中，加乙腈稀释至刻度，得到1.0 μg/mL的混合标准液。此溶液密封后避光4 ℃保存，有效期3个月。

（3）混合标准工作液（100 ng/mL）：准确吸取混合标准储备溶液（1.0 μg/mL）1.00～10 mL容量瓶中，用乙腈定容。此溶液密封后避光-4 ℃下保存，有效期3个月。

（4）50 ng/mL同位素内标工作液1（$^{13}C_{17}$-AFT M_1）：取AFT M_1同位素内标（0.5 μg/mL）1 mL，用乙腈稀释至10 mL。在-20 ℃下保存，供测定液体样品时使用。有效期3个月。

（5）5 ng/mL同位素内标工作液2（$^{13}C_{17}$-AFT M_1）：取AFT M1同位素内标（0.5 μg/mL）100 μL，用乙腈稀释至10 mL。在-20 ℃下保存，供测定固体样品时使用。有效期3个月。

（6）标准系列工作溶液：分别准确吸取标准工作液5 μL、10 μL、50 μL、100 μL、200 μL、500 μL至10 mL容量瓶中，加入100 μL 50 ng/mL的同位素内标工作液，用初始流动相定容至刻度，配制AFT M_1和AFT M_2的浓度均为0.05 ng/mL、0.1 ng/mL、0.5 ng/mL、1.0 ng/mL、2.0 ng/mL、5.0 ng/mL的系列标准溶液。

5. 主要仪器和设备

（1）天平：感量0.01 g、0.001 g和0.00001 g。

（2）水浴锅：温控（50±2）℃。

（3）涡旋混合器。

（4）超声波清洗器。

（5）离心机：≥6000 r/min。

（6）旋转蒸发仪。

（7）固相萃取装置（带真空泵）。

（8）氮吹仪。

（9）液相色谱—串联质谱仪：带电喷雾离子源。

（10）圆孔筛：1～2 mm 孔径。

（11）玻璃纤维滤纸：快速，高载量，液体中颗粒保留 1.6 μm。

（12）一次性微孔滤头：带 0.22 μm 微孔滤膜（所选用滤膜应采用标准溶液检验确认无吸附现象，方可使用）。

（13）免疫亲和柱：柱容量≥100 ng。

注：对于每个批次的亲和柱在使用前需进行质量验证。

（四）实验步骤

使用不同厂商的免疫亲和柱，在样品上样、淋洗和洗脱的操作方面可能会略有不同，应该按照供应商所提供的操作说明书要求进行操作。

注意：整个分析操作过程应在指定区域内进行。该区域应避光（直射阳光）、具备相对独立的操作台和废弃物存放装置。在整个实验过程中，操作者应按照接触剧毒物的要求采取相应的保护措施。

1. 样品提取

（1）液态乳、酸奶。称取 4 g 混合均匀的试样（精确到 0.001 g）于 50 mL 离心管中，加入 100 μL $^{13}C_{17}$ - AFT M_1 内标溶液（5 ng/mL）振荡混匀后静置 30 min，加入 10 mL 甲醇，涡旋 3 min。置于 4 ℃、6000 r/min 下离心 10 min 或经玻璃纤维滤纸过滤，将适量上清液或滤液转移至烧杯中，加 40 mL 水或 PBS 稀释，备用。

（2）乳粉、特殊膳食用食品。称取 1 g 样品（精确到 0.001 g）于 50 mL 离心管中，加入 100 μL $^{13}C_{17}$ - AFT M_1 内标溶液（5 ng/mL）振荡混匀后静置 30 min，加入 4 mL 50 ℃热水，涡旋混匀。如果乳粉不能完全溶解，将离心管置于 50 ℃的水浴中，将乳粉完全溶解后取出。待样液冷却至 20 ℃后，加入 10 mL 甲醇，涡旋 3 min。置于 4 ℃、6000 r/min 下离心 10 min 或经玻璃纤维滤纸过滤，将适量上清液或滤液转移至烧杯中，加 40 mL 水或 PBS 稀释，备用。

（3）奶油。称取 1 g 样品（精确到 0.001 g）于 50 mL 离心管中，加入 100 μL $^{13}C_{17}$ - AFT M_1 内标溶液（5 ng/mL）振荡混匀后静置 30 min，加入 8 mL 石油醚，待奶油溶解，再加 9 mL 水和 11 mL 甲醇，振荡 30 min，将全部液体移至分液漏斗中。加入 0.3 g 氯化钠充分摇动溶解，静置分层后，将下层移到圆底烧瓶中，旋转蒸发至 10 mL 以下，用 PBS 稀释至 30 mL。

（4）奶酪。称取 1 g 已切细、过孔径 1～2 mm 圆孔筛混匀样品（精确到 0.001 g）于 50 mL 离心管中，加 100 μL $^{13}C_{17}$ - AFT M_1 内标溶液（5 ng/mL）振荡混匀后静置 30 min，加入 1 mL 水和 18 mL 甲醇，振荡 30 min，置于 4 ℃、6000 r/min 下离心 10 min 或经玻璃纤维滤纸过滤，将适量上清液或滤液转移至圆底烧瓶中，旋转蒸发至 2 mL 以下，用 PBS 稀释至 30 mL。

2. 净化

（1）免疫亲和柱的准备。将低温下保存的免疫亲和柱恢复至室温。

（2）净化。免疫亲和柱内的液体放弃后，将上述样液移至50 mL注射器筒中，调节下滴流速为1～3 mL/min。待样液滴完后，往注射器筒内加入10 mL水，以稳定流速淋洗免疫亲和柱。待水滴完后，用真空泵抽干亲和柱。脱离真空系统，在亲和柱下放置10 mL刻度试管，取下50 mL的注射器筒，加入2×2 mL乙腈（或甲醇）洗脱亲和柱，控制1～3 mL/min下滴速度，用真空泵抽干亲和柱，收集全部洗脱液至刻度试管中。在50 ℃下氮气缓缓地将洗脱液吹至近干，用初始流动相定容至1.0 mL，涡旋30 s溶解残留物，再用0.22 μm滤膜过滤，收集滤液于进样瓶中以备进样。

注：全自动（在线）或半自动（离线）的固相萃取仪器可优化操作参数后使用。为防止黄曲霉毒素M破坏，相关操作在避光（直射阳光）条件下进行。

3. 液相色谱参考条件

液相色谱参考条件列出如下。

（1）液相色谱柱：C18柱（柱长100 mm，柱内径2.1 mm，填料粒径1.7 μm），或条件相当者。

（2）色谱柱柱温：40 ℃。

（3）流动相：A相，5 mmol/L乙酸铵水溶液；B相，乙腈—甲醇（50+50）。梯度洗脱参见表3-31。

表3-31　液相色谱梯度洗脱条件

时间（min）	流动相A（%）	流动相B（%）	梯度变化曲线
0.0	68.0	32.0	—
0.5	68.0	32.0	1
4.2	55.0	45.0	6
5.0	0.0	100.0	6
5.7	0.0	100.0	1
6.0	68.0	32.0	6

（4）流速：0.3 mL/min。

（5）进样体积：10 μL。

4. 质谱参考条件

质谱参考条件列出如下：

（1）检测方式：多离子反应监测（MRM）。

（2）离子源控制条件。

电离方式：　　ESI$^+$

毛细管电压：　17.5 kV

锥孔电压：　　45 V

射频透镜 1 电压： 12.5 V
射频透镜 2 电压： 12.5 V
离子源温度： 120 ℃
锥孔反吹气流量： 50 L/h
脱溶剂气温度： 350 ℃
脱溶剂气流量： 500 L/h
电子倍增电压： 650 V
（3）离子选择参数：见表 3－32。

表 3－32 质谱条件参数

化合物名称	母离子（m/z）	定量离子（m/z）	碰撞能量（eV）	定性离子（m/z）	碰撞能量（eV）	离子化方式
AFTM_1	329	273	23	259	23	ESI^+
^{13}C－AFT M_1	346	317	23	288	24	ESI^+
AFT M_2	331	275	23	261	22	ESI^+

5. 定性测定

试样中目标化合物色谱峰的保留时间与相应标准色谱峰的保留时间相比较，变化范围应在 ±2.5% 之内。

每种化合物的质谱定性离子必须出现，至少应包括一个母离子和两个子离子，而且同一检测批次，对同一化合物，样品中目标化合物的两个子离子的相对丰度比与浓度相当的标准溶液相比，其允许偏差不超过表 3－33 规定的范围。

表 3－33 定性时相对离子丰度的最大允许偏差

相对离子丰度（%）	>50	20～50	10～20	≤10
允许相对偏差（%）	±20	±25	±30	±50

6. 标准曲线的制作

在步骤（四）3.4 的液相色谱串联质谱仪分析条件下，将标准系列溶液由低到高浓度进样检测。以 AFT M_1 和 AFT M_2 色谱峰与内标色谱峰 $^{13}C_{17}$－AFT M_1 的峰面积比值—浓度作图，得到标准曲线回归方程，其线性相关系数应大于 0.99。

7. 试样溶液的测定

取步骤（四）2. 处理得到的待测溶液进样，内标法计算待测液中目标物质的质量浓度，按步骤（五）计算样品中待测物的含量。

8. 空白试验

不称取试样，按步骤（四）1. 和 2. 的步骤做空白实验。应确认不含有干扰待测组分的物质。

（五）结果计算

试样中 AFT M_1或 AFT M_2的残留量按公式 3－29 计算：

$$X = \frac{\rho \times V \times f \times 1000}{m \times 1000} \quad \text{（公式 3－29）}$$

在公式 3－29 中：

X：试样中 AFT M_1或 AFT M_2的含量，单位为微克每千克（μg/kg）；

ρ：进样溶液中 AFT M_1或 AFT M_2按照内标法在标准曲线中对应的浓度，单位为纳克每毫升（ng/mL）；

V：样品经免疫亲和柱净化洗脱后的最终定容体积，单位为毫升（mL）；

f：样液稀释因子；

1000：换算系数；

m：试样的称样量，单位为克（g）。

计算结果保留三位有效数字。

精密度：在重复性条件下获得的两次独立测定结果的绝对差值不得超过算术平均值的 20%。

称取液态乳、酸奶 4 g 时，本方法 AFT M_1检出限为 0. 005 μg/kg，AFT M_2检出限为 0. 005 μg/kg，AFT M_1定量限为 0. 015 μg/kg，AFT M_2定量限为 0. 015 μg/kg。

称取乳粉、特殊膳食用食品、奶油和奶酪 1 g 时，本方法 AFT M_1检出限为 0. 02 μg/kg，AFT M_2检出限为 0. 02 μg/kg，AFT M_1定量限为 0. 05 μg/kg，AFT M_2定量限为 0. 05 μg/kg。

方法二　酶联免疫吸附筛查法测定食品中黄曲霉毒素 B_1

（一）实验目的

掌握酶联免疫吸附筛查法对食品中的黄曲霉毒素 B_1的测定。

（二）实验原理

试样中的黄曲霉毒素 B_1用甲醇水溶液提取，经均质、涡旋、离心（过滤）等处理获取上清液。被辣根过氧化物酶标记或固定在反应孔中的黄曲霉毒素 B_1，与试样上清液或标准品中的黄曲霉毒 B_1竞争性结合特异性抗体。在洗涤后加入相应显色剂显色，经无机酸终止反应，于 450 nm 或 630 nm 波长下检测。样品中的黄曲霉毒素 B_1与吸光度在一定浓度范围内呈反比。

（三）主要试剂与仪器

1. 试剂和材料

配制溶液所需试剂均为分析纯，水为 GB/T 6682 规定二级水。

按照试剂盒说明书所述，配制所需溶液。

所用商品化的试剂盒需按照下面方法验证合格后方可使用。

选取小麦粉或其他阴性样品，根据所购酶联免疫试剂盒的检出限，在阴性基质中添加 3 个浓度水平的 AFT B_1标准溶液（2 μg/kg、5μg/kg、10 μg/kg）。按照说明书操作方法，用读数仪读数，做三次平行实验。针对每个加标浓度，回收率在 50%～120% 容许范围内的该批次产品方可使用。

注：当试剂盒用于特殊膳食用食品基质检测时，需根据其限量，考察添加浓度水平为 0.2 μg/kg AFT B_1 标准溶液的回收率。

2. 仪器和设备

（1）微孔板酶标仪：带 450 nm 或 630 nm（可选）滤光片。

（2）研磨机。

（3）振荡器。

（4）电子天平：感量 0.01 g。

（5）离心机：转速≥6000 r/min。

（6）快速定量滤纸：孔径 11 μm。

（7）筛网：1～2 mm 孔径。

（8）试剂盒所要求的仪器。

（四）实验步骤

1. 样品前处理

（1）液态样品（油脂和调味品）。取 100 g 待测样品摇匀，称取 5.0 g 样品于 50 mL 离心管中，加入试剂盒所要求提取液，按照试纸盒说明书所述方法进行检测。

（2）固态样品（谷物、坚果和特殊膳食用食品）。称取至少 100 g 样品，用研磨机进行粉碎，粉碎后的样品过 1～2 mm 孔径试验筛。取 5.0 g 样品于 50 mL 离心管中，加入试剂盒所要求提取液，按照试纸盒说明书所述方法进行检测。

2. 样品检测

按照酶联免疫试剂盒所述操作步骤对待测试样（液）进行定量检测。

（五）结果判定

1. 酶联免疫试剂盒定量检测的标准工作曲线绘制

按照试剂盒说明书提供的计算方法或者计算机软件，根据标准品浓度与吸光度变化关系绘制标准工作曲线。

2. 待测液浓度计算

按照试剂盒说明书提供的计算方法以及计算机软件，将待测液吸光度代入 1. 所获得公式，计算得待测液浓度（ρ）。

3. 结果计算

食品中黄曲霉毒素 B_1 的含量按公式 3－30 计算：

$$X=\frac{\rho \times V \times f}{m} \quad \text{（公式 3－30）}$$

在公式 3－30 中：

X：试样中 AFT B_1 的含量，单位为微克每千克（μg/kg）；

ρ：待测液中 AFT B_1 的浓度，单位为微克每升（μg/L）；

V：提取液体积（固态样品为加入提取液体积，液态样品为样品和提取液总体积），单位为升（L）；

f：在前处理过程中的稀释倍数；

m：试样的称样量，单位为千克（kg）。

计算结果保留小数点后两位。

阳性样品需用方法一进行进一步确认。

（六）精密度

每个试样称取两份进行平行测定，以其算术平均值为分析结果。其分析结果的相对相差应不大于20%。

其他：当称取谷物、坚果、油脂、调味品等样品5 g时，方法检出限为1 μg/kg，定量限为3 μg/kg。

当称取特殊膳食用食品样品5 g时，方法检出限为0.1 μg/kg，定量限为0.3 μg/kg。

（张志宏　方桂红）

第四章 人体营养状况评价

第一节 膳食调查与营养评价

中小学生正处于生长发育、学习知识的重要阶段，每天保持合理的营养非常重要，可促进健康生长发育、减少疾病并有利于提高学习成绩。海南省贫困地区中小学生营养状况不容乐观，有调查研究显示，近年，海南贫困地区中小学生的营养不良率仍高达26.0%，维生素A缺乏率和亚临床缺乏率分别为2.4%和31.1%，贫血率为6.6%。因此，很有必要对海南贫困地区中小学生的膳食状况进行调查分析，以便为相关部门、学校、家长采取针对性措施提供科学参考。

【问题1】通常采用的膳食调查方法有哪些?

【问题2】各种膳食调查方法有哪些优缺点?

【问题3】各种膳食调查方法的适用范围?

【问题4】想了解海南省贫困地区中小学生膳食营养状况，如何进行调查?

实验目的：

（1）掌握常见膳食调查表的设计、技术要点和具体实施程序。

（2）熟悉常用膳食调查法的原理、特点。

膳食调查（dietary survey）是指了解调查对象在一定时间内摄取的能量和各种营养素的数量及质量，据此来评价调查对象能量和营养素需求得到满足的程度。

一、基本概念

（一）常见食物量具和容量

容量指的是容器内所装的最大液体量。通常，当容器装满内容物时，内容物的体积即为容器的容量。在经过测算某一容器能盛装的一定重量的食物之后，可以根据食物在容器内所占的容积估计出该食物的重量。

在膳食状况调查中最常用的称量器具有碗、盘、勺和杯等。在开始询问膳食状况之前，应提前使用标准的称量器具称量一些常见的食物重量，做到心中有数。在询问开始的时候，给调查对象展示这些标准称量器具，帮助他们回忆摄入各类食物的量，这样可以较准确地估计食物重量。

（二）常见食物的份

食物的份是指单位食物的量或常用单位量具中食物具体的数量份额。这个份额常根据大多数个体食入的食物量或自然分量而确定。包装食品则是根据出售的自然独立包装确定。

了解常见食品的分量，对膳食调查中估计食品的重量非常重要。如果食物重量估计不准，将直接导致膳食调查数据不准确或失败。

（三）《食物成分表》

《食物成分表》是指记录食物成分数据的表格。是营养工作者常用的工具书，目前最

新版本有《食物成分表（标准版）》第一册、第二册和《食物营养成分速查表》，其中第一册所列食物以植物性原料为主，共包含了1110余条食物的营养成分数据；第二册所列食物以动物性原料和食品为主，共收集了3600余条食物的营养成分数据；而《食物营养成分速查表》中介绍了常见的1000余种食物中30余类营养成分高低数值等数据。

（四）食物可食部和废弃率

食物可食部是指食物中可以食用部分占该食物的比例；废弃率则是食物中不可食用部分占该食物的比例。二者是一个相对的概念，如梨的可食部为82%，废弃率则为18%。

食物可食部数值主要用于计算食物可食用部分的重量，进而计算每单位可食用部分中各种营养素的量。在膳食调查中，将摄入的所有食物可食用部分中各种营养素量相加就可以得到调查对象各种营养素的摄入量。

（五）烹调重量变化率和生熟重量比值

1. 烹调重量变化率

烹调重量变化率也称为重量变化因子（weight change factor WCF），是反映烹调过程中食物重量变化的指标。计算公式如下：

$$WCF = \frac{\text{烹调后食物的重量} - \text{烹调前食物的重量}}{\text{烹调前食物的重量}} \times 100\%$$

根据WCF转化可以计算烹调后失重食物的重量保留率或损失率。

（1）食物重量保留率

食物的重量保留率计算公式如下：

$$\text{重量保留率} = \frac{\text{烹调后食物的重量}}{\text{烹调前食物的重量}} \times 100\%$$

（2）食物重量损失率

食物的重量损失率计算公式如下：

$$\text{重量损失率} = \frac{\text{烹调前食物的重量} - \text{烹调后食物的重量}}{\text{烹调前食物的重量}} \times 100\%$$

例如：生猪肉重500 g，煮熟后为400 g，则其重量保留率为80%，损失率为20%。

2. 生熟重量比值

食物生熟重量比值简称食物生熟比，是指烹调前生食物重量与烹调后熟食物重量的比值。计算公式如下：

$$\text{食物生熟比} = \frac{\text{生食物重量}}{\text{熟食物重量}}$$

例如：面条生重60 g，烹调后熟面条重150 g，则面条的生熟比为0.4，即40 g生面条煮熟后为100 g。

根据食物生熟比值可以计算出生食物重量。

例如：已知粳米的生熟比为0.35，现有米饭150 g，则相当于粳米52.5 g。

通常情况，烹调后失重的食物常采用重量保留率或损失率，而烹调后增重的食物常采用生熟比值。

（六）人日数换算相关概念

1. 人日数

指用一日三餐为标准折合的用餐天数。一个人吃了早、中、晚三餐为1个人日数。

2. 餐次比

指早、中、晚三餐所摄入的食物量和能量占全天摄入量的百分比。常规的餐次比为30%、40%、30%或20%、40%、40%。

3. 个人人日数

指在家庭或集体就餐单位调查中，调查期间个体早、中、晚各餐次总数分别乘以对应餐次比之和。计算公式为：

个人人日数＝早餐餐次总数×早餐餐次比＋中餐餐次总数×中餐餐次比＋晚餐餐次总数×晚餐餐次比

例如：对某家庭进行膳食调查，调查时间为3天，期间李某在家共进餐早餐1次，中餐2次，晚餐3次。调查期间李某个人人日数的计算如下：

设餐次比早、中、晚餐分别为30%、40%、30%。

个人人日数＝1×30%＋2×40%＋3×30%＝2（人日）

4. 总人日数

是指调查对象全体全天个人总餐之和，即全体个人人日数之和。计算公式为：

总人日数＝（甲）个人人日数＋（乙）个人人日数＋…＋（N）个人人日数

＝（甲＋乙＋…＋N）的早餐餐次总数×早餐餐次比＋（甲＋乙＋…＋N）的中餐餐次总数×中餐餐次比＋（甲＋乙＋…＋N）的晚餐餐次总数×晚餐餐次比

例如：对某大学食堂进行膳食调查，调查时间为3天，期间早餐有5000人进餐，中餐有8000人进餐，晚餐有6000人进餐。调查期间进餐总人日数的计算如下：

设餐次比早、中、晚餐分别为30%、40%、30%。

总人日数＝5000×30%＋8000×40%＋6000×30%＝6500（人日）

5. 标准人和标准人系数

标准人是指健康成年男性从事轻体力劳动者，其能量需要量为2250kcal/d。

标准人系数是以标准人的能量需要量2250 kcal/d作为1，其他各类人员按其能量需要量与2250 kcal/d之比得出各类人的折合系数。

当调查对象的年龄、性别和劳动强度差别较大时，无法用营养素的平均摄入量进行比较。因此，需将各个人群都折合成标准人进行比较。

例如：某成年女性的能量需要量为1800kcal/d，其标准人系数为：1800÷2250＝0.8。

6. 标准人日数和总标准人日数

标准人日数是指调查群体中同类人的标准人系数乘以其人日数。计算公式为：

标准人日数＝标准人系数×人日数

总标准人日数是指调查群体中每个人标准人日数之和。计算公式为：

例如：对某家庭进行膳食调查，调查期间家庭成员一：爸爸，王某，32岁，轻体力劳动者，人日数为1.5；成员二：妈妈，李某，30岁，轻体力劳动者，人日数为2；成员三：小王，男，5岁，人日数为1.5。该家庭总标准人日数计算如下：

表4－1　称重法食物消费量记录表

记录人：　　　　　　　日期：　　　　　　　单位：g

日期	餐别	食物名称	原料名称	可食部生重	熟重	生熟比值	熟食剩余量	实际摄入量		备注
								熟重	生重	
第一天	早餐	红薯粥	灿米	60	500	0.12	100	400	48	
			红薯	40		0.08			32	
	午餐	米饭	米	100	300	0.33	60	240	80	
		西红柿炒蛋	西红柿	100	150	0.67	20	130	87	
			鸡蛋	60		0.40			52	
	晚餐									
第二天	早餐									
	午餐									
	晚餐									
第三天	早餐									
	午餐									
	晚餐									

（2）调查家庭。

调查家庭时，采用表4－1记录该家庭在调查期间的食物摄入量。同时采用表4－2记录调查期间该家庭就餐人员情况。

表4－2　调查期间某家庭就餐人数登记表

姓名	年龄	性别	体力活动水平	在家吃饭情况								
				第一天			第二天			第三天		
				早	中	晚	早	中	晚	早	中	晚

（3）调查集体单位。

调查集体单位时，采用表4－3记录被调查单位在调查期间的食物消费量。

表4－3　称重法食物消费量记录表

调查单位：　　　　**记录人：**　　　　**日期：**　　　　**单位：g**

食物名称	结存量	第一天		第二天		第三天		剩余总量	实际消费量
		购进量	废弃量	购进量	废弃量	购进量	废弃量		

同时采用表4－4记录调查期间该单位就餐人员情况。

表4－4　调查期间某单位食堂就餐人数登记表

年龄	体力活动水平	第一天						第二天						第三天						总人日数
		男			女			男			女			男			女			
		早	中	晚	早	中	晚	早	中	晚	早	中	晚	早	中	晚	早	中	晚	
成人	轻																			
	中																			
	重																			
60岁以上	轻																			
	中																			
	重																			

2. 称重法膳食调查流程

（1）调查前工作准备：①调查前动员宣传，向调查对象说明调查目的和方法，取得调查对象的支持。②培训现场调查员，调查员应掌握现场膳食调查的方法和技巧。③准备调查器具（如食物秤等）、食物消费量记录表（见表4－1、表4－3）、就餐人数登记表（见表4－2、表4－4）、食物编码本、计算器及记录笔等。

（2）称量各种食物重量：按早餐、中餐、晚餐的时间顺序，准确称量每餐各种食物烹调前后的重量、用餐结束时剩余食物重量；三餐之外所摄入的零食包括水果、点心、糖果、坚果等亦需称重记录。

（3）核查和完善：调查完成后及时补充食物编码等信息，并核查调查资料内容是否有误，如有错误，须及时修正。

（4）计算生熟比：生熟比 = 食物生重 ÷ 食物熟重。

注：食物生重为烹调前食物重量，食物熟重指烹调后食物重量。

（5）计算实际消耗食物熟重：实际消耗食物熟重 = 烹调后食物熟重 - 用餐结束后剩余食物熟重。

（6）计算实际消耗食物生重：实际消耗食物生重 = 实际消耗食物熟重 × 生熟比。

（7）统计每餐就餐人数，计算就餐总人日数：如果调查的是家庭或集体单位，还需要统计每餐就餐人数，计算出总人日数。根据我国饮食习惯和平衡膳食要求，早、中、晚三餐提供能量的适宜比例（即餐次比）为：25%～30%、30%～40%、30%～35%。例如，某集体单位某日早、中、晚的就餐人数分别是200人、400人、150人，餐次比设为早餐占30%、中餐占40%、晚餐占30%，则该日就餐的总人日数为200×30% + 400×40% + 150×30% = 265（人日）。如果被调查人员的劳动强度、性别、年龄等组成差异较大时，还需要将人日数折算成标准人日数。

（8）计算每人每日平均摄入各种食物的生重：平均摄入某食物生重 = 某食物的实际消耗生重 ÷ 总人日数。

（9）计算标准人每日平均摄入各种食物的生重：标准人平均摄入某食物生重 = 每人每日平均摄入各种食物的生重 ÷ 混合系数。

（10）记录调味品、食用油消耗量：调味品及食用油的消耗量通常采用早餐前称一次，晚餐后称一次，二者之差为一日消耗量。

（11）计算每人每日能量和营养素的摄入量：根据《食物成分表》查询调查期间消费食物中能量和营养素含量，进而计算每人每日能量和营养素的摄入量。

3. 称重法膳食调查注意事项

需要注意的是在集体单位、家庭应用称量法调查时，如果被调查人员的劳动强度、性别、年龄等组成差异较大时，就餐人数需进行详细登记，此时，不能以人日数的平均值作为每人每日营养素摄入水平，须折算为相应标准人每日能量和营养素的摄入量，以便作出较为合理、准确的评价。

（二）24小时回顾法

24小时膳食回顾调查法简称为24小时回顾法，即通过询问并记录调查对象在过去24小时内各种主副食（包括零食）的摄入量，根据《食物成分表》计算出能量和营养素的摄入量并进行评价的一种方法。一般采用3天连续调查法，包括2个工作日和1个休息日。

1. 设计24小时回顾法调查表

24小时回顾法调查表如表4-5所示。

表4-5　24小时回顾法调查表

姓名：		性别：	职业：	地址：		电话：
餐次	食物名称	原料名称	原料编码	原料重量（g）	进餐时间	进餐地点
早餐						
加餐或零食						

续表 5 -4

姓名：		性别：	职业：	地址：		电话：
餐次	食物名称	原料名称	原料编码	原料重量（g）	进餐时间	进餐地点
午餐						
加餐或零食						
晚餐						
加餐或零食						

注：①“原料重量”需要注明是市售品重量还是可食部重量；②“进餐地点”如：a. 在家；b. 单位；c. 饭馆；d. 亲戚/朋友家；e. 学校或幼儿园；f. 摊点；g. 其他。

在全国居民营养与健康状况监测中的入户膳食调查中，采用 3 天 24 小时回顾法进行膳食调查时，正餐和正餐以外的零食、饮料分别用不同的调查表进行调查，详见表 4 -6、表 4 -7。

表 4 -6　24 小时正餐回顾询问表

姓名：							
调查日：1．第一天　2．第二天　3．第三天					是否为休息日：1．是　2．否		
编号	食物名称	原料名称	原料编码	原料重量（g）	市售品或可食部	进餐时间	进餐地点
1							
2							
3							
4							
5							
6							
7							
8							
9							
10							

表4-7　24小时正餐以外零食、饮料回顾询问表

姓名：						
调查日 1. 第一天　2. 第二天　3. 第三天				是否为休息日：1. 是　2. 否		
编号	时间	食物名称	食物编码	重量（g）	市售品或可食部	食用地点
1						
2						
3						
4						
5						
6						
7						
8						
9						
10						

同时登记用餐人数，见表4-8。

表4-8　3天家庭烹调用餐人次数登记表

姓名															
个人编码															
年龄															
性别															
生理状况															
劳动强度															
能量需要量															
标准人系数															
时间	早	中	晚	早	中	晚	早	中	晚	早	中	晚	早	中	晚
第一天															
第二天															
第三天															
用餐人次总数															
餐次比															
人日数															
标准人日数															

2. 24 小时回顾法膳食调查流程

（1）调查前工作准备：①调查前动员宣传，培训现场调查员。②准备调查表（见表4－5或表4－6～4－8）、食物模型、食物图谱、食物编码本、标准容器、计算器及记录笔等。

（2）调查和记录：可从调查对象前一天所吃或喝的第一种食物开始向后推24小时，询问调查对象24小时内摄入的所有食物（包括零食）的种类和数量，包括在外（饭馆、单位或学校食堂等）用餐的食物种类和数量，食物数量通常参照家用量具、食物模型或食物图谱进行估计，并将结果详细登记在调查表中。

（3）核查和完善：回顾调查结束后，可用一份包含各类食物的食物清单进行核对，完善回忆内容，避免遗漏。

（4）计算能量和营养素摄入量：根据调查获得个人每日各种食物的摄入量，根据《食物成分表》计算出能量和营养素的摄入量。

3. 24 小时回顾法膳食调查应用范围及优缺点

对于油和调味品，由于回顾误差较大，一般采用称重法获得；即分别在调查第一天和调查结束时进行称量，二者之差为调查期间的食用量。

对调查者要严格培训，不然调查者之间的差异很难标准化，7岁以下的儿童和75岁以上的老人，建议询问其监护人或其膳食准备者。

（三）记账法

记账法是根据伙食账目来获得调查对象膳食情况的一种膳食调查方法。通过查阅或记录被调查单位过去一定时期内各种食物消耗总量和用餐总人日数，计算出平均每人每日各种食物的消耗量，再根据《食物成分表》计算出每人每日能量和营养素的摄入量。可获得调查对象较长一段时间的膳食摄入资料。

1. 设计记账法调查表

食物消费量记录表如表4－9所示。

表4－9　食物消费量记录表　　单位：g

食物名称		粳米	面粉	玉米	鸡肉	猪肉	白菜	茄子	……
结存量									
第一天	购入量								
	废弃量								
第二天	购入量								
	废弃量								
第三天	购入量								
	废弃量								
剩余量									
实际总消费量									
备注									

2. 记账法膳食调查流程

（1）调查前工作准备：①调查前动员宣传，培训现场调查员；②准备食物消费量记录表（见表4－9）、就餐人数登记表（见表4－8）、食物编码及记录笔等。

（2）登记食物结存量：分类别查账或询问被调查单位在调查开始时结存食物，登记各种食物结存量。

（3）登记调查期间新购进的和废弃的食物：对调查期间新采购的和废弃的各种食物的种类和数量进行登记。

（4）登记食物剩余量：调查结束时，登记各种食物的剩余量。

（5）核查和完善：调查完成后核查调查资料内容是否有误，如有错误，及时修正。

（6）计算各种食物实际消耗总量：调查期间某种食物的实际消耗总量＝（该食物结存量＋调查期间新采购量）－（调查期间废弃量＋调查结束时剩余量），注意同一类食物不同制品之间不能直接相加，应分别进行登记并折算。例如，豆腐和豆浆等豆制品之间不能直接相加，可根据蛋白质含量全部折算成干大豆量再相加；折算公式为：干大豆＝豆制品×豆制品蛋白质含量÷干大豆蛋白质含量（为33.1%），如将150 g南豆腐（蛋白质含量为5.7%）折算为干大豆的计算公式为：150×5.7%÷33.1%＝25.8（g）。同样奶粉、奶酪等奶制品也需要根据蛋白质含量折算为纯奶后才能相加。

（7）计算总人日数：方法同称重法、24小时回顾法所述。

（8）计算平均每人每日食物消耗量：每人每日食物消耗量＝调查期间食物实际消耗总量÷调查期间总人日数。

（9）计算平均每人每日能量和营养素的摄入量：根据《食物成分表》计算平均每人每日能量和营养素的摄入量。同样需要注意的是，如果调查对象中性别、年龄、劳动强度及生理状况等差异较大时，需折算成“标准人”的每人每日能量和营养素的摄入量。

3. 记账法膳食调查注意事项

由于食物消费量随季节变化较大，因此，建议在不同季节开展多次短期调查，以减少因季节带来的调查误差。注意要区分清楚记录的各种食物量是市重还是可食部的量，当摄入的是自制的食品时，要分开登记，不要疏漏小杂粮和零食的登记。对于调味品的摄入量应结合称重法。还需注意当调查单位用餐人员的劳动强度、性别、年龄等差异较大时，应按标准人核算。

（四）食物频率法

食物频率法是指收集调查对象过去较长时间（数周、数月或数年）内各种食物消费频率和消费量的方法。

1. 设计食物频率法调查表

食物频率调查表如表4－10所示。

表4－10　食物频率调查表

<table>
<tr><td colspan="8">姓名：</td></tr>
<tr><td colspan="8">过去一周进餐习惯</td></tr>
<tr><td></td><td>过去一周进餐次数</td><td colspan="3">过去一周在餐馆进餐次数</td><td colspan="3">过去一周在单位/学校进餐次数</td></tr>
<tr><td>早餐</td><td></td><td colspan="3"></td><td colspan="3"></td></tr>
<tr><td>中餐</td><td></td><td colspan="3"></td><td colspan="3"></td></tr>
<tr><td>晚餐</td><td></td><td colspan="3"></td><td colspan="3"></td></tr>
<tr><td colspan="8">过去12个月里通常情况下，您是否吃过下列食物，并估计各类食物食用频率和食用量</td></tr>
<tr><td colspan="2" rowspan="2">食物名称</td><td rowspan="2">是否吃
1是
2否</td><td colspan="4">进食次数（选择一项）</td><td rowspan="2">平均每次食用量（g）</td></tr>
<tr><td>次/天</td><td>次/周</td><td>次/月</td><td>次/年</td></tr>
<tr><td colspan="8">主食</td></tr>
<tr><td>1</td><td>大米及制品（米饭/米粉）（生重）</td><td></td><td></td><td></td><td></td><td></td><td></td></tr>
<tr><td>2</td><td>小麦粉及制品（馒头/面条）（生重）</td><td></td><td></td><td></td><td></td><td></td><td></td></tr>
<tr><td>3</td><td>其他谷类（荞麦/小米等）（生重）</td><td></td><td></td><td></td><td></td><td></td><td></td></tr>
<tr><td>4</td><td>油条、油饼</td><td></td><td></td><td></td><td></td><td></td><td></td></tr>
<tr><td>5</td><td>薯类（土豆/红薯等）（生重）</td><td></td><td></td><td></td><td></td><td></td><td></td></tr>
<tr><td>6</td><td>杂豆（绿豆/红豆等）（生重）</td><td></td><td></td><td></td><td></td><td></td><td></td></tr>
<tr><td colspan="8">大豆类</td></tr>
<tr><td>1</td><td>大豆（黄豆/青豆/黑豆等）（干重）</td><td></td><td></td><td></td><td></td><td></td><td></td></tr>
<tr><td>2</td><td>豆腐</td><td></td><td></td><td></td><td></td><td></td><td></td></tr>
<tr><td>3</td><td>腐竹类（腐竹/油皮等）（干重）</td><td></td><td></td><td></td><td></td><td></td><td></td></tr>
<tr><td colspan="8">蔬菜</td></tr>
<tr><td>1</td><td>鲜豆类蔬菜（扁豆/豆角/四季豆等）</td><td></td><td></td><td></td><td></td><td></td><td></td></tr>
<tr><td>2</td><td>叶类蔬菜（菠菜/油菜/小白菜等）</td><td></td><td></td><td></td><td></td><td></td><td></td></tr>
<tr><td>3</td><td>酱腌制蔬菜类</td><td></td><td></td><td></td><td></td><td></td><td></td></tr>
<tr><td colspan="8">水果类</td></tr>
<tr><td>1</td><td>柑橘类（橙子/柚子/桔子等）</td><td></td><td></td><td></td><td></td><td></td><td></td></tr>
<tr><td>2</td><td>核果类（桃/李/枇杷等）</td><td></td><td></td><td></td><td></td><td></td><td></td></tr>
<tr><td colspan="8">……</td></tr>
</table>

2. 食物频率法膳食调查流程

（1）调查前工作准备：①调查前动员宣传，培训现场调查员。②准备食物频率调查表（见表 4 – 10）、食物图谱、记录笔等。

（2）食物食用频率调查：按照食物频率调查表给出的食物顺序依次进行询问，首先询问是否食用并做记录，接着询问并记录调查对象的食用频率，再询问记录对应频次每次的平均食用量。

（3）核查和完善：调查完成后及时补充食物编码等信息，并核查调查资料内容是否有误，如有错误，须及时修正。

3. 食物频率法膳食调查注意事项

食物频率法对食物份额大小的量化往往不够准确，建议配合食物模型或者配有刻度大小的食物图片进行调查。

（五）化学分析法

化学分析法是收集调查对象一日膳食中所摄入的所有主副食品，通过实验室化学分析方法来测定其能量和营养素含量的一种方法。根据样品的收集方法不同分为双份饭法和双份原料法两种，常用的是双份饭法，即制作出两份完全相同的饭菜，一份供调查对象食用，另一份则作为分析样品。

化学分析法适用于小规模调查和特殊研究需要（如营养代谢研究），不适合于一般膳食调查。

三、膳食调查结果的计算与评价

根据膳食调查资料，通常从膳食结构是否合理、能量和营养素是否充足、能量和营养素的来源和比例是否合适等方面来判断调查对象的膳食是否合理。

（一）膳食结构分析与评价

膳食结构评价的依据是中国居民膳食指南中的“平衡膳食宝塔”，将调查对象摄入的各种食物按“平衡膳食宝塔”的食物分类进行归类，统计各类食物的摄入总量，再与“平衡膳食宝塔”的建议摄入量进行比较，分析判断各类食物的摄入量是否满足调查对象的需要。具体操作如下。

1. 计算各类食物摄入量并进行膳食结构评价

膳食调查获得调查对象一日摄入食物的种类和数量，按“平衡膳食宝塔”分类方法归为 9 类，统计每类食物总的摄入量，并与“平衡膳食宝塔”进行比较。其一，评价摄入食物的种类是否达到多样化；其二，评价各类食物的摄入量是否充足。详见表 4 – 11。

表4-11　各类食物的摄入量与“平衡膳食宝塔”比较　　单位：g

食物类别	谷类	薯类	蔬菜	水果	动物性食物	乳制品	大豆和坚果	烹调油	烹调盐
摄入量									
“平衡膳食宝塔”推荐摄入量（按1800 kcal/d能量水平）	225	50	400	200	140	300	25	25	<5

2. 提出建议

根据膳食结构分析结果，给调查对象提出相应的膳食建议。

（二）膳食能量摄入量计算与评价

利用碳水化合物、脂肪、蛋白质三大产能营养素乘以相应的能量系数便可得到膳食总能量，通常从膳食总能量、三大产能营养素供能比、三餐供能比等方面评价膳食能量摄入是否合适。具体操作如下：

（1）计算膳食总能量：膳食总能量（kcal）= 膳食碳水化合物摄入量（g）×4（kcal/g）+膳食脂肪摄入量（g）×9（kcal/g）+膳食蛋白质摄入量（g）×4（kcal/g）。

（2）计算三大产能营养素供能比：产能营养素供能比 = 产能营养素摄入量 × 能量系数 ÷ 膳食总能量 ×100%。

（3）计算三餐供能比：各餐次供能比 = 各餐次产能营养素提供能量 ÷ 一日膳食总能量 ×100%。

（4）膳食能量评价与建议：①膳食总能量评价与建议。将调查对象一日膳食总能量与膳食营养素参考摄入量（dietary reference intakes，DRIs）中相应的能量需要量（estimated energy requirement，EER）进行比较，可判断调查对象膳食总能量是否达到了要求。②三大产能营养素供能比的评价与建议。将调查对象一日膳食中三大产能营养素供能比与DRIs中推荐的三大产能营养素供能比（蛋白质、脂肪、碳水化合物供能比分别为10%～15%、20%～30%、50%～65%）进行比较，判断三大产能营养素供能比是否合理。③三餐供能比的评价与建议。将调查对象一日膳食中早、中、晚三餐的供能比与建议比例（早、中、晚三餐的供能比分别为25%～30%、30%～40%、30%～35%）进行比较，判断调查对象的三餐供能比是否合理。

（三）膳食营养素计算与评价

通过《食物成分表》将调查对象摄取食物所含的主要营养素计算出来，再将结果与DRIs中的推荐摄入量（recommended nutrient intakes，RNI）或适宜摄入量（adequate intakes，AI）进行比较，分析调查对象一日膳食营养素是否达到了推荐水平。具体操作如下：

（1）计算一日主要营养素摄入量：先计算出调查对象一日各种食物的摄入量，再通过“食物成分表”计算出各种食物所提供主要营养素的量，详见表4-12。

表 4－12　营养素统计分析表格

食物类别	原料名称	质量（g）	蛋白质（g）	脂肪（g）	碳水化合物（g）	VA（μg RAE）	VB_1（mg）	VB_2（mg）	VC（mg）	钙（mg）	铁（mg）	锌（mg）
谷薯类	粳米											
	芋头											
小计												
畜禽肉	鸭肉											
	猪肉											
小计												
蔬菜类	生菜											
小计												
……												
合计												

（2）膳食营养素评价与建议：将调查对象一日主要营养素摄入量与 DRIs 中相应的 RNI 或 AI 进行比较，评价通过膳食摄入的主要营养素是否达到建议水平，详见表 4－13。

表 4－13　营养素摄入量与 DRIs 比较

营养素	蛋白质（g）	脂肪（g）	碳水化合物（g）	VA（μg RAE）	VB_1（mg）	VB_2（mg）	VC（mg）	钙（mg）	铁（mg）	锌（mg）
实际摄入量										
RNI 或 AI										
占 RNI 或 AI 百分比（%）										

（3）蛋白质食物来源计算与评价：计算调查对象一日膳食中大豆类食物和动物性食物提供的蛋白质占膳食总蛋白质的比例，评价是否在推荐范围（30%～50%）内。

（4）其他：还应分析调查对象膳食中是否存在方便食品、快餐食品等摄取过多；评价食物来源、储存条件、烹调方法等与膳食营养状况的关系。

四、膳食调查案例

拟调查某学校学生的膳食情况，操作流程如图 4－1 所示。

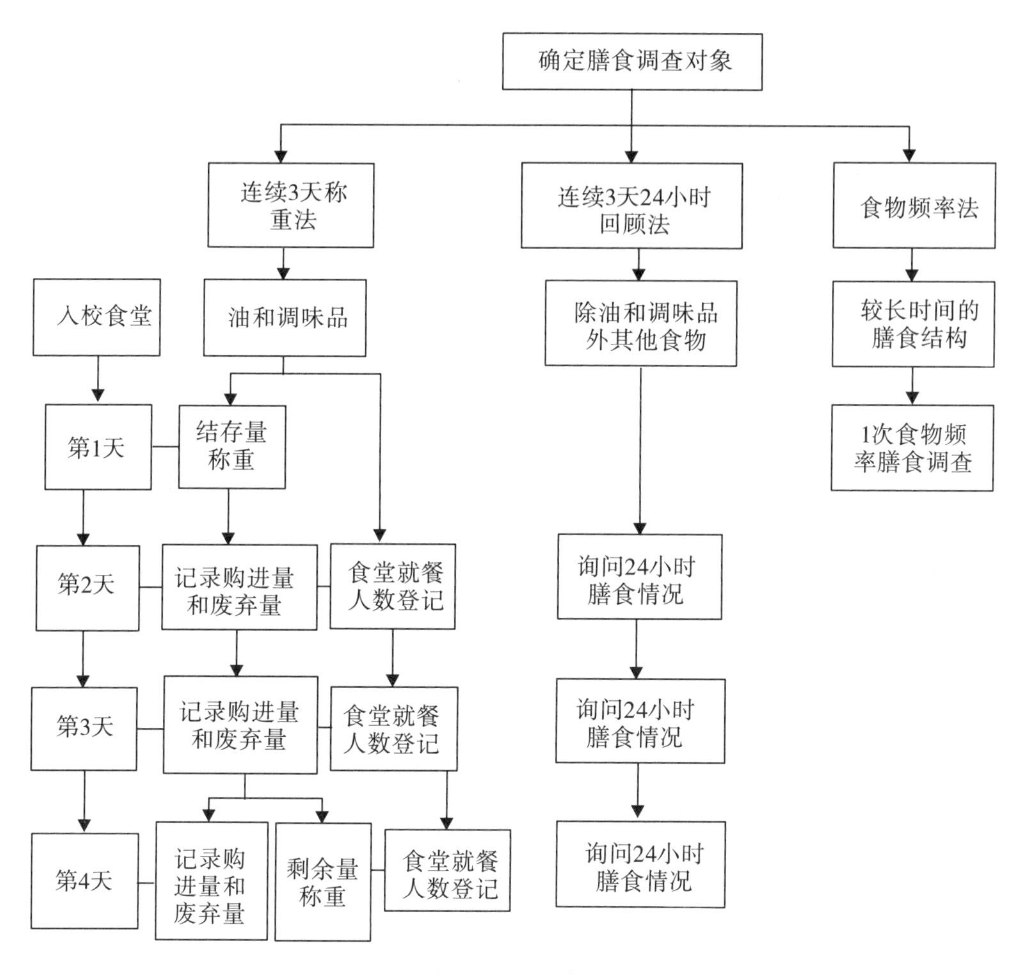

图4-1 调查某学校学生膳食情况的操作流程

（冯棋琴 张志宏）

第二节 人体体格测量

人体体格测量的根本目的是评价人体近期膳食营养状况，尤其是生长发育期的儿童青少年，判定其膳食营养状况及生长发育状况尤为重要。但是，反映人体营养状况的指标很多，不同的指标表达的意义也不同，且指标的测定方法也存在较大差异，除此之外还要注意测量方法的标准化。

【问题1】作为医疗从业人员，你知道都有哪些指标可以作为人体常见体格测量的指标吗？

【问题2】人体体格测量有哪些注意事项？

一、成年人体格测量

（一）实验目的

掌握成年人体格测量的方法、注意事项及判定标准。

（二）实验原理

成年人体格测量最常用的指标是身高、体重、上臂围、胸围、腰围、臀围和皮褶厚度等，其中以身高和体重最为重要，因为它综合反映了蛋白质、能量及其他一些营养素的摄入、利用和储备情况，反映了机体、肌肉、内脏的发育和潜在能力。对于成年人而言，由于身高已基本无变化，当蛋白质和能量供应不足时体重的变化更灵敏，因此常将体重作为了解蛋白质和能量摄入状况的重要观察指标，而测量了身高和体重可通过计算体质指数（BMI）来进一步判定身体营养状况。

（三）主要试剂与仪器

身高测量仪（最大测量值为2.0 m，最小刻度为0.1 cm）、体重称（最大称量为150 kg，最小刻度为0.1 kg）、软尺（长度为1.5 m，宽度为1 cm，最小刻度为0.1 cm）、皮褶厚度计（最大测量值为100 mm，最小刻度为1 mm），所有仪器均应经质检部门检验合格方可使用。

（四）实验步骤

1. 身高的测量

（1）测量环境要求：安静宽敞，地表水平、坚固。

（2）测量前调试：保证身高测量仪的立柱与踏板垂直，靠墙置于平整的地面上，滑板应与立柱垂直。

（3）测量步骤。

①测量时，要求被测者脱去鞋、帽、外衣，女性解开发辫。取立正姿势，站在踏板上，收腹挺胸，双臂自然下垂，脚跟靠拢，脚尖分开约60°，双膝并拢挺直，双眼平视正前方，眼眶下缘点与外耳门上缘点保持在同一水平。脚跟、臀部和两肩胛角间三个点同时接触立柱，头部保持正立。（见图4－2）

②测量者站于被测者的右侧，手持滑板轻轻向下滑动，直到地面与被测量者颅骨顶点相接触，此时观察被测者姿势是否正确，确认姿势正确后读取滑侧板底面立柱上所示数字，以cm为单位，记录到小数点后一位。（见图4－3）

③注意测量者的眼睛应与滑侧板在同一水平面上。

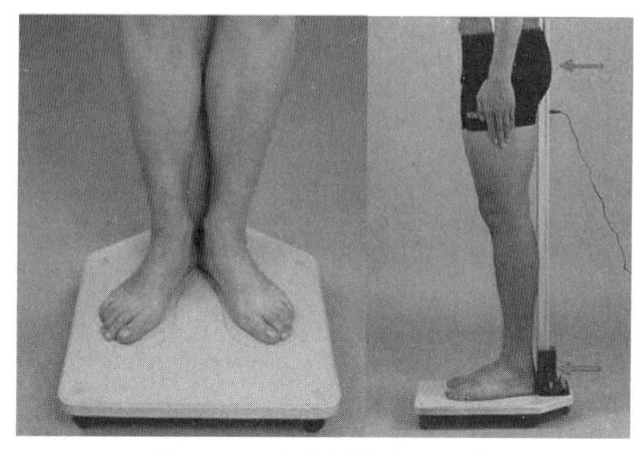

图 4－2　身高测量站立示意

［图片来源：国家重大公共卫生服务项目“中国 0—17 岁儿童青少年与乳母营养健康监测（2017）”实验室工作手册］

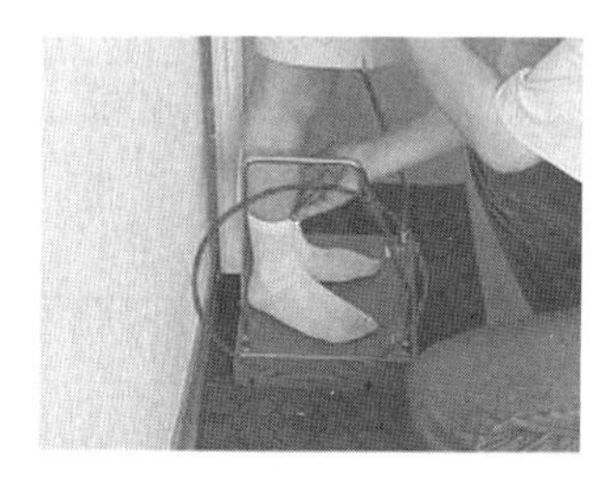

第一步

第二步

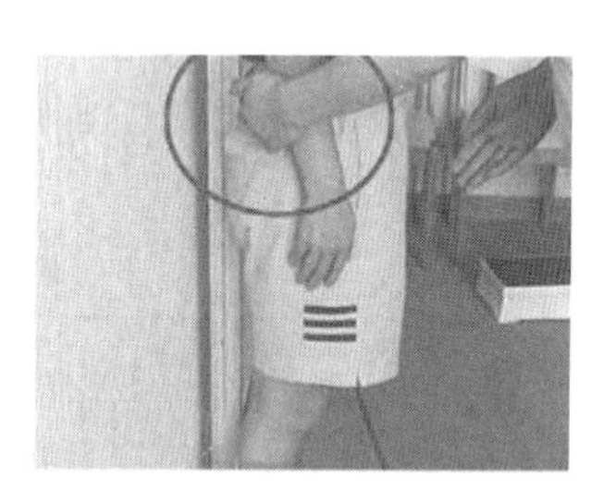

第三步

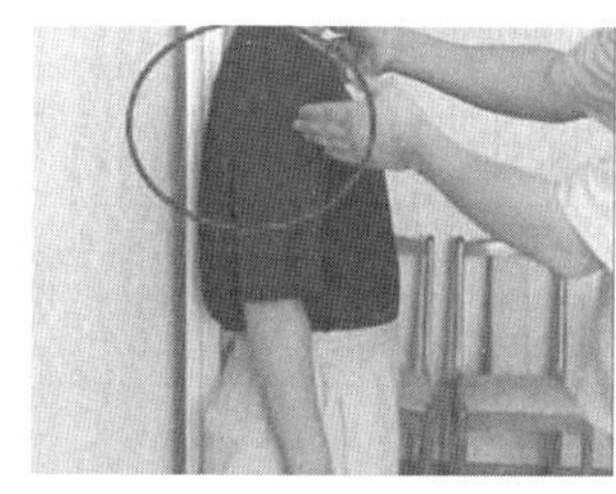

第四步

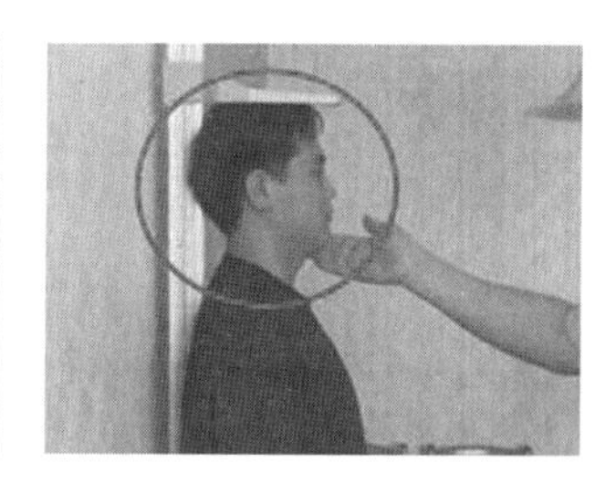

第五步

图 4－3　身高测量示意

（图片来源：同图 4－2）

2. 体重的测量

（1）测量环境要求：安静宽敞，地表水平、坚固。

（2）测量步骤。

测量时，要求被测者脱去鞋、帽子及外套，仅穿单层衣服，取出随身携带的物品，如钱包、手机及钥匙等。调整体姿，使被测者平静站于体重秤上，两脚位置左右对称，身体直立，双臂自然下垂，放松于身体两册，头部直立，双眼平视。以 kg 为单位，记录到小数点后一位。

（3）注意请被测者在空腹状态下进行体重测量，测量时轻上轻下，测量过程中始终保持测量器械卫生。

3. **标准体重与体质指数**

（1）标准体重指数也称为肥胖度，其计算公式如下。

标准体重指数(%)=(实际体重－身高标准体重)÷身高标准体重×100%

身高标准体重也称为理想体重，其计算公式为：

理想体重(kg)=身高(cm)－100(Broca公式)
理想体重(kg)=身高(cm)－105(Broca改良公式)
理想体重(kg)=[身高(cm)－100]×0.9(平田公式)

我国比较适用的公式为Broca改良公式。

标准体重指数主要用于判断成人机体的营养状况。成人标准体重指数分级见表4－14。

表4－14　成人标准体重指数分级表

评价级别	标准体重指数
正常	－10%～10%
瘦弱	<－10%
重度瘦弱	<－20%
超重	≥10%
肥胖	≥20%
重度肥胖	≥50%
病态肥胖	≥100%

数据来源：世界卫生组织网站。

（2）体质指数（BMI）。

体质指数也称为身体质量指数，是最常用的评价机体营养状况的指标，其计算公式为：BMI＝体重(kg)÷[身高(m)]^2。世界卫生组织（WHO）、亚太地区和中国BMI的判定标准见表4－15。

表4－15　不同国家、地区BMI判定标准

BMI	WHO	亚太地区	中国
正常	18.5～25	18.5～23	18.5～24
轻度消瘦	17～18.5	17～18.5	17～18.5
中度消瘦	16～17	16～17	16～17

续表 4－15

BMI	WHO	亚太地区	中国
重度消瘦	<16	<16	<16
超重	25～30	23～25	24～28
一级肥胖	30～34.9	25～29.9	28～29.9
二级肥胖	35～40	30～40	30～40
三级肥胖	≥40	≥40	≥40

4. 胸围、腰围与臀围的测量

（1）测量环境要求：安静宽敞，相对隔离，避免旁人围观。

（2）测量步骤。

①胸围：被测者状态平静，自然平躺（<3岁）或自然站立（如图4－4）、测量者位于被测者的右侧或正前方，左手拇指将软尺零点固定在胸前右侧乳头下缘，右手拉软尺绕经右侧后背以两肩胛下角下缘为准，经左侧回到零点。测量者目光与软尺刻度在同一水平面上，记录读数，以cm为单位，保留一位小数。重复测量两次，以保两次测量误差小于2 cm后，记录两次测量值，取平均数。（见图4－4）

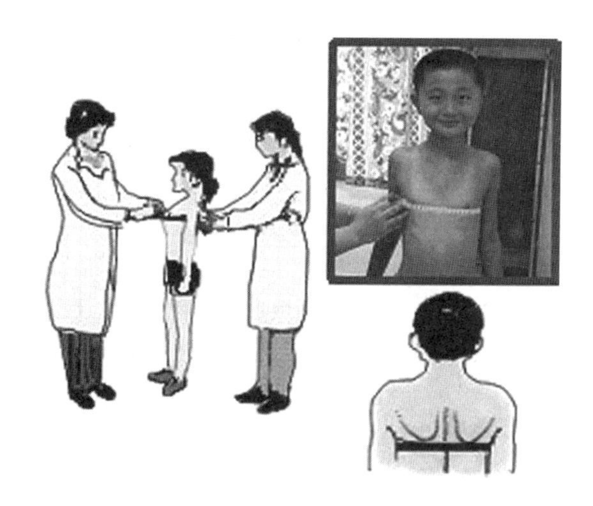

图4－4　胸围测量示意

②腰围：一般在空腹状态下进行测量。被测者直立，腹部放松，双臂自然下垂，位于身体两侧，双脚合并（两脚均匀负重），露出腹部皮肤，测量时平缓呼吸，不要收腹或屏气。测量者站立于被测者的右侧或正前方，以腋中线肋弓下缘和髂嵴连线中点的水平位置为测量点，并在双侧测量点做标记，软尺轻轻贴住皮肤。（见图4－5）

图4-5 腰围测量示意

③臀围：被测者自然站立，双臂自然下垂，位于身体两侧，双脚合并（两脚均匀负重），臀部放松，自然呼吸，平视前方。测量者站立于被测者的右侧或正前方，软尺绕臀部向后最突出部位水平围绕一周测量。（见图4-6）

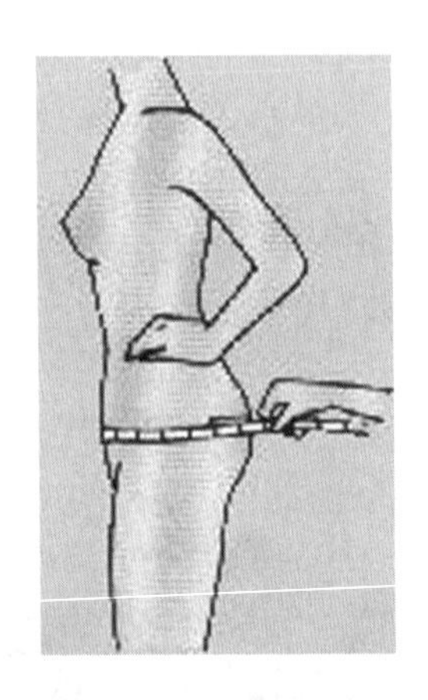

图4-6 臀围测量示意

（3）注意事项：调查员目光应与软尺刻度在同一水平面上，记录读数，以 cm 为单位，保留一位小数。重复测量两次，以保两次测量误差小于 2 cm 后，记录两次测量值，取平均数。

（4）判定标准。

①中国肥胖问题专家组（WGOC）确定的中心性肥胖标准：男性腰围≥85 cm，女性腰围≥80 cm；世界卫生组织确定的亚太地区确定值为：男性腰围≥90 cm，女性腰围≥80 cm。

②腰臀比：即腰围与臀围的比值，一般认为成年人腰臀比 >0.9（男）或 0.8（女）可视为中心性肥胖。

③腰围和腰臀比这两个指标，以腰围作为测定腹部脂肪分布的优先指标。

5. 上臂围与皮褶厚度

（1）测量环境要求：由于上臂围和皮褶厚度的测量需要尽量地裸露相应部位的皮肤，在气温低的情况下测量一定要在房间内进行，并采取保暖措施，房间应相对隔离，避免旁人围观。

（2）测量步骤。

①上臂围：被测者自然站立，肌肉不要紧张，体重平均落在两腿上，充分裸露左上肢，手臂自然下垂，双眼平视前方。测量者站在被测者身后，找到尖峰、鹰嘴（肘部骨性凸起）部位，用软尺测量并标记处左臂尖峰到鹰嘴连线中点处，软尺下缘压在标记处水平绕左臂一周，平行读取周长，以 cm 为单位，保留一位小数。（见图 4－7）

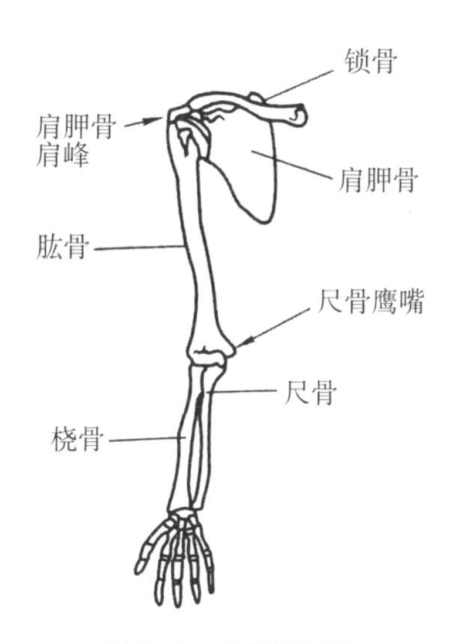

图 4－7　上臂骨结构

②皮褶厚度：皮褶厚度一般选用肩胛下角、肱三头肌和脐旁三个测量点。被测者自然站立，充分裸露被测部位。

A. 肩胛下角：测量者站在被测者的背后，在右肩胛骨下角下方 1 cm 处与脊柱成 45°角方向用左手拇指、食指和中指将皮肤和皮下组织捏提起来，右手握皮褶厚度计，在该捏提点的下方 1 cm 处用皮褶厚度计测量其厚度，测量时皮褶厚度计应与皮褶垂直，右手拇指松开皮褶厚度计卡钳钳柄，使卡钳接口充分夹住皮褶。在皮褶厚度计指针快速回落后立即读数，以 mm 为单位，精确到小数点后一位。（见图 4－8）

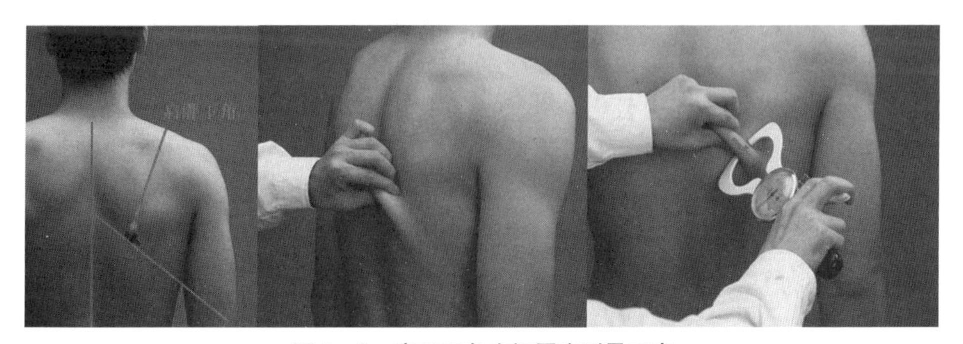

图 4－8　肩胛下角皮褶厚度测量示意

B. 肱三头肌：测量者站在被测者的背后，找到右上臂肩峰后面与鹰嘴连线中点处并标记，在标记点上方约2 cm处，左手拇指、食指和中指沿上肢长轴方向纵向将皮肤和皮下组织捏提起来，其余操作同肩胛下角皮褶厚度测量方法。(见图4－9)

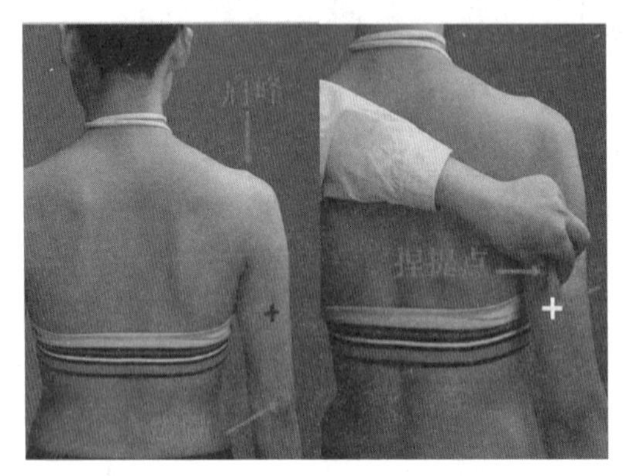

图4－9 肱三头肌皮褶厚度测量示意

C. 脐旁：测量者站在被测者的前方，找到脐水平线与右锁骨中线交界处并标记，左手拇指、食指和中指沿在脐右侧约2 cm处沿躯干长轴方向纵向捏提皮褶，其余操作同肩胛下角皮褶厚度测量方法。(见图4－10)

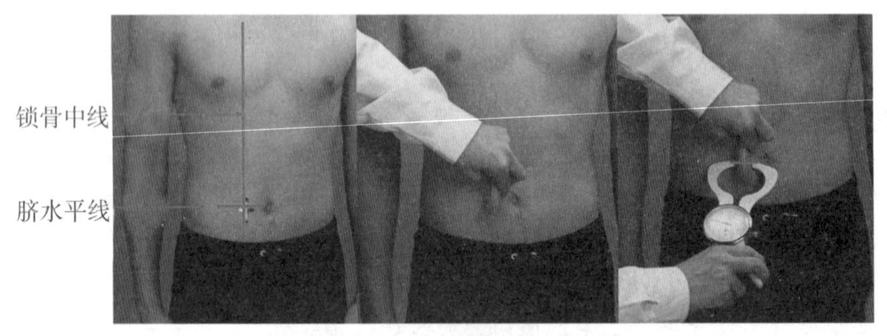

图4－10 腹部皮褶厚度测量示意

(3) 注意事项：测量上臂围时一般测左臂；测量皮褶厚度时应把皮肤和皮下组织一起夹提起来，但是不能把肌肉也夹提住，皮褶厚度计的钳口连线应与皮褶走向垂直，皮褶厚度计的刻度盘和钳口压力应经常校正。

(4) 判定标准：5岁以前儿童上臂围变化不大，我国1～5岁儿童上臂围13.5 cm以上为营养良好，12.5～13.5 cm为营养中等，12.5 cm以下为营养不良。皮褶厚度是衡量个体营养状况和肥胖程度的较好指标，主要表示皮下脂肪厚度，可间接评价人体肥胖与否。具体判定标准如表4－16所示。

表 4－16　不同性别人群皮褶厚度判定肥胖标准

（单位：mm）

性别	肥胖程度		
	瘦	中等	肥胖
男	<10	10～40	>40
女	<20	20～50	>50

数据来源：世界卫生组织网站。

二、婴幼儿体格测量

（一）实验目的

掌握婴幼儿体格测量的方法、注意事项及判定标准。

（二）实验原理

婴幼儿的年龄在医学上一般指 0～3 岁，其中 1 岁以内称为婴儿期，1～3 岁称为幼儿期。营养是婴幼儿生长发育的重要影响因素之一。婴幼儿体格测量最常用的指标是身长、顶臀长、体重、头围、胸围等。在全身的各个系统中，骨骼是最稳定的系统之一，受遗传因素控制作用较强，后天因素的影响需要有一个长期的过程才能体现，所以，身长和顶臀长主要用来反映长期营养、疾病和其他不良因素的影响。

（三）主要试剂与仪器

卧式标准量床（一块底板、两块固定的头板、两块带刻度的围板和一块可移动的滑板组成，最小刻度为 0.1 cm）、婴幼儿体重秤（最大测量值为 50 kg，最小刻度为 0.1 kg）、软尺（长度为 1.5 m，宽度为 1 cm，最小刻度为 0.1 cm），所有仪器均应经质检部门检验合格方可使用。

（四）实验步骤

1. 身长和顶臀长的测量

（1）测量环境要求：由于婴幼儿一般服饰较多，在测量时须脱去部分衣帽，在气温低的情况下测量一定要在房间内进行，并采取保暖措施，房间内尽量保持安静。

（2）测量步骤。

①身长：测量时，被测婴幼儿脱去帽、鞋、袜，穿单衣仰卧于标准量床底板中线上，由一名助手将婴幼儿头扶正，头顶接触头板，测量者位于婴幼儿右侧，左手握住其双膝，使其腿伸直，右手移动滑板使其接触婴幼儿双侧足跟，读取围板上的刻度读数，保留小数点后一位。（见图 4－11）

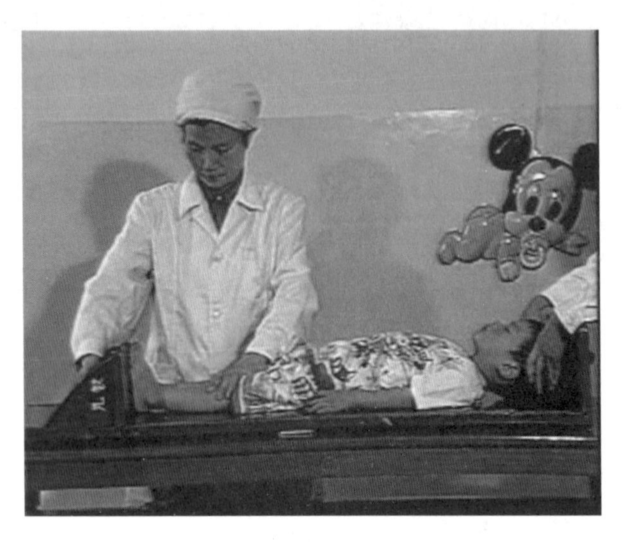

图 4-11 婴幼儿身长测量

②顶臀长：即头顶至臀部的长度。测量时，被测婴幼儿脱去帽、鞋、袜，穿单衣仰卧于标准量床底板中线上，由一名助手将婴幼儿头扶正，头顶接触头板，滑板紧贴其骶骨，测量者位于婴幼儿右侧，左手提起婴幼儿下肢，使其膝关节屈曲，大腿与底板垂直，右手移动滑板使其接触婴幼儿臀部，读取围板上的刻度读数，保留小数点后一位。（见图 4-12）

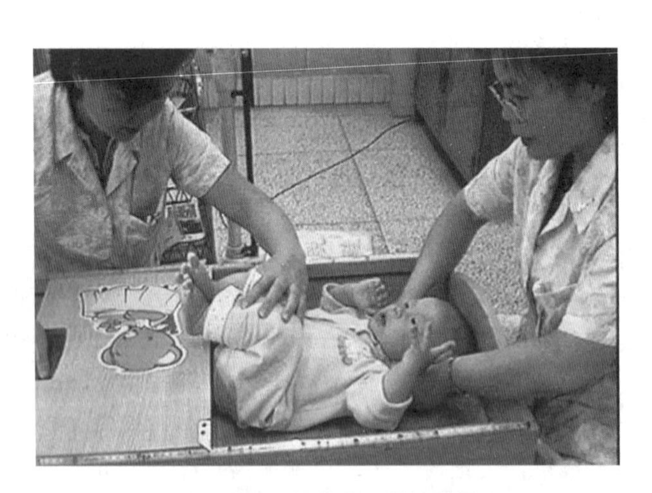

图 4-12 婴幼儿顶臀长测量

（3）注意事项：在测量时应保持婴幼儿头顶和足跟一条直线，防止其出现身体扭动现象。

（4）判定标准：顶臀长在出生时约占身长的 67%，随年龄的增长而下降。

2. 体重的测量

（1）测量环境要求：由于婴幼儿一般服饰较多，在测量时需脱去部分衣帽，在气温低的情况下测量一定要在房间内进行，并采取保暖措施，房间内尽量保持安静。

（2）测量步骤：测量时，根据被测婴幼儿年龄不同，取不同体位进行体重测量，1 岁以下取卧位，1～3 岁取坐位。被测婴幼儿排空大小便，脱去外衣、鞋袜和帽子，着单衣单裤按不同体位要求安定地位于体重秤中央。读数以 kg 为单位，精确到小数点后一位。

如被测婴幼儿哭闹厉害，无法独立完成体重测量，可脱去外衣、鞋袜和帽子，着单衣单裤，由一名大人抱着在成人体重秤上测量总重量，然后单独测量大人的体重，二者之差即为婴幼儿体重。

（3）注意事项：测量读数过程中，不能触碰婴幼儿，同时应防止婴幼儿身体剧烈扭动。如有特殊原因，被测婴幼儿不能多脱衣物，应设法扣除衣物重量。

（4）判定标准：婴儿平均出生体重为 3.3kg（2.5～4.0kg），至半岁时约为出生时体重的 2 倍，1 岁时约是出生时体重的 3 倍，以后每年增长约 2kg。需要注意的是，只要身高体重值在正常范围内，身体无异常病症，不必过分担心。

3. 头围与胸围的测量

（1）测量环境要求：由于婴幼儿一般服饰较多，在测量时需脱去部分衣帽，在气温低的情况下测量一定要在房间内进行，并采取保暖措施，房间内尽量保持安静。

（2）测量步骤。

①头围：被测婴幼儿取坐位或仰卧位，测量者位于婴幼儿右侧或前方，用左手拇指将软尺零点固定于头部右侧眉弓上缘处，软尺经后脑勺枕骨粗隆（后脑勺最突出点）及左侧眉弓上缘回至零点；读取软尺与零点重合处的读数，以 cm 为记录单位，保留小数点后一位。(见图 4－13)

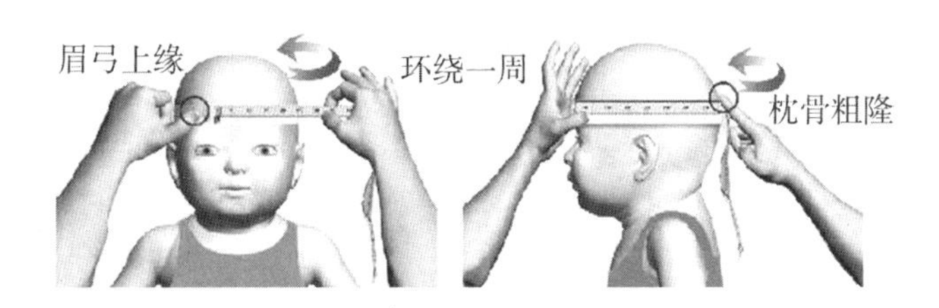

图 4－13　婴幼儿头围测量

②胸围：同上文成人胸围测量。

（3）注意事项：头围测量时，婴幼儿需脱帽，软尺紧贴皮肤，不能打折，长发者将头发在软尺经过处上下分开。

（4）判定标准：一般在出生时，婴儿胸围约小于头围 1～2 cm；随年龄增长，胸廓慢慢发育，1 岁左右，胸围大致等于头围；12～21 个月时，胸围超过头围。在营养状况良好时，胸围赶上头围的时间提前，若 2 岁半时胸围仍比头围小，则考虑营养不良或胸廓、肺发育不良。

（何丽敏　张志宏）

第三节　社区营养监测

居民营养与健康状况是反映一个国家或地区经济与社会发展、卫生保健水平和人口素质的重要指标。定期开展营养与健康监测，可及时了解居民的营养健康状况，发现他们存在的营养与健康问题，也可为政府有针对性地制定营养健康改善政策提供依据。

我国居民营养与健康状况监测是采取多阶段分层整群随机抽样，首先按经济状况将全国31个省（自治区、直辖市）所有县级行政单位（县、县级市、区）分为4层（大城市、中小城市、普通农村、贫困农村）；接着考虑地域和城乡等分层因素，抽取一定数量的县作为监测点；然后根据人口比例，在抽中县/区的4类地区中抽取一定数量的街道/乡镇；再从样本街道/乡镇中抽取一定数量的居（村）委。可见，村庄和社区是营养监测的具体现场实施点。详细见图4－14。

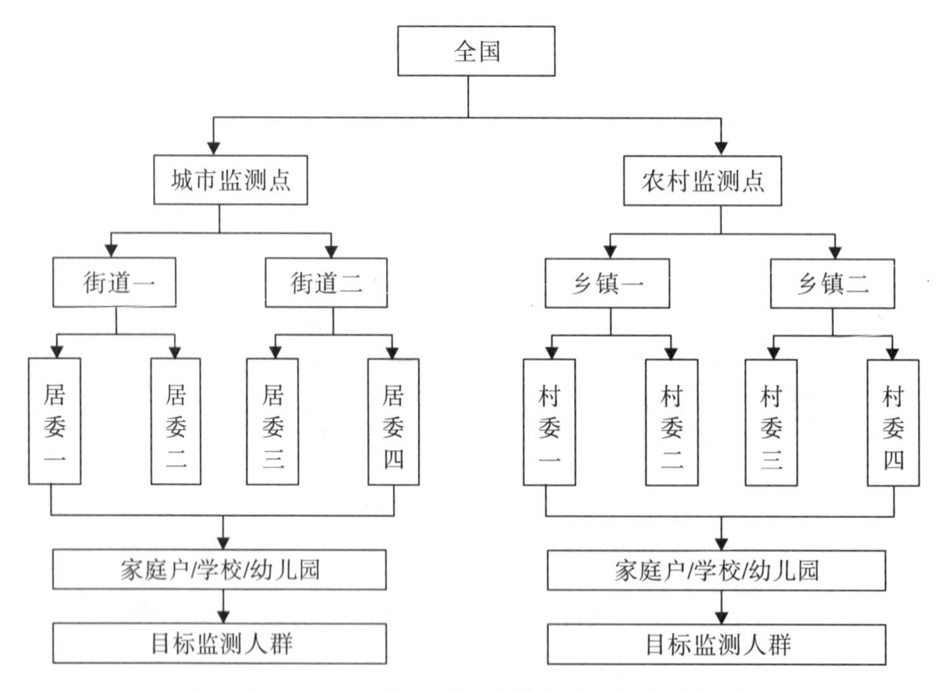

图4－14　我国居民营养与健康状况监测抽样方法

【问题1】什么是营养监测？包括哪些内容？

【问题2】营养监测和营养调查有什么区别？

【问题3】如何开展社区营养监测工作？

一、社区人群的营养监测

营养监测（nutrition surveillance）是指长期动态监测人群的营养状况，同时收集影响人群营养状况的有关社会经济等方面的资料，探讨从政策上、社会措施上改善营养状况和条件的途径。

社区营养监测是指针对社区存在的营养问题，如与营养有关的健康检查，食物摄入，知识、态度和行为，食物供应等问题进行调查以及收集相关信息资料，评价膳食和营养状况对社区人群健康的影响，研究制定相应的对策。一般是由社区营养医师或营养师、全科医师、社区护士组成一个团队来开展社区人群营养监测工作。

（一）社区营养监测的目的

（1）估计社区居民营养问题以及时间、人群的分布。

（2）动态观察社区居民营养状况的变化趋势。

（3）通过社区居民中患病率、发病率的变化，评价干预措施的效果。

（4）找出营养状况不良的易感人群，为制定合理的干预措施提供依据。

（5）确定影响社区居民营养状况的有关因素。

（6）为决策者提供信息，使其能有针对性地调整食物生产、流通政策，有的放矢地解决营养问题。

（二）社区营养监测内容

（1）社区居民营养及相关健康状况的监测。

（2）社区居民食物、能量和营养素摄入情况的监测。

（3）社区居民营养知识、态度、行为和生活方式的监测。

（4）食物供应情况及其影响因素的监测。

（5）食物成分和营养素数据库的监测。

（6）经济发展水平的监测。

（三）社区入选营养监测点需遵循的原则

社区入选营养监测点需遵循可行性和代表性原则。以避免收集到的数据偏大，不能反映真实情况。监测点选取的原则见图4－15。

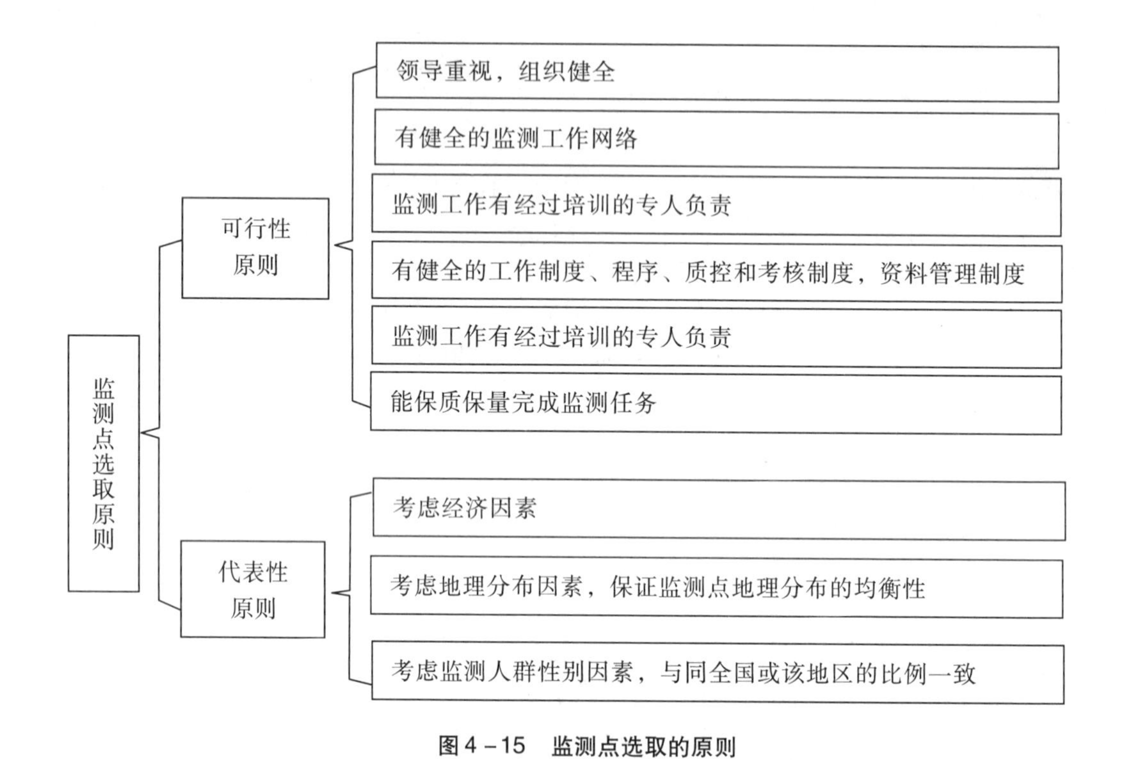

图4－15　监测点选取的原则

如果抽到的监测点不能胜任监测工作时，可以在同类地区进行调换。监测点选择后必须经过建设才能成为一个合格的监测点，包括工作制度的建立、必要设备的配备、人员培训等。

（四）社区营养监测的工作程序

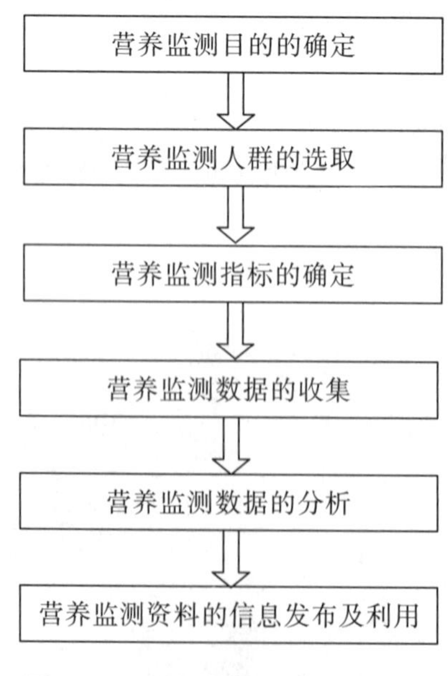

图4－16　社区营养监测的工作程序

1. 营养监测目的

营养监测的最终目的都是为政府有关部门制定干预政策和决策提供参考。主要包括6个方面，见“（一）社区营养监测的目的”所述。

2. 确定营养监测人群

根据营养监测的目的，确定营养监测人群，如全人群、0～5岁儿童、学龄儿童、青少年、孕产妇、乳母、老年人等。

通常，监测人群是在监测点内的正式户口的散居人群，不包括临时居住人口。

监测人群的选取既要保证样本有代表性，又要避免样本过多，而造成人力和财力的大量消耗。

（1）样本量计算。

根据监测指标计算出层样本量（最小样本量），常用公式：

$$N = \frac{\mu_{\alpha}^{2} \times \pi\ (1-\pi)}{\delta^{2}} \times deff$$

其中，

π：为监测指标中某种疾病的患病率，通常选取患病率最低的那个。

δ：为允许误差，通常控制在10%～15%以内，以保证精确度。

deff：随机效应，根据世界卫生组织建议，通常取值1.5。

以保证准确度，通常取95%可信限，即$\mu_{\alpha}=1.96$。

通常还要考虑监测对象的失访率，一般按10%计算，因此，需要在原样本量的基础上，增加10%的监测对象，即最终的样本量为$N\times(1+10\%)$。

（2）考虑分层因素。

抽样时还要考虑经济、性别等因素，如应考虑监测对象性别比例与全国或该监测地区的比例一致。

3. 营养监测指标的确定

（1）营养监测指标确定原则。

选择监测指标时应考虑其灵敏性、特异性与可行性。

①灵敏性：灵敏性是指检测出真实阳性的能力。选用的指标必须是很灵敏的，在明显症状出现之前就能测出不良变化。

②特异性：特异性是指排除假阳性的能力。也就是说指标既要检出正阳性，又能将假阳性排除掉。

③可行性：指标的可行性很重要，可行性是指所选定的监测指标可否为人群及地区所接受，可行性程度常常可反映出人们的参与程度、费用负担程度、器材设备与操作方法的复杂程度和结果统计分析处理的能力等。

监测指标宜少不宜多，使监测项目易于开展，并尽可能多地选用无损伤性的监测指标。实际工作中，还要考虑收集这些指标数据所需耗费的人力物力资源以及调查对象接受的程度。

（2）常用的营养监测指标。

第一，健康指标：健康指标的选择随地区而异；应根据可得到的资料及基线调查数据而定。WHO 推荐的与健康有关的指标见表 4－17、表 4－18。

表 4－17 营养监测的健康状况指标

测量项目	设备	工作人员	临界值	指标	汇总次数
出生体重	人体秤	保健人员 接生员	低于 2500 克	<2500 克的人数（%）	季度
按年龄体重	人体秤	保健人员 社会工作者	小于参考值—2SD	低于或高于限值的人数（%）	季度
按身高的体重（2 岁以后）	人体秤 身高测量尺	保健人员 社会工作者	小于参考值—2SD	低于或高于限值的人数（%）	季度
按年龄身高（入学时）	测量尺	学校 保健人员	小于参考值—2SD	低于或高于限值的人数（%）	年度
特殊年龄（0～4）岁死亡数	死亡登记卡片	地方官员 保健人员	—	均数和变化趋势	年度
哺乳/喂养方式（3 月）	记录卡	保健人员	—	每种喂养方法的人数%	年度
某种营养缺病的新病例	体检记录	保健人员	—	新病例的人数%	必要时

表 4－18 特殊情况下营养监测的附加指标

测量项目	建议临界值	年龄组（岁）	指征
上臂围测量	参考数值的 85%	1～5	蛋白质－能量营养不良
毕脱氏斑伴有结膜干燥症	2.0% 的儿童	0～5	干眼病－活动期
（角膜干燥）＋（角膜干燥伴有角膜溃疡）＋（角膜瘢痕）	0.01% 的儿童	0～5	干眼病－活动期
角膜瘢痕	0.1% 的儿童	0～5	干眼病－陈旧
血清维生素 A < 100 微克/升	5% 的儿童	0～5	维生素 A 缺乏病
血红蛋白	轻度 110g/L 中度 90g/L	0.5～6 岁和妊娠妇女	贫血
血红蛋白	轻度 120 g/L 中度 100 g/L	6～14 和 > 14 岁的妇女	贫血
血红蛋白	轻度 130 g/L 中度 110g/L	> 14 岁男子	贫血

续表 4－18

测量项目	建议临界值	年龄组（岁）	指征
地方性甲状腺肿Ⅰ度和Ⅱ度以上	5%青春期和青春前期青少年	青少年	碘缺乏
Ob 度和以上	30%的成人		碘缺乏

有肥胖和有慢性疾病的人群还应选择下列指标：

①血清胆固醇和甘油三酯；②血压；③三头肌皮褶厚度（>中位数+2SD）；④按身高的体重各年龄组特别是成年人（>中位数+2SD 或参考标准的 120%）；⑤冠心病死亡率。

第二，社会经济指标：WHO 推荐的营养监测的社会经济指标主要包括经济状况指标、环境指标和各种服务指标，详见表 4－19。

表 4－19　营养监测的社会经济指标

监测内容	内容分类	备注
经济状况	（1）再生产的物质财富 ①住房：结构类型/房间数/每间住人数/电器化/供水 ②耐用消费品：如电视机/机动车/家畜 ③储蓄存款/收入 ④设备：如农具、经商用具	反映个人收入常用的指标有：Engel 指数、收入弹性、人均收入及人均收入增长率
	（2）不再生产的自然财富 ①拥有土地面积 ②农业供水	
	（3）无形的财富 ①教育水平，受教育年限 ②文化程度 ③职业	
环境指标	（1）供水 ①家庭水源类型 ②离水源距离 ③供水质量（季节性）	
	（2）粪便及垃圾处理 ①厕所设施类型 ②处理垃圾类型年度	

总标准人日数 = 1 × 1.5 + 1800/2250 × 2 + 1400/2250 × 1.5 = 4（标准人日）

7. 混合系数

为调查群体中总标准人日数与总人日数的比值。计算公式为：

混合系数 = 总标准人日数 ÷ 总人日数

当将调查群体中平均每人每日各种食物摄入量折算为标准人平均每日各种食物摄入量时需用混合系数进行折算。计算公式为：

标准人平均每日各种食物摄入量 = 平均每人每日各种食物摄入量 ÷ 混合系数

例如：对某单位食堂进行膳食调查，调查时间为 3 天，调查的用餐人群由三类人员组成，其中能力需要量为 2600kcal/d 的有 10 人，为 2250kcal/d 的有 15 人，为 1800kcal/d 的有 20 人，调查期间所有人三餐均在食堂用餐；该人群平均每人每日蛋白质的摄入量为 65 g。

问题 1：计算该人群的混合系数。计算方法如下：

首先计算总人日数和总标准人日数

总人日数 =（10 + 15 + 20）× 3 = 135（人日）

总标准人日数 =（2600/2250 × 10 + 1 × 15 + 1800/2250 × 20）× 3 = 127.7（标准人日）

混合系数 = 127.7 ÷ 135 = 0.95

问题 2：计算该人群折合标准人平均每日蛋白质的摄入量。

标准人平均每日蛋白质摄入量 = 65 ÷ 0.95 = 68.4（g）

二、膳食调查方法

膳食调查通常采用的方法有称重法、24 小时回顾法、记账法、食物频率法及化学分析法等。应根据需要选择其中一种或将几种方法联合使用。

（一）称重法

称重法是指调查期间对某一伙食单位或个人每日所摄入的各种食物进行称重，进而了解调查对象食物消费情况的一种方法。一般调查 3 ～ 7 天。

1. 设计称重法调查表

（1）调查个人。

调查个人时，采用表 4 - 1 记录被调查人的食物消费量。

续表 4 – 19

监测内容	内容分类	备注
环境指标	(3) 社区资料 ① 海拔高度/地形一次 ② 人口数 ③与服务部门（卫生、教育、银行/信用社、农业机构）距离	
各种服务	①医疗卫生机构数 ②每千人中床位数 ③每千人中医生、护士数	

(3) 人群营养状况指标。

如食物与营养素摄入量、膳食结构变化等。

(4) 饮食行为与生活方式指标。

职业、膳食、吸烟、饮酒、高血压和高血脂、高血糖、体力活动及生活规律等情况，以及知识、态度和行为的改变等。

(5) 用于特定目的所需的营养监测指标。

如用于评价营养干预项目的营养监测指标，营养干预项目包括：补充喂养、营养康复、营养教育、强化食物等。WHO 推荐的不同类型营养干预项目的常用监测指标，详见表 4 – 20。

表 4 – 20　用于评价某些营养干预项目的营养监测指标

干预项目	目标	主要指标
学龄前儿童营养干预	① 减少蛋白质 – 能量营养不良 ② 减少发病率 ③ 减少婴幼儿死亡率	① 身高、体重：身高/年龄，体重/年龄，体重/身高； ② 疾病状况：发病率、发生次数、持续时间
学校供餐	① 改善营养状况 ② 增加食物摄入 ③ 提高入学和到校率 ④ 改进教学质量	① 身高、体重 ② 入学和到校人数 ③ 其他人体测量和生化指标 ④ 食物消费量 ⑤ 教学质量检查
营养加餐	① 提高生产率 ② 增加收入及食物消耗	① 家庭支出调查 ② 体力活动 ③ 能量消耗

续表 4－20

干预项目	目标	主要指标
营养康复	① 儿童康复 ② 成人康复	① 临床症状 ② 人体测量：体重增加
孕妇营养加餐	① 减少分娩危险 ② 减少低出生体重婴儿 ③ 降低婴儿死亡率	① 孕期体重增加出生婴儿体重增加 ② 围产期死亡率 ③ 婴儿死亡率

4. 营养监测数据的收集

收集营养监测数据的目的是找出该监测范围（如某社区）的主要营养问题，评价营养干预措施的效果，为卫生决策提供依据，从而不断提高人群的健康水平。

（1）前期准备。

①人员培训：项目开展前需对参与监测的工作人员进行数据收集和现场调查方法的培训。

②材料准备：常用材料见下表 4－21。

表 4－21　营养监测常用材料

项目	材料
测量设备	身高（长）计、体重计、测量尺等
器材与试剂	实验室器材、检测试剂等
调查表或填报卡	基本信息调查表、膳食调查表、相关信息填报卡等
培训教材	有现成的，可直接选用；也可以自行设计制作
数据处理设备	计算机、网络设备、存储设备等
出版物	监测工作宣传材料、营养知识宣传材料

③预试验：在正式监测活动开展之前，抽取部分监测对象对所监测的内容进行预试验，根据发现的问题和不足，进行纠正和弥补。

（2）收集数据。

营养监测收集的数据主要包括两类：一类是现有资料收集，另一类是通过现场调查获得数据资料。

①现有资料收集：现有资料收集主要内容及收集途径见表 4－22。

表4－22　现有资料收集内容及途径

主要内容	收集途径
① 人口普查资料：如总人口数、性别比等 ② 政府相关部门的统计资料：如人均国民生产总值（GNP） ③ 卫生部门常规收集的资料：如计划免疫接种率 ④ 社区资料：生态区、海拔高度/地形、水源、耕作类型、收割方式、社区周边情况、与服务部门的距离等 ⑤ 家庭资料：家庭成员的职业、收入、教育水平、拥有土地面积、信贷、生产投资、应用技术 ⑥ 个人资料：如个人基本情况、家庭状况、社区状况、人群营养素和食物摄入情况，体格检查等	① 卫生系统、门诊：儿童的体重、年龄及疾病情况 ② 学校：在校学生身高、体重、疾病情况 ③ 其他部门：如可从户籍管理部门获得人口数据；从人口普查办公室可获得人口普查数据；从计划、经济管理部门可获得经济水平和发展计划；从商业、经济管理部门可获得食品生产、流通、销售情况

②现场调查数据收集：现场调查数据收集内容见表4－23。

表4－23　现场调查数据资料主要内容

调查项目	主要内容
询问调查	① 采用集中或入户的调查方式，调查被监测对象的家庭经济收入、家庭一般状况以及家庭人口等 ② 调查被监测对象的一般情况（年龄、民族、婚姻状况、教育、职业等），主要慢性疾病的现患状况及家族史、吸烟、饮酒、体力活动等情况，营养及慢性病有关知识、饮食习惯
医学体检	① 调查所有被监测对象的身高（2岁以下儿童测身长）和体重，头围（6岁以下儿童）、腰围、血压和心率等指标
实验室检测	① 采集被监测对象的血液样品，测定血红蛋白、血糖和糖耐量、血脂、血清维生素A、维生素D及血清铁蛋白等指标
膳食调查	① 称重法：调查油和调味品 ② 24小时回顾法：调查除油和调味品之外的其他食物 ③ 食物频率法：调查较长期的膳食结构

（3）数据整理。

①数据核查：收集的数据量大时，随机抽取一部分来复核数据的完整性和准确性，检查有无漏项和编码填写错误等。但当数据量不多时，应全部复查。

②数据录入：A. 采用统一的数据录入程序进行数据录入；B. 营养监测数据录入人员需经过统一培训，考核合格后方可参加正式录入。

③建立数据库：A. 各类数据文件规定统一命名；B. 数据库整理后，要按要求进行报

送，如按要求报送给国家营养监测中心；C. 上报的数据经汇总后，统一处理，建立总的数据库，如国家级营养监测数据库；D. 负责机构如国家营养监测中心，给不同的相关机构和部门分配数据库的访问权限。

④数据的保管：原始数据资料应有专人保管；计算机数据应注意保密，防止被更改，并有专门硬盘或光盘备份。

（4）营养监测资料的质量控制。

监测资料质量控制应以资料的正确性、完整性、可靠性、可比性为标准。

①正确性：指收集的资料数据与客观实际的符合程度；资料中任何一项错误都会影响整个资料的正确性。

②完整性：指被监测对象的信息应尽可能地收集到，力求资料的完整性。

③可靠性：指不同的调查人员，在不同的调查场合下，调查同一个调查对象，能否获得相同的调查结果。

④可比性：指监测资料除了能用来反映监测点居民营养状况的变化及其影响因素外，应还能与全国各监测点资料进行分析比较，用于反映全国居民营养状况的变化及其影响因素。可采用统一监测工作标准、要求、调查分析方法来提高监测点资料的可比性。

5. 营养监测资料分析

指从收集的大量数据资料中，选择合理的统计指标，采用相应的统计分析方法进行分析，从中得出有价值的结论。根据营养监测资料性质、涉及人群、食物和营养素摄入情况、影响因素、变化趋势、干预效果等方面，从多个角度对数据进行分析。

常用的分析方法有描述性分析、趋势性分析和干预性分析。可利用统计学、数学、计算机、信息学、实验科学、临床医学以及行为科学、卫生经济、卫生管理等学科理论与方法对监测资料进行分析处理。

6. 营养监测资料的信息发布及利用

营养监测的结果可以通过监测系统、正式简报、非正式报告（会议、专业接触）、出版物等综合方式发布。

营养监测结果的利用包括：①发现高危人群，制定或评价营养目标；②制订营养干预措施；③制定相关法律、政策和指南；④营养的科学研究、科普宣教；⑤监测和引导食物的生产、加工、对外贸易和改进国民膳食结构。此外，还可用于建立国家营养领域的信息系统，加强营养信息交流，促进营养信息资源共享。

（五）社区营养监测案例

拟对海南某社区 0～5 岁儿童营养状况进行监测，操作流程如图 4－17 所示。

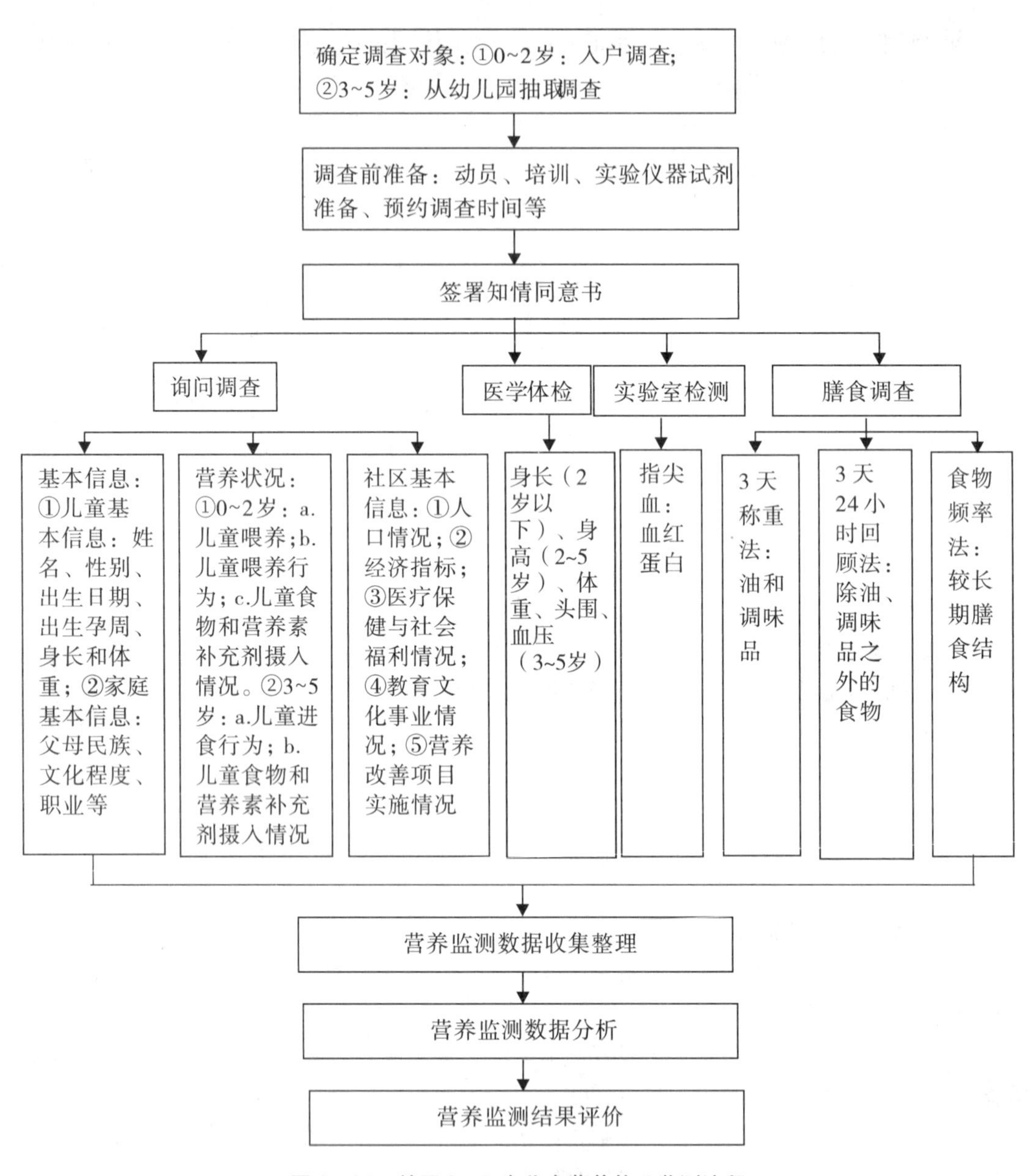

图4－17　社区0～5岁儿童营养状况监测流程

（冯棋琴　张志宏）

第五章 | 案例分析

第一节　食源性疾病及食物中毒公共卫生事件处理

海南省是中国的经济特区、自由贸易试验区，具有丰富的旅游资源。截至2020年5月20日，海南省共有A级景区66个，其中5A级景区6个、4A级景区20个、3A级景区28个、2A级景区12个。2020年6月29日，财政部、海关总署、税务总局发布《关于海南离岛旅客免税购物政策的公告》，自2020年7月1日起实施增加了免税购物额度和离岛免税商品品种，取消了单件商品8000元的免税限额规定。该举措吸引了国内外的无数游客，2020年，海南省接待游客6455.09万人次。游客们来到海南，肯定要品尝当地特色的美食，因此食品安全至关重要，食源性疾病暴发的调查和处理是必须引起重视的问题。某市卫生监督所于2020年8月3日早8时接到XX医院的电话报告。报告称该医院收治了34名疑似食源性疾病病人，这些病人均为散客团游客，8月2日中午在某海鲜大排档就餐后，下午陆续出现症状而到XX医院就诊，主要表现为上腹部阵发性绞痛、腹泻、呕吐等症状，部分患者轻微发热。

【问题1】食源性疾病调查处理的主要目的是什么？

【问题2】当发生食源性疾病事故时，应如何组织调查和处理？

一、食物中毒现场调查处理的主要目的

（1）查明食物中毒发病原因，确定是否为食物中毒及中毒性质；确定食物中毒病例；查明中毒食品；确定食物中毒致病因子；查明致病因子的致病途径。

（2）查清食物中毒发生的原因和条件，并采取相应的控制措施防止蔓延。

（3）为病人的急救治疗提供依据，并对已采取的急救措施给予补充或纠正。

（4）积累食物中毒资料，分析中毒发生的特点、规律，制定有效措施以减少和控制类似食物中毒的发生。

（5）收集对违法者实施处罚的依据。

二、报告登记

食物中毒或疑似食物中毒事故的流行病学调查，应使用统一的调查登记表登记食物中毒事故的有关内容，尽可能包括发生食物中毒的单位、地点、时间、可疑及中毒病人的人数、进食人数、可疑中毒食品、临床症状及体征、病人就诊地点、诊断及抢救和治疗情况等；同时，应通知报告人采取措施保护现场、留存病人呕吐物及可疑中毒食物等，以备后续的取样和送检。

三、食物中毒的调查

接到食物中毒报告后，应立即指派 2 名以上相关专业人员赴现场调查，对涉及面广、事故等级较高的食物中毒，应成立由 3 名以上调查员组成的流行病学调查组。调查员应携带采样工具、无菌容器、生理盐水和试管、棉拭子等，以及卫生监督笔录、采样记录、卫生监督意见书、卫生行政控制书等法律文书，取证工具、录音机、摄像机、照相机、食物中毒快速检测箱、各类食物中毒的特效解毒药、记号笔、白大衣、帽子及口罩等。

（一）现场卫生学和流行病学调查

包括对病人、同餐进食者的调查，对可疑食品加工现场的卫生学调查（参考本章附录）。应尽可能采样并进行现场快速检验，根据初步调查结果提出可能的发病原因、防控及救治措施。

（1）对病人和进食者进行调查，以了解发病情况：调查内容包括各种临床症状、体征及诊治情况，应详细记录其主诉症状、发病经过、呕吐和排泄物的性状、可疑餐饮（无可疑餐次应调查发病前 72 小时的进食情况）的时间和食用量等信息。

通过对病人的调查，应确定发病人数、共同进食的食品、可疑食物的进食者人数范围及其去向、临床表现及其共同点（包括潜伏期、临床症状、体征），掌握用药情况和治疗效果，并提出进一步的救治和控制措施建议。

对病人的调查应注意：①调查人员首先要积极参与组织抢救病人，切忌不顾病人病情而只顾向病人询问；②应重视首发病例，并详细记录第一次发病的症状和发病时间；③尽可能调查到所发生的全部病例的发病情况，如人数较多，可先随机选择部分人员进行调查；④中毒病人临床症状调查应按规范的“食物中毒病人临床表现调查表”进行逐项询问调查和填写，并须经调查对象签字认可，对住院病人应抄录病历有关症状、体征及化验结果；⑤进餐情况应按统一制定的“食物中毒病人进餐情况调查表”调查病人发病前 24 ～ 48 小时进餐食谱，进行逐项询问和填写，以便确定可疑中毒食物，而中毒餐次不清时，需对发病前 72 小时内的进餐情况进行调查，调查结果亦须经调查对象签字认可；⑥调查时应注意了解是否存在食物之外的其他可能的发病因子，以确定是否为食物中毒，对可疑刑事中毒案件应及时通报公安部门。

（2）可疑中毒食物及其加工过程调查：在上述调查的基础上追踪可疑中毒食物的来源、食物制作单位或个人。对可疑中毒食物的原料及其质量、加工烹调方法、加热温度和时间、用具和容器的清洁度、食品贮存条件和时间、加工过程是否存在直接或间接的交叉污染、进食前是否再加热等进行详细调查。在现场调查过程中发现的食品污染或违反食品安全法规的情况，应进行详细记录，必要时进行照相、录像、录音等取证。

（3）食品从业人员健康状况调查：疑为细菌性食物中毒时，应对可疑中毒食物的制作人员进行健康状况调查，了解其近期有无感染性疾病或化脓性炎症等，并进行采便及咽部、皮肤涂抹采样等。

（二）样品的采集和检验

1. 样品的采集

（1）食物样品采集：尽量采集剩余可疑食物。无剩余食物时可采集用灭菌生理盐水洗刷可疑食物的包装材料或容器后的洗液，必要时还应采集可疑食物的半成品或原料。

（2）可疑中毒食物制、售环节的采样：应对可疑中毒食品生产过程中所用的容器、工（用）具如刀墩、砧板、筐、盆、桶、餐具、冰箱等进行棉拭子采样。

（3）病人呕吐物和粪便的采集：采集病人吐泻物应在病人服药前进行，无吐泻物时，可取洗胃液或涂抹被吐泻物污染的物品。

（4）血、尿样采集：疑似细菌性食物中毒或发热病人，应采集病人急性期（3 天内）和恢复期（2 周左右）静脉血各 3 mL，同时采集正常人血样作对照。对疑似化学性食物中毒者，还需采集其血液和尿液样品。

（5）从业人员可能带菌样品的采集：使用采便管采集从业人员大便（不宜留便）。对患有呼吸道感染或化脓性皮肤病的从业人员，应对其咽部或皮肤病灶处进行涂抹采样。

（6）采样数量：对发病规模较大的中毒事件，一般至少应采集 10 ～ 20 名具有典型症状病人的相关样品，同时采集部分具有相同进食史但未发病者的同类样品作为对照。

2. 样品的检验

（1）采集样品时应注意避免污染并在采样后尽快送检，不能及时送样时应将样品进行冷藏保存。

（2）结合病人的临床表现和流行病学特征，推断导致食物中毒发生的可能原因和致病因子的性质，从而选择针对性的检验项目。

（3）对疑似化学性食物中毒，应将所采集的样品尽可能地用快速检验方法进行定性检验，以协助诊断和指导救治。

（4）实验室在收到有关样品后应在最短的时间内开始检验，若实验室检验条件不足时，应请求上级机构或其他有条件的部门予以协助。

（三）取证

调查人员在食物中毒调查的整个过程中必须注意取证的科学性、客观性、法律性，可充分利用录音机照相机、录像机等手段，客观地记录下与当事人的谈话及现场的卫生状况。在对有关人员进行询问和交谈时，必须做好个案调查笔录并经调查者复阅签字认可。

四、调查资料的技术分析

（一）确定病例

病例的确定主要根据病人发病的潜伏期和各种症状（包括主诉症状和伴随症状）与体征的发生特点，并同时确定病人病情的轻重分级和诊断分级；确定流行病学相关因素。提出中毒病例的共同性，确定相应的诊断或鉴定标准，对已发现或报告的可疑中毒病例进行鉴别。

（二）对病例进行初步的流行病学分析

绘制发病时间分布图，可有助于确定中毒餐次；绘制发病的地点分布地图，可有助于确定中毒食物被污染的原因。

（三）分析病例发生的可能病因

根据确定的病例和流行病学资料，提出是否属于食物中毒的意见，并根据病例的时间和地点分布特征、可疑中毒食品、可能的传播途径等，形成初步的病因假设，以采取进一步的救治和控制措施。

（四）对食物中毒的性质做出综合判断

根据现场流行病学调查、实验室检验、临床症状和体征、可疑食品的加工工艺和储存情况等进行综合分析，按各类食物中毒的判定标准、依据和原则做出综合分析和判断。

五、食物中毒事件的控制和处理

（一）现场处理

食品安全事故发生单位应当妥善保护可能造成事故发生的食品及其原料、工具、用具、设施设备和现场。任何单位和个人不得隐匿、伪造、毁灭相关证据。调查组成立后应当立即赶赴现场，按照监督执法的要求开展调查。根据实际情况，可以采取以下措施。

（1）通过取样、拍照、录像、制作现场检查笔录等方法记录现场情况，提取相关证据材料。

（2）责令食品生产经营者暂停涉事食品、食品添加剂及食品相关产品的生产经营和使用，责令食品生产经营者开展全面自查，及时发现和消除潜在的食品安全风险。

（3）封存可能导致食品安全事件的食品、食品添加剂及食品相关产品，必要时立即进行检验，确属食品质量安全问题的，责令相关食品生产经营者将问题产品予以下架、退市，依法召回。

（4）查封可能导致食品安全事件的生产经营活动的场所。

（5）根据调查需要，对发生食品安全事件的有关单位和人员进行询问，并制作询问调查笔录。

（二）对救治方案进行必要的纠正和补充

通过以上调查结果和对中毒性质的判断，对原救治方案提出必要的纠正和补充，尤其应注意对有毒动、植物中毒和化学性食物中毒是否采取针对性的特效治疗方案提出建议。

（三）处罚

调查过程中发现相关单位涉及食品违法行为的，调查组应当及时向相关食品药品监督管理部门移交证据，提出处罚建议。相关食品药品监督管理部门应当依法对事发单位及责任人予以行政处罚；涉嫌构成犯罪的，依法移送司法机关追究刑事责任。发现其他违法行为的，食品药品监督管理部门应当及时向有关部门移送。

（四）信息发布

依法对食物中毒事件及其处理情况进行发布，并对可能产生的危害加以解释和说明。

（五）撰写调查报告

调查工作结束后，应及时撰写食物中毒调查总结报告，按规定上报有关部门，同时作为档案留存和备查。调查报告的内容应包括发病经过、临床和流行病学特点、病人救治和预后情况、控制和预防措施、处理结果和效果评估等。

食物中毒调查处理案例分析

一、要采取哪些应急措施

(1) 成立食物中毒调查处理小组。
(2) 对患者的救治。
(3) 对可疑食物的控制。

二、调查前要做哪些准备工作

接到食物中毒报告后，除做好以上应急措施，同时应进行食物中毒现场调查处理的各项准备工作。

(一) 人员准备

一般要指派2名以上食品卫生专业人员赶赴现场调查，对涉及面广、疑难的食物中毒应配备检验人员和有关专业人员协助调查。

(二) 物质准备

食物中毒调查必备物品，包括采样用品。

(三) 法律文书

现场卫生监督记录、调查记录、采样记录、卫生监督意见书等。

(四) 取证工具

录音机、照相机等。

(五) 食物中毒快速检测箱

(六) 交通工具准备

应备有疫情调查专用车，随时待命，以便迅速赶赴现场。

三、如何开展现场调查？如何确定食物中毒的致病原因

(一) 了解发病情况

调查人员赶赴现场听取病情介绍。

(二) 中毒患者临床表现和进餐史调查

按统一制定的“食物中毒临床表现调查表”逐项填写，并请患者签字认可。

本次食物中毒事故，临床调查结果如下：患者均以胃肠道症状为主，80%病人潜伏期为6～8小时，最短4小时，最长20小时。病人主要临床症状为上腹阵发性绞痛，继而腹泻，每日4～6次，多者达10次以上。粪便为水样或糊状，约有15%的患者出现洗肉水样血水便，少数有黏液或黏液血便，但没有里急后重症。多数患者在腹泻后出现恶心、呕吐，体温为37.5～39.5℃。回盲肠部有明显压痛，病程1～8天，大部分2～4天。

（三）进餐调查

按统一制定的“食物中毒患者进餐情况调查表”对患者发病前24～48小时进餐情况逐项询问填写，以便确定可疑食物。

本次食物中毒调查结果为：本次中毒共34人，都是外地游客，8月2日中午在某海鲜大排档就餐，病人均在24小时内发病，以腹部阵发性绞痛、腹泻为主，粪便为水样便，部分病人出现洗肉水样血水便，并伴有呕吐、发热。初步判定是一起细菌性食物中毒。

（四）可疑食物调查

根据“食物中毒患者进餐情况调查表”的分析结果，调查人员应追踪至某海鲜大排档，对可疑中毒食物的原料、质量、加工烹饪方法、加热温度、加热时间、用具容器的清洁度和食品储备条件进行调查，同时采集剩余的可疑食物并对可能污染的环节进行采样。

经过调查询问，本次食物中毒病人都是外地游客，都在某海鲜大排档吃过海鲜。进一步调查发现，发病者绝大多数是男性，女性较少，原因是有一道“蒜蓉粉丝扇贝”烹饪时间过短，多数女性游客认为腥气太重而没吃这个菜，但男性游客则不以为然。所有吃过这道菜的人都发病，而未吃者无一发病。查询疫情资料证明，近期当地没有类似临床特征的传染病流行。由此认为，发病当天中午是中毒餐次，“蒜蓉粉丝扇贝”是可疑中毒食物。

四、如何进一步取证

食物中毒调查的整个过程，从某种意义上讲是一个取证过程，因此，调查人员必须注意证据的客观性、科学性、法律性，要充分利用录音机、照相机等器材，客观地记录下与当事人的谈话和现场卫生状况，向有关人员询问时，必须做好个案调查记录，并经被调查者签字认可。根据现场流行病学调查和实验室检验可确定食物中毒的原因。

本次食物中毒事件，调查人员对中毒可疑食物进行了流行病学调查，经调查，该酒店是前一天（1日）下午从XX海鲜批发商购买的扇贝，该批次共20 kg，均为鲜活。在海水中暂养，分别供应8月1日晚餐、夜宵和8月2日午餐，由于8月2日午餐就餐人数多，炊事人员忙中生乱忘了烹饪时间，扇贝没有蒸熟就端上了餐桌。而该桌就餐人员都是内陆城市游客，以为海鲜就要“半生不熟”吃才新鲜，并没有对菜品质量进行反馈。

五、如何进行现场采样和检验

（一）患者呕吐物的采集

采集患者呕吐物应在患者服药前进行。对疑似细菌性食物中毒，应采集患者急性期（3天内）和恢复期（2周左右）静脉血3 mL。

（二）食物采集

采集剩余可疑食物，必要时也可采集可疑食物的半成品或原料。

本起食物中毒事件调查人员以无菌操作，采集了海鲜销售摊点、酒店剩下的扇贝及餐桌剩下的扇贝各一份，呕吐物6份，病人发病时血液及同一人2天后血液、粪便各14份。样品经加注标签，编号，严密封袋，并附加采样时间、条件、重点怀疑病原（副溶血性弧菌)，签字后送至实验室检验，实验室按肠道致病菌检验常规，经增菌、分离、纯培养，生化检验、血清学鉴定，从所有扇贝及病人吐、泻物中均检出了副溶血性弧菌。14 份病人血清对本菌凝集效价均比发病当时显著升高，均增至 1∶40～1∶320。

六、对食物中毒如何处理

（一）控制措施

确认疑似食物中毒后，调查人员要依法采取行政控制措施，防止食物中毒范围扩大。

（二）控制范围

包括封存可疑食物及其原料，被污染的食品用具、加工设备、容器，并责令其清洗、消毒。

（三）行政控制

使用加盖市场监督管理部门印章的封条进行封存可疑食物及其原料，下达“行政控制决定书”。在紧急情况下，调查人员可现场封存并做记录，然后报卫生行政部门批准，补送“行政控制决定书”，行政控制时间为 15 天，卫生行政部门应在封存之日起 15 天内完成对封存物的检验或做出评价，并做出销毁或解封决定。

本次食物中毒处理如下：市场监督管理部门当即责令该酒店停止食用“扇贝”、就地封存，并通过进货渠道，找到卖“扇贝”的摊点，也一并就地封存，凡接触过“扇贝”的工具、器皿一律消毒处理。

（四）追回、销毁导致中毒的食物

经过现场调查与检验结果，对确认的食物中毒卫生部门可直接予以销毁，也可在卫生行政部门的监督下，由肇事单位自行销毁，对已经售出的中毒食物要责令肇事者追回销毁。

（五）中毒场所处理

根据不同性质的食物中毒，对中毒场所采取相应措施。对接触细菌性食物中毒的餐具、用具、容器、设备等，用 1%～2% 碱水煮沸消毒或用有效氯含量为 150～200 mg/L 的氯制剂溶液浸泡消毒；对接触化学性食物中毒的类似物品，要用碱液进行彻底清洗。

（六）对急救治疗方案进行必要的纠正与补充

七、如何进行行政处罚

现场调查处理后，调查人员应对流行病学调查资料进行整理分析，结合实验室结果做出最后诊断，写出完整的调查报告。

市场监督管理部门一般对生产经营单位可采取一些处罚措施。处罚措施包括警告、停业整顿、限期改进、销毁食品、没收违法所得、罚款、吊销卫生许可证等。具体采取哪种处罚措施，卫生行政部门应按违法事实、证据、适用有关法律，制作执法文书，按执法程序进行行政处罚。

附录　食品安全事故流行病学调查参考表格

2020 年 8 月 2 日中午在某某饭店就餐的某某旅行团的人员请回答以下问题

第一部分　基本信息

1. 被调查对象类别（根据临床信息调查结果进行判定）

疑似病例□　食源性聚集性病例□　确诊病例□　非病例□

2. 姓名：　　　3. 性别：男性□ 女性□　4. 出生日期：　年　月（年龄：　岁）

5. 家庭住址：

6. 电话：

第二部分　临床信息

7. 2020 年 8 月 2 日您中午在某某饭店就餐后到调查之日是否出现腹泻、腹痛、恶心、呕吐、发热、头痛、头晕等任何不适症状？是□　否□（跳转至问题 15）。

8. 发病时间：　月　日　时（如不能确定几时，可注明上午、下午、上半夜、下半夜）。

9. 首发症状：

10. 是否有以下症状（调查员对以下列出的疾病相关症状进行询问，并在“□”中划√，如果症状仍在持续，编码填写 999）

腹泻	有□（　次/天）	无□	不确定□	持续时间	□□□
腹痛	有□（　次/天）	无□	不确定□	持续时间	□□□
恶心	有□（　次/天）	无□	不确定□	持续时间	□□□
呕吐	有□（　次/天）	无□	不确定□	持续时间	□□□
发热	有□（　次/天）	无□	不确定□	持续时间	□□□
头痛	有□（　次/天）	无□	不确定□	持续时间	□□□
其他症状（如粪便性状、体温等）：					

11. 是否就诊：否□　是□（门诊□ 急诊□　住院□，住院天数：　　天）

12. 是否采样：否□　是□，采样时间：　月　日　时

样本名称：

检验指标：

检验结果：

13. 医院诊断：

医院用药：
药物治疗效果：
14. 是否自行服药否□　是□，药物名称：
第三部分　饮食暴露信息
15. 根据团餐的食谱，调查团餐中所有食品品种及饮料的进食史，并在“□”中划“√”

清蒸石斑鱼	吃□（夹了___筷子）	未吃□	不记得□
炒芒果螺	吃□（夹了___筷子）	未吃□	不记得□
蒸扇贝	吃□（夹了___筷子）	未吃□	不记得□
白灼大虾	吃□（夹了___筷子）	未吃□	不记得□
蒸鲍鱼	吃□（夹了___筷子）	未吃□	不记得□
海鱼煲	吃□（夹了___筷子）	未吃□	不记得□
西芹炒百合	吃□（夹了___筷子）	未吃□	不记得□
清炒四季豆	吃□（夹了___筷子）	未吃□	不记得□
肉焖茄子	吃□（夹了___筷子）	未吃□	不记得□
凉拌黄瓜	吃□（夹了___筷子）	未吃□	不记得□
白切文昌鸡	吃□（夹了___筷子）	未吃□	不记得□
鲜榨果汁	喝□（喝了___杯*）	未喝□	不记得□
叶子水	喝□（喝了___杯*）	未喝□	不记得□

*应按统一的容器询问饮用数量，如一次性纸杯、500 mL 矿泉水瓶等。

16. 就餐期间是否喝过生水：否□　　是□，喝了____杯*

被调查人签名：
调查人员签名：
调查日期：　　年　月　日

（李彦川　王吉晓）

第二节　食品标签综述

随着我国经济不断发展，我国居民营养健康状况得到明显改善，但仍面临营养不足与过剩并存、营养相关疾病多发等问题。近年来，我国居民膳食中预包装食品消费的占比越来越高，随着公众的营养健康意识日益提高，消费者也越来越关注营养标签。营养标签是当前国际上普遍采用的、向消费者提供规范的食品营养信息的有效途径，也是消费者直观了解食品营养成分、特征的有效方式。营养标签是向消费者提供的有关食品营养信息和特性的说明，可以帮助消费者合理选择预包装食品。因此，对预包装食品上的营养标签加强管理，显得越来越重要。

【问题1】作为消费者，应该如何借助营养标签，合理选择预包装食品？
【问题2】实施营养标签通则有什么意义？

【问题3】完成本章节的学习后，在超市购买食品后阅读食品标签及食品营养标签，试判断其是否符合规定。

【问题4】尝试着自己制作食品营养标签。

一、实验目的

掌握食品标签的定义、内容和目的，了解中国食品标签法规的发展及现状。

二、实验原理

（一）定义

（1）食品标签：是指食品包装上的文字、图形、符号及一切说明物。

（2）预包装食品：预先定量包装或者制作在包装材料和容器中的食品，包括预先定量包装以及预先定量制作在包装材料和容器中并且在一定量限范围内具有统一的质量或体积标识的食品。

（二）目的

（1）引导、指导消费者购买食品。消费者除了通过标签上的文字、图形及其他说明了解食品的性状、生产者、经销者、生产日期、保质期、净含量等，还能通过配料表了解食品的成分，通过营养标签了解食品的营养信息等。这些信息均能影响消费者的购买行为。

（2）向消费者承诺。食品标签是食品生产经营者面向消费者对质量、信誉和责任的最佳承诺途径。食品包装物表面的一切文字、图形信息是食品生产经营者对消费者的一种质量承诺；食品生产经营者的名称、地址、联系方式更是确保消费者在出现问题后能够找到责任方的重要承诺。

（3）向监督机构提供必要信息。食品生产行业众多且专业性很强，监管难度较大。食品生产许可证编号、产品标准代号等信息是为监督管理机构监管提供便利性的重要手段。

（4）促进销售。标签是展示产品最好的广告手段之一。好的食品标签除了向消费者说明产品外，还是食品生产经营企业展示产品特性、宣传企业形象的最佳途径之一。对于一些著名的企业，消费者仅通过标签的风格就可以从陈列货架上识别出其产品，甚至识别出不同品种的信息。

（5）维护生产经营者的合法权益。食品生产经营者在食品标签上明示的保质期、贮存条件等信息同样便于企业维护自身利益。超过标签上明示的保质期限，或消费者未按标签上标示的贮存条件贮存食品而出现问题，食品生产经营者不再承担责任。从这个意义上讲，食品标签也是对食品生产经营企业合法权益的保护。

（三）内容

（1）直接向消费者提供的预包装食品标签标示内容。直接向消费者提供的预包装食品标签标示应包括食品名称、配料表、净含量和规格、生产者和（或）经销者的名称、地址和联系方式、生产日期和保质期、贮存条件、食品生产许可证编号、产品标准代号及其他需要标示的内容。

（2）非直接提供给消费者的预包装食品标签标示内容。非直接提供给消费者的预包装食品标签应按照上一项下的相应要求标示食品名称、规格、净含量、生产日期、保质期和贮存条件，其他内容如未在标签上标注，则应在说明书或合同中注明。

（3）标示内容的豁免。下列预包装食品可以免除标示保质期：酒精度大于等于10%的饮料酒、食醋、食用盐、固态食糖类、味精。

当预包装食品包装物或包装容器的最大表面面积小于10 cm^2时，可以只标示产品名称、净含量、生产者（或经销商）的名称和地址。

（4）推荐标示内容。根据产品需要，可以标示产品的批号；根据产品需要，可以标示容器的开启方法、食用方法、烹调方法、复水再制方法等对消费者有帮助的说明。以下食品及其制品可能导致过敏反应，如果用作配料，宜在配料表中使用易辨识的名称，或在配料表邻近位置加以提示：①含有麸质的谷物及其制品（如小麦、黑麦、大麦、燕麦、斯佩耳特小麦或它们的杂交品系）；②甲壳纲类动物及其制品（如虾、龙虾、蟹等）；③鱼类及其制品；④蛋类及其制品；⑤花生及其制品；⑥大豆及其制品；⑦乳及乳制品（包括乳糖）；⑧坚果及其果仁类制品。如加工过程中可能带入上述食品或其制品，宜在配料表临近位置加以提示。

（5）其他。按国家相关规定需要特殊审批的食品，其标签标识按照相关规定执行。

三、实验内容

在超市随机选购预包装食品，对其标签进行深入分析，参考附录A、B、C，分组讨论以下问题。

（1）净含量和规格的标示是否符合规定？

（2）生产日期、保质期、储存条件的标识是否符合规定？

（3）食品添加剂在配料表中的标示形式是否符合规定？

（4）如果不符合规定，应当如何修改？

附录A　包装物或包装容器最大表面面积计算方法

A.1 长方体形包装物或长方体形包装容器计算方法

长方体形包装物或长方体形包装容器的最大一个侧面的高度（cm）乘以宽度（cm）。

A.2 圆柱形包装物、圆柱形包装容器或近似圆柱形包装物、近似圆柱形包装容器计算方法

包装物或包装容器的高度（cm）乘以圆周长（cm）的40%。

A.3 其他形状的包装物或包装容器计算方法

包装物或包装容器的总表面面积的40%。

如果包装物或包装容器有明显的主要展示版面，应以主要展示版面的面积为最大表面面积。

包装袋等计算表面面积时应除去封边所占尺寸。瓶形或罐形包装计算表面面积时不包

括肩部、颈部、顶部和底部的凸缘。

附录 B　食品添加剂在配料表中的标示形式

B. 1 按照加入量的递减顺序全部标示食品添加剂的具体名称

配料：水，全脂奶粉，稀奶油，植物油，巧克力（可可液块，白砂糖，可可脂，磷脂，聚甘油蓖麻醇酯，食用香精，柠檬黄），葡萄糖浆，丙二醇脂肪酸酯，卡拉胶，瓜尔胶，胭脂树橙，麦芽糊精，食用香料。

B. 2 按照加入量的递减顺序全部标示食品添加剂的功能类别名称及国际编码

配料：水，全脂奶粉，稀奶油，植物油，巧克力［可可液块，白砂糖，可可脂，乳化剂（322，476），食用香精，着色剂（102）］，葡萄糖浆，乳化剂（477），增稠剂（407，412），着色剂（160b），麦芽糊精，食用香料。

B. 3 按照加入量的递减顺序全部标示食品添加剂的功能类别名称及具体名称

配料：水，全脂奶粉，稀奶油，植物油，巧克力［可可液块，白砂糖，可可脂，乳化剂（磷脂，聚甘油蓖麻醇酯），食用香精，着色剂（柠檬黄）］，葡萄糖浆，乳化剂（丙二醇脂肪酸酯），增稠剂（卡拉胶，瓜尔胶），着色剂（胭脂树橙），麦芽糊精，食用香料。

B. 4 建立食品添加剂项一并标示的形式

B. 4. 1 一般原则

直接使用的食品添加剂应在食品添加剂项中标注。营养强化剂、食用香精香料、胶基糖果中基础剂物质可在配料表的食品添加剂项外标注。非直接使用的食品添加剂不在食品添加剂项中标注。食品添加剂项在配料表中的标注顺序由需纳入该项的各种食品添加剂的总重量决定。

B. 4. 2 全部标示食品添加剂的具体名称

配料：水，全脂奶粉，稀奶油，植物油，巧克力（可可液块，白砂糖，可可脂，磷脂，聚甘油蓖麻醇酯，食用香精，柠檬黄），葡萄糖浆，食品添加剂（丙二醇脂肪酸酯，卡拉胶，瓜尔胶，胭脂树橙），麦芽糊精，食用香料。

B. 4. 3 全部标示食品添加剂的功能类别名称及国际编码

配料：水，全脂奶粉，稀奶油，植物油，巧克力［可可液块，白砂糖，可可脂，乳化剂（322，476），食用香精，着色剂（102）］，葡萄糖浆，食品添加剂（乳化剂（477），增稠剂（407，412），着色剂（160b）），麦芽糊精，食用香料。

B. 4. 4 全部标示食品添加剂的功能类别名称及具体名称

配料：水，全脂奶粉，稀奶油，植物油，巧克力［可可液块，白砂糖，可可脂，乳化剂（磷脂，聚甘油蓖麻醇酯），食用香精，着色剂（柠檬黄）］，葡萄糖浆，食品添加剂（乳化剂（丙二醇脂肪酸酯），增稠剂（卡拉胶，瓜尔胶），着色剂（胭脂树橙）），麦芽糊精，食用香料。

附录C　部分标签项目的推荐标示形式

C.1 概述

本附录以示例形式提供了预包装食品部分标签项目的推荐标示形式，标示相应项目时可选用但不限于这些形式。如需要根据食品特性或包装特点等对推荐形式调整使用的，应与推荐形式基本含义保持一致。

C.2 净含量和规格的标示

为方便表述，净含量的示例统一使用质量为计量方式，使用冒号为分隔符。标签上应使用实际产品适用的计量单位，并可根据实际情况选择空格或其他符号作为分隔符，便于识读。

C.2.1 单件预包装食品的净含量（规格）可以有如下标示形式：

净含量（或净含量/规格）：450克；

净含量（或净含量/规格）：225克（200克+送25克）；

净含量（或净含量/规格）：200克+赠25克；

净含量（或净含量/规格）：（200+25）克。

C.2.2 净含量和沥干物（固形物）可以有如下标示形式（以“糖水梨罐头”为例）：

净含量（或净含量/规格）：425克，沥干物（或固形物或梨块）：不低于255克（或不低于60%）。

C.2.3 同一预包装内含有多件同种类的预包装食品时，净含量和规格均可以有如下标示形式：

净含量（或净含量/规格）：40克×5；

净含量（或净含量/规格）：5×40克；

净含量（或净含量/规格）：200克（5×40克）；

净含量（或净含量/规格）：200克（40克×5）；

净含量（或净含量/规格）：200克（5件）；

净含量：200克规格：5×40克；

净含量：200克规格：40克×5；

净含量：200克规格：5件；

净含量（或净含量/规格）：200克（100克+50克×2）；

净含量（或净含量/规格）：200克（80克×2+40克）；

净含量：200克规格：100克 +50克×2；

净含量：200克规格：80克×2+40克。

C.2.4 同一预包装内含有多件不同种类的预包装食品时，净含量和规格可以有如下标示形式：

净含量（或净含量/规格）：200克（A产品40克×3，B产品40克×2）；

净含量（或净含量/规格）：200克（40克×3，40克×2）；

净含量（或净含量/规格）：100克A产品，50克×2 B产品，50克C产品；

净含量（或净含量/规格）：A 产品：100 克，B 产品：50 克×2，C 产品：50 克；

净含量/规格：100 克（A 产品），50 克×2（B 产品），50 克（C 产品）；

净含量/规格：A 产品 100 克，B 产品 50 克×2，C 产品 50 克。

C.3 日期的标示

日期中年、月、日可用空格、斜线、连字符、句点等符号分隔，或不用分隔符。年代号一般应标示 4 位数字，小包装食品也可以标示 2 位数字。月、日应标示 2 位数字。日期的标示可以有如下形式：

2010 年 3 月 20 日；

20100320；2010/03/20；20100320；

20 日 3 月 2010 年；3 月 20 日 2010 年；

（月/日/年）：03202010；03/20/2010；03202010。

C.4 保质期的标示

保质期可以有如下标示形式：

最好在……之前食（饮）用；……之前食（饮）用最佳；……之前最佳；

此日期前最佳……；此日期前食（饮）用最佳……；

保质期（至）……；保质期××个月（或 ××日，或 ××天，或 ××周，或 ×年）。

C.5 贮存条件的标示

贮存条件可以标示“贮存条件”“贮藏条件”“贮藏方法”等标题，或不标示标题。

贮存条件可以有如下标示形式：

常温（或冷冻，或冷藏，或避光，或阴凉干燥处）保存；

××～×× ℃保存；

请置于阴凉干燥处；

常温保存，开封后需冷藏；

温度：≤×× ℃，湿度：≤××%。

食品营养标签的制作

为指导和规范食品营养标签的标示，引导消费者合理选择食品，促进膳食营养平衡，保护消费者知情权和身体健康，2007 年原卫生部组织制定了《食品营养标签管理规范》，2008 年 5 月 1 日起实施；2011 年发布了《食品安全国家标准预包装食品营养标签通则》（GB 28050—2011），并于 2013 年 1 月 1 日起实施。

（一）实验目的

掌握食品营养标签的内容、制作方法及格式，掌握食品营养标签的应用，了解国内外食品营养标签的发展及现状，了解中国食品标签法规的发展。

（二）实验原理

1. 定义

（1）营养标签。营养标签是预包装食品标签上向消费者提供食品营养信息和特性的说明，包括营养成分表、营养声称和营养成分功能声称。营养标签是预包装食品标签的一部分。

（2）营养成分表。营养成分表是对食品中营养成分名称、含量和所占营养素参考值（NRV）百分比进行标示的规范性表格。其中，能量和一些与人体健康关系尤为密切的营养素，如蛋白质、脂肪、碳水化合物、钠等，需要在所有预包装食品的营养标签中强制性标示。另外，当在预包装食品中强化了某些营养成分，或者要强调说明某些营养成分的含量水平及其生理作用时，例如某种食品想要标示“富含某某营养素”，这些营养成分信息也要强制在营养成分表中标示出来。此外，如果在食品生产过程中使用了氢化和（或）部分氢化油脂，可能会将反式脂肪酸带入食品当中，此时，营养标签中必须标示出反式脂肪酸的含量信息。除以上情况，食品生产企业还可自愿标示预包装食品中其他的营养成分，如维生素、矿物质等。

（3）营养声称。营养声称是对食品营养特性的描述和声明，包括营养成分的含量声称。含量声称是描述食品中能量或营养成分含量水平高低的声称，当含量水平超过或低于参考值时，可以使用“含有”“高”“低”或“无”等进行标示，例如“高钙奶粉”“无糖”“低钠”“富含维生素C”等。此时，消费者可以根据这些营养标签信息合理选择适合自身健康需要的食品。

（4）营养成分功能声称。营养成分功能声称是对某营养成分能够维持人体正常生长、发育和正常生理功能等作用的描述。比如，对于含有钙的预包装食品，可以在营养标签中标示“钙有助于骨骼和牙齿更健康”，这样的声称有利于消费者进一步理解食品中营养素的生理作用。

2. 目的

（1）指导消费者平衡膳食。当前，我国居民存在营养不足和营养过剩的双重问题，这些与每日的膳食营养摄入状况密切相关，在食品标签中标注营养信息将有效预防和减少营养相关疾病。

（2）满足消费者知情权。当前，越来越多的消费者将食品营养标签作为选购食品的重要参考和比较依据，食品营养标签也有助于向公众宣传和普及营养知识。

（李彦川）

第三节　营养指导与干预

2018年中国癌症地图显示[1]，海南为肝癌高发地区，公认有3种发病原因：①海南气候潮湿，食物易发生霉变，产生黄曲霉毒素；②海南地处沿海地带，人们常吃生鱼片等食物，易被肝吸虫感染；③海南地区病毒性肝炎的感染率较高，预防接种起步晚，乙型病毒性肝炎及乙肝携带者较多。

因此，我们拟通过1例肝癌患者来进行营养指导与干预的实践学习。其营养处方制定流程如图5-1所示。

举例：男，50岁，身高170 cm，体重60 kg，因腹胀、纳差入院，行腹部CT检查示肝占位，进一步行穿刺和病理学检查确诊为肝癌，近1周口入普食，饮食量下降1/2，体重下降5 kg，现需要对其进行营养指导与干预。

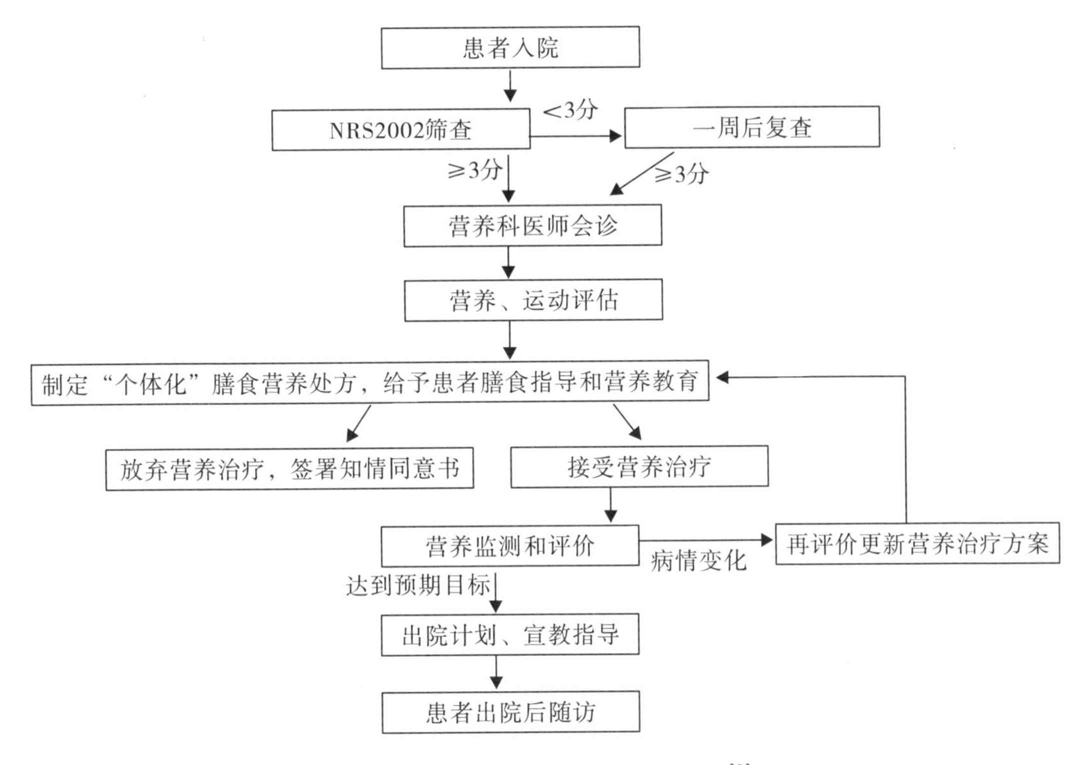

图5－1　肿瘤患者营养处方制定流程[2]

第一步　营养风险筛查

利用临床营养风险筛查表（Nutrition Risk Screening 2002，NRS2002）对该患者行营养风险筛查[3]，参照 WS/T 427—2013 执行，见附录1。经筛查，该患者评分为4分，有营养风险。

第二步　营养状况评价

（一）营养评估

利用肿瘤患者主观整体营养评估（PG－SGA，Scored Patient Generated－Subjective Global Assessment）对该患者行营养评估[4]，参照 WS/T 555—2017 执行，见附录2。经评估，该患者评分为12分，为重度营养不良，亟须进行营养干预。

（二）膳食调查

采用24小时回顾法和食物频率法了解个体的饮食习惯，评估每日能量、蛋白质、脂肪和其他营养素的摄入水平，具体操作方法详见第四章第一节。

（三）体格测量

体格测量指标包括：身高、体重、肱三头肌皮褶厚度和上臂围，具体测量和评价标准详见第四章第二节。

（四）人体成分分析

参照《临床技术操作规范 临床营养科分册》[5]。

1. 操作步骤

测量时先输入编号、姓名、年龄、身高、性别后保存数据，清除测量位置和电极之间的汗水或其他物质，然后让受试者裸足立于测试仪上。双手握住手部电极，拇指，手心及其余四指分别与相应电极接点相接触；脱袜，双足后跟前掌分别踏在足部电极上；身体放松，上肢自然下垂，使用无痛电流，测定身体对电流的阻抗。用拇指按下“开始”按钮2～3 s，并保持在相同的位置，直到测试结束。测量时间约为1～2 min，测试完毕，自动打印报告，显示身高、体重、细胞内液、细胞外液、无机盐重、蛋白质含量、肌肉重量、体脂肪量、体脂百分比、腹部脂肪比率等多项指标内容；并通过身体成分状况进行健康评估包括肥胖、营养不良、浮肿等问题。

2. 注意事项

（1）测量时应禁食或于餐后2 h，排空大小便，由专人测定。因为食物、尿液等不能成为电流的通路，人体成分分析仪可能将其当成脂肪，影响分析结果，另应在测试前的24小时内禁酒。

（2）测试前应避免剧烈运动，以避免血液重新分布时造成的影响。

（3）所着衣物将对测量时的体重有影响，应尽量着装轻便，不要随身携带较重的物品及饰物。

（4）测试前脱掉袜子，确认手足与电极接触点的位置正确，接触部位要紧密、准确，否则测试可能无法进行或者影响分析结果。

（5）若皮肤干燥或油性很大，可能导致测试无法继续进行。如果皮肤干燥，使用导电棉纸将皮肤及电极接触点擦湿，如果测试仍然不能进行，可将手足皮肤在水中浸湿，或用温水泡脚。对于油性很大的皮肤，在接触电极之前，可将酒精棉将有油的皮肤擦净再测试。

（6）儿童可以测试，但体重有最低限，一般应不低于20 kg，因为测试台有承重范围，一般为20～250 kg。同时应保证手足与电极接触点接触，否则不宜进行测量。

（7）截肢患者可以进行测试，但需要布置一个电极点，并对结果进行解释，作出具体说明。

（8）孕妇不宜进行测量，以免电流对胎儿造成不必要的影响，并影响分析结果。

（9）带有心脏起搏器的患者不宜进行测量，以免电流使起搏器的功能发生紊乱。

3. 结果评估

体成分分析用于机体营养状况的评价：机体内细胞内液、细胞外液、蛋白质、脂肪以及矿物质的含量是否正常。身体总水分分析、细胞内液和细胞外液比例等指标可用于发现肾病、透析、高血压、循环系统疾病、心脏病、全身或局部浮肿、营养不良患者是否存在水分不均衡现象。蛋白质总量：蛋白质大量存在于肌肉细胞内，它反映被检者的营养状态、机体的发育和健康程度。骨总量：即矿物质总量，指骨骼的重量其与体重做比较可测出骨质疏松，矿物质偏低者需做骨密度的检测。脂肪总量：脂肪可用于诊断肥胖症和成人病的分析。

（五）营养代谢检测

参照《临床诊疗指南 临床营养科分册》[6]。人体营养水平鉴定生化检验参考指标及临界值如表5－1所示。

表5－1　人体营养水平鉴定生化检验参考指标及临界值

蛋白质	1. 血清总蛋白>60 g/L 2. 血清白蛋白>35 g/L 3. 血清前白蛋白>200 mg/L 4. 血清视黄醇结合蛋白>50 mg/L 5. 血清球蛋白>20 g/L
血脂	1. 总脂4500～7000 mg/L 2. 甘油三酯0.22～1.2 mmol/L（200～1100 mg/L） HDL－C 0.78～2.2 mmol/L（300～850 mg/L） LDL－C 1.56～5.72 mmol/L（600～2200 mg/L） 3. 胆固醇总量（成人）2.9～6.0 mmol/L（1000～2300 mg/L），（其中胆固醇酯70%～75%） 4. 游离脂肪酸0.2～0.6 mmol/L
钙、磷、维生素D、碘、铁	血清钙90～110 mg/L（其中游离钙45～55 mg/L） 血清无机磷 儿童40～60 mg/L，成人30～50 mg/L 血浆25－OH－D_3：10～30 μg/L；1，25（$OH)_2D_3$：30～60 μg/L 尿液碘浓度100～300 μg/L 1. 全血血红蛋白浓度（g/L）：成人男>130，成人女>120，儿童>120，6岁以下小儿及孕妇>110 2. 血清运铁蛋白饱和度：成人>16%；儿童>7%～10% 3. 血清铁蛋白>10～12 mg/L 4. 血液红细胞压积（HCT或PCV）男40%～50%，女37%～48% 5. 红细胞游离卟啉<70 mg/L RBC 6. 血清铁500～1840 μg/L 7. 平均红细胞体积（MCV）80～90 fl
锌	1. 发锌125～250 μg/g（各地暂用：临界缺乏<110 μg/g，绝对缺乏<70 μg/g） 2. 血浆锌800～1100 μg/L 3. 红细胞锌12～14 mg/L
维生素A	1. 血清视黄醇儿童>300 μg/L，成人>400 μg/L 2. 血清胡萝卜素>800 μg/L
维生素B_1	1. 负荷试验：空腹口服维生素$B_1$5mg后4 h尿中排出量（μg/h） 缺乏<100 不足100～199 正常200～399 充裕≥400 2. 红细胞转羟乙醛酶活力TPP效应<16%
维生素B_2	负荷试验：空腹口服维生素B_2 5 mg后4 h尿中排出量（μg/h） 缺乏<400　不足400～799　正常800～1299　充裕≥1300

续表 5-1

维生素 C	负荷试验：空腹口服维生素 C 500 mg 后 4 h 尿总维生素 C 排出量（mg/h） 不足 <5　正常 5～13　充裕 >13
免疫学指标	1. 总淋巴细胞计数　（2.5～3.0）$\times 10^9$/L 2. 淋巴细胞百分比　20%～40% 3. 迟发性皮肤过敏反应　直径 >5 mm
其他	尿糖（-）；尿蛋白（-）；尿肌酐 0.7～1.5 g/24 h 尿； 尿肌酐系数　男 23 mg/kg 体重，女 17 mg/kg 体重

第三步　营养干预

可参照《恶性肿瘤患者膳食营养处方专家共识》[2]、《WS/T 559-2017 恶性肿瘤患者饮食指导》[7]、《恶性肿瘤患者营养治疗指南》[8]执行，结合例子具体操作步骤如下：

（一）目标营养需要量

（1）能量：每日需要量为 30 kcal/kg，因该患者 BMI 为 20.8，属于中等体型，应按实际体重计算，若为肥胖体型，则按理想体重计算，理想体重 = 身高（cm）-105。每日能量需要量：30 kcal/kg × 60 kg = 1800 kcal。

（2）蛋白质：每日需要量为 1.5 g/kg，即 1.5 g/kg × 60kg = 90 g，注意若病情发生变化，出现肝功能失代偿情况，应酌情个性化调整蛋白质的摄入来源和摄入量。

（3）脂肪：按总能量 30% 计算，即 1800 kcal × 30% ÷ 9 kcal/g = 60 g。

（4）碳水化合物：（1800 kcal - 90 g × 4 kcal/g - 60 g × 9 kcal/g）÷ 4 kcal/g = 225 g。

（二）营养干预方式

依据营养不良五阶梯治疗原则，当前该患者因纳差饮食摄入量不足目标量的 60%，且持续 3～5 天，应采用饮食和口服营养补充，以此类推[9]。

（三）具体营养处方

（1）膳食处方：分配目标营养需要量的 60%，即能量 1080 kcal、蛋白质 54 g、脂肪 36 g、碳水化合物 135 g。每天需摄入粮谷类生重 105 g（杂粮占 1/3）、蔬菜 300 g（选用非淀粉类、深色蔬菜）、水果 150 g、肉类 100 g（鸡鸭类和鱼虾类为主，少摄入畜肉类）、鸡蛋 1 个、纯牛奶或酸奶 250 mL、大豆 25 g 或豆腐 100 g、烹调用植物油 15 g、食盐 4 g。

（2）口服营养处方：分配目标营养需要量的 40%，即能量 720 kcal、蛋白质 36 g、脂肪 24 g、碳水化合物 90 g。每次 240 kcal，每天 3 次。注意肝功能可代偿期选用整蛋白配方，失代偿期选用富含支链氨基酸的肝病专用型配方。

（李　超　方桂红）

附 录

附录 1

临床营养风险筛查表（Nutrition Risk Screening 2002，NRS2002）

1 患者基本信息

患者知情同意参加：是 [　]；否 [　]

患者编号：________________

经伦理委员会批准。批准号：________________

单位名称：________________科室名称：______________病历号：________________

适用对象：18～90 岁，住院 1 d 以上，次日 8 时前未行手术，神志清者。是 [　]；否 [　]

不适用对象：18 岁以下，90 岁以上，住院不过夜，次日 8 时前行手术，神志不清。是 [　]；否 [　]

入院日期：________________

病房_______，病床___，姓名_______，性别__，年龄__岁，联系电话_________

2 临床营养风险筛查

主要诊断：____

2.1　疾病评分

若患有以下疾病请在 [　] 打“√”并参照标准进行评分。

注：未列入下述疾病者须“挂靠”，如“急性胆囊炎”“老年痴呆”等可挂靠于“慢性疾病急性发作或有并发症者”计 1 分（复核者有权决定挂靠的位置）。

髋骨折、慢性疾病急性发作或有并发症、慢性阻塞性肺病、血液透析、肝硬化、一般恶性肿瘤（1 分）[　]；

腹部大手术、脑卒中、重度肺炎、血液恶性肿瘤（2 分）[　]；

颅脑损伤、骨髓移植、APACHE－II 评分 >10 分 ICU 患者（3 分）[　]；

疾病评分：0 分 [　]　1 分 [　]　2 分 [　]　3 分 [　]

2.2　营养状况受损评分

2.2.1　人体测量

身高（经过校正的标尺，校正至 0.1 cm）______ cm（免鞋）；

体重（经过校正的体重计，校正至 0.1 kg）______ kg（空腹、病房衣服、免鞋）；

体质指数（体重指数，BMI）______ kg/m^2（若 BMI <18.5 且一般状况差，3 分；若 BMI ≥18.5，0 分）；小计：______分

2.2.2　体重状况

近期（1 个月～3 个月）体重是否下降？（是 [　]；否 [　]）；若是，体重下降______ kg；

体重下降 >5% 是在：3 个月内（1 分）[　]，2 个月内（2 分）[　]，1 个月内（3 分）[　]；

小计______分

2.2.3　进食状况

一周内进食量是否减少？（是 [　]；否 [　]）；

如果减少，较从前减少：25%～50%（1 分）[　]，51%～75%（2 分）[　]，76%～100%（3 分）[　]；

小计______分

营养状况受损评分：0 分 [　]　1 分 [　]　2 分 [　]　3 分 [　]。

注：取上述 3 个小结评分中的最高值。

2.2.4　年龄评分

若年龄≥70 岁为 1 分，否则为 0 分；

年龄评分：0 分［　］　1 分［　］。

2.2.5　营养风险总评分

临床营养筛查总分 = ______分；

注：临床营养筛查总分 = 疾病评分 + 营养状况受损评分 + 年龄评分。若总分≥3，表明有营养风险。

3. 调查者及复核者签名调查者签名：

调查者签名：______________

复核者签名：______________

4. 筛查日期

筛查日期：______年______月______日

附录 2

肿瘤患者主观整体营养评估表

<table>
<tr><td colspan="3">1 体重</td><td>2 进食情况</td></tr>
<tr><td>1 个月内体重下降率</td><td>评分</td><td>6 个月内体重下降率</td><td rowspan="5">在过去的一个月里，我的进食情况与平时情况相比：
□无变化（0）
□大于平常（0）
□小于平常（1）
我目前进食：
□正常饮食（0）
□正常饮食，但比正常情况少（1）
□进食少量固体食物（2）
□只能进食流质食物（3）
□只能口服营养制剂（3）
□几乎吃不下食物（4）
□只能依赖管饲或静脉营养（0）
第 2 项计分：</td></tr>
<tr><td>≥10%
5%～9.9%
3%～4.9%
2%～2.9%
0～1.9%</td><td>4
3
2
1
0</td><td>≥20%
10%～19.9%
6%～9.9%
2%～5.9%
0%～1.9%</td></tr>
<tr><td>2 周内体重无变化</td><td>0</td><td></td></tr>
<tr><td>2 周内体重下降</td><td>1</td><td></td></tr>
<tr><td>第 1 项计分</td><td colspan="2"></td></tr>
<tr><td colspan="3">3 症状</td><td>4 活动和身体功能</td></tr>
<tr><td colspan="3" rowspan="2">近 2 周来，我有以下的问题，影响我的饮食：
□没有饮食问题（0）
□恶心（1） □口干（1）
□便秘（1） □食物没有味道（1）
□食物气味不好（1） □吃一会儿就饱了（1）
□其他（如抑郁、经济问题、牙齿问题）（1）
□口腔溃疡（2） □吞咽困难（2）
□腹泻（3） □呕吐（3）
□疼痛（部位）（3）
□没有食欲，不想吃饭（3）
第 3 项计分：</td><td>在过去的一个月，我的活动：
□正常，无限制（0）
□与平常相比稍差，但尚能正常活动（1）
□多数时候不想起床活动，但卧床或坐着时间不超过 12 h（2）
□活动很少，一天多数时间卧床或坐着（3）
□几乎卧床不起，很少下床（3）
第 4 项计分：______</td></tr>
<tr><td>第 1～4 项计分（A 评分）______</td></tr>
<tr><td colspan="4">5. 合并疾病</td></tr>
<tr><td colspan="3">疾病</td><td>评分</td></tr>
<tr><td colspan="3">肿瘤
艾滋病
呼吸或心脏疾病恶液质
存在开放性伤口或肠瘘或压疮
创伤</td><td>1
1
1
1
1</td></tr>
<tr><td colspan="3">年龄</td><td>评分</td></tr>
<tr><td colspan="3">超过 65 岁</td><td>1</td></tr>
</table>

（续上表）

<table>
<tr><td colspan="3">第5项计分（B评分）</td><td colspan="2"></td></tr>
<tr><td colspan="5">6. 应激</td></tr>
<tr><td>应激</td><td>无（0分）</td><td>轻（1分）</td><td>中（2分）</td><td>重（3分）</td></tr>
<tr><td>发热
发热持续时间
是否用激素（强的松）</td><td>无
无
无</td><td>37.2～38.3 ℃
<72 h
低剂量（< 10 mg/d强的松或相当剂量的其他激素）</td><td>38.3～38.8 ℃
72 h
中剂量（10 mg/d～30 mg/d强的松或相当剂量的其他激素）</td><td>>38.8 ℃
>72 h
大剂量（> 30 mg/d强的松或相当剂量的其他激素）</td></tr>
<tr><td>第6项计分（C评分）</td><td colspan="4"></td></tr>
<tr><td colspan="5">7. 体格检查</td></tr>
<tr><td>项目</td><td>0分</td><td>1分</td><td>2分</td><td>3分</td></tr>
<tr><td>肌肉状况
颞部（颞肌）
锁骨部位（胸部三角肌）
肩部（三角肌）
肩胛部（背阔肌、斜方肌、三角肌）
手背骨间肌
大腿（四头肌）
小腿（腓肠肌）
总体肌肉丢失评分</td><td></td><td></td><td></td><td></td></tr>
<tr><td>第7项计分（D评分）</td><td colspan="4"></td></tr>
<tr><td colspan="5">总分 = A + B + C + D</td></tr>
</table>

注：若总分为0～1，表明营养良好；若总分为2～3，表明可疑或轻度营养不良；若总分为4～8，表明中度营养不良；若总分≥9，表明重度营养不良。

参考文献

[1] 国家癌症中心. 中国癌症地图集 [M]. 北京：中国地图出版社，2018.

[2] 李增宁，陈伟，齐玉梅，等. 恶性肿瘤患者膳食营养处方专家共识 [J]. 肿瘤代谢与营养电子杂志，2017（4）.

[3] 国家卫生和计划生育委员会. 临床营养风险筛查：WS/T 427—2013 [S]. 2013.

[4] 国家卫生和计划生育委员会. 肿瘤患者主观整体营养评估：WS/T 555—2017 [S]. 2017.

[5] 中国医师协会. 临床技术操作规范：临床营养科分册 [M]. 北京：人民军医出版社，2011.

[6] 中国医师协会. 临床诊疗指南：临床营养科分册 [M]. 北京：人民军医出版社，2011.

[7] 国家卫生和计划生育委员会. 恶性肿瘤患者饮食指导：WS/T 559—2017 [S]. 2017.

[8] 中国临床肿瘤学会指南工作委员会. 恶性肿瘤患者营养治疗指南 [M]. 北京：人民卫生出版社，2019.

[9] 石汉平. 肿瘤营养疗法 [J]. 中国肿瘤临床，2014（18）.

[10] 余平，石彦忠. 淀粉与淀粉制品工艺学 [M]. 北京：中国轻工业出版社，2011.

[11] 孙长颢. 营养与食品卫生学 [M]. 8版. 北京：人民卫生出版社，2017.

[12] 杨月欣，葛可佑，等. 中国营养科学全书 [M]. 北京：人民卫生出版社，2004.

[13] 国家卫生和计划生育委员会. 静脉血液标本采集指南：WS/T 661—2020 [S]. 2020.

[14] 国家卫生和计划生育委员会. 尿液标本的收集及处理指南：WS/T 348—2011 [S]. 2011.

[15] 刘成玉，罗春丽，等. 临床检验基础 [M]. 5版. 北京：人民卫生出版社，2012.